本书受到国家社科基金重大项目"东西方心灵哲学及其比较研究"（12&ZD120）和国家社科基金年度项目"当代西方神经科学中的二元论研究"（15BZX080）资助。

心灵哲学丛书

高新民 主编

走向心灵深处

克里斯托弗·皮科克心灵哲学思想研究

张 钰 著

科学出版社

北京

图书在版编目（CIP）数据

走向心灵深处：克里斯托弗·皮科克心灵哲学思想研究 / 张钰著 .
— 北京：科学出版社，2017.5

（心灵哲学丛书 / 高新民主编）

ISBN 978-7-03-053895-6

Ⅰ . ①走… Ⅱ . ①张… Ⅲ . ①克里斯托弗·皮科克 – 心灵学 –
思想评论 Ⅳ . ① B846

中国版本图书馆 CIP 数据核字（2017）第 143428 号

责任编辑：邹 聪 刘 溪 张翠霞 / 责任校对：韩 杨
责任印制：张欣秀 / 封面设计：黄华斌

编辑部电话：010-64035853

E-mail：houjunlin@mail.sciencep.com

科 学 出 版 社 出版

北京东黄城根北街 16 号
邮政编码：100717

http://www.sciencep.com

北京虎彩文化传播有限公司 印刷
科学出版社发行 各地新华书店经销

*

2017 年 5 月第 一 版 开本：720×1000 B5
2019 年 1 月第三次印刷 印张：14
字数：251 000

定价：68.00 元
（如有印装质量问题，我社负责调换）

"心灵哲学丛书"编委会

总　序

心灵可能是世界上人们最为熟悉，也最为神秘的现象了，正所谓"适言其有，不见色质；适言其无，复起思想，不可以有无思度故，故名心为妙"[①]。在一般人看来，"心"无疑是存在的，然而却不曾有哪个人看到或碰到过它，但若据此就说它不存在，似乎又说不通，因为心不只存在，而且还可将自身放大至无限，正如钱穆先生所说：心"并不封闭在各个小我之内，而实存于人与人之间"，它能"感受异地数百千里外，异时数百千年外他人之心以为心"[②]。

人类心灵观念的源头可追溯到原始思维。尽管其形成掺杂有杜撰的成分，其本体论承诺也疑惑重重，但它所承诺的心灵却在后来的哲学和科学中享有十分独特的地位。例如，迄今为止，它仍是哲学中的一个具有基础性地位的研究对象。正是由于存在心灵，才有了贯穿哲学史始终的"哲学基本问题"。当然它也历经坎坷，始终遭受着两方面的待遇：一方面是建构、遮蔽；另一方面是解构、解蔽。

心灵问题常被称为"世界的纽结""人自身的宇宙之谜"，是一个千古之谜、世界性的难题。它像一个强大的磁场，吸引着一

---

① 天台智者.法华玄义.卷第一上//大正藏.第33卷：685.
② 钱穆.灵魂与心.桂林：广西师范大学出版社，2004：18，90.

代又一代睿智之士，为之殚精竭虑、倾注心血，而这反过来又给这个千古之谜不断地穿上新的衣衫，使之青春永驻、历久弥新。当然，不同的文化背景和致思取向在心灵的认识方面也会判然有别。例如，西方哲学在科学精神的影响下，更关注心灵的本质、结构、运作机制等"体"的问题，而东方智慧由于更关注人伦道德问题，因而更重视寻觅心灵对"修、齐、治、平"的无穷妙用。但不管是哪一种取向，在破解心灵之谜的征程上仍然任重道远，甚至可以说我们目前对心灵的认识尚处于"前科学"的水平。其原因是多方面的，但其中一个重要原因是我们的认识和方法犯了某种根本性的错误（如吉尔伯特·赖尔所说的"范畴错误"），未能真正超越二元论，因而对心灵的构想、对心理语言的理解是完全错误的。这样一来，当务之急就是要重构心灵的地形学、地貌学、结构论、运动学和动力学。

应该承认，常识和传统哲学确有"本体论暴胀"的偏颇，但若矫枉过正而倒向取消主义则无异于饮鸩止渴。从特定意义上说，心灵既是"体"或"宗"，又是"用"，它不仅存在，还有无穷的妙用。说心是"体"，是因为人们所认识到的世界的相状、色彩等属性，以及世界呈现给人们的各种意义都离不开心，因而心是一切"现象"的本体和基质，是一切价值的载体，也是获得这些价值的价值主体。说心是"用"，是因为人的生活质量好坏、幸福指数高低、能否成为有德之人，在很大程度上取决于心之所使，正如天台智者所言："三界无别法，唯是一心作，心能地狱，心能天堂，心能凡夫，心能圣贤。"①由此看来，心不仅有哲学本体论和科学心理学意义上的"体"、本质和奥秘，也有人生价值论意义上的"体"和"用"。由于有这样的认识，中国自先秦以降很早就形成了一种独特的"心灵哲学"：从内心来挖掘做人的奥秘，揭示"成圣为凡"的内在根据、原理、机制和条件。从内在的方面来说，这是名副其实的心学，可称为"价值性心灵哲学"，而从外在的表现来看，它又是典型的做人的学问——"圣学"。

在反思中国心灵哲学的历史进程时，我们同样会遇到类似于科学史上的"李约瑟难题"：17世纪以前，中国心灵哲学和中国科学技术一样，远远超过同期的欧洲，长期保持着领先地位，或者说至少有自己的局部优势，但此后，中国与欧洲之间的差距与日俱增。李约瑟也承认，东西方人的智力没多大差别，但为什么伽利略、牛顿这样的伟大人物来自欧洲，而不是来自中国或印度？为什么近代科学和科学革命只产生在欧洲？为什么如今原创性的心灵哲学理论基

---

① 天台智者.法华玄义.卷第一上//大正藏.第33卷：685.

本上都与西方人的名字连在一起？带着这样一些疑惑、觉醒意识和探索冲动，一些中国青年学者踏上了探索西方心灵哲学、构建当代中国心灵哲学的征程。本丛书是其中的一部分成果。它们或许还不够成熟，但毕竟是从中国哲学田园的沃土里生长出来的。只要辛勤耕耘、用心呵护，中国心灵哲学的壮丽复兴、满园春色一定为期不远。

高新民　刘占峰

2012 年 8 月 8 日

前　言

在当今心灵哲学所关注的核心问题中，我们不难发现，"内容"是任何心灵哲学理论都无法跳过的一个话题。甚至有论者用 3C，即内容（content）、意识（consciousness）与因果性（causality）来概括心灵哲学的三个核心部分，而内容正居于其中之首。对于内容的关注，究其源头，无非是对心身问题这一历久弥新的哲学难题的探索。特别是 20 世纪以后，随着相关科学的发展，行为主义与认知科学介入心灵哲学研究，人们对心身问题内涵与表现形式的探索由曾经的"心是什么"的苏格拉底式问题，转而变成对心理概念的意义、指称等语言哲学问题的探讨。克里斯托弗·皮科克的研究正是受到语言学转向的影响，他对于内容的关注是通过指称在意义、内容、理解中所起到的重要作用这一角度体现的，他探讨的是真与证据、证明、结果之间的关系。

围绕着内容的本质与存在方式诞生了许多有扎实认知科学根据的新理论，皮科克的内容理论正是其中比较有代表性的一种。正如著名哲学家普特南（Hilary Putnam）所说："'使思想之为思想'的……是思想是否合理，即思想是否具有标准的认知属性……但如果某一解释让我们对这些属性的本质与起源都一无所知，那么我无法相信这种对'什么使思想之为思想'的解释是正确的。"① 在皮科

---

① Putnam H. Reflexive reflections. Erkenntnis, 1985, 22: 148-149.

克看来，心理内容领域尽管争论很多，但是内容理论的实质性进步并不明显，究其原因，主要是对内容的多种形式缺乏足够的研究，应该同时诉诸多种研究方法并从多个视角对内容的多种形式进行研究。因此，他对内容进行了分类，例如，在他看来，内容至少可以分为经验内容、表征内容、信息内容、概念性内容、非概念性内容等。这一对内容多样性的强调，不仅为心身问题的认识困境寻求到新出口，也体现了分析哲学与现象学传统的合流。

皮科克的心灵哲学理论是层层剥离、走向心灵深处的研究走向的代表。他的整体论解释是"内嵌于"一个更为复杂的弱形式的（殊相/殊相的）物理主义的解释方案中的，继而他从意义的整体论到内容理论，从内容理论到概念理论，又从概念理论到构念理论，甚至最终追寻构念的"构念"，层层剖析，他关注的内容理论是超越于内容的构成要素和逻辑哲学的。皮科克的观点取各家所长，而又独具特色。在内容的本体论地位问题上，他既反对丹尼特的工具主义、取消论，又不是同福多一样激进的实在论者；既反对达米特的证明主义，也不接受查理斯·皮尔斯（Charles Peirce）等实用主义者的调和；他反对经验主义，但又在理性主义的基础上提出了"新理性主义"；他主张的是"宽松的"意向实在论。

皮科克广泛涉足多领域，尤其在心灵哲学与认识论领域颇有建树。他的学术成果丰富，出版了大量的专著，发表文章的引用率及影响因子都居当代心灵哲学论著的前列，这也为本书对他的研究提供了丰富资料。他同许多著名哲学家，如弗雷格、达米特、蒯因、维特根斯坦、内格尔、克里普克、戴维森、福多等，进行互动，对他们的理论及思想有吸收也有扬弃，甚至常常有挑战。

本书第一章重点论述内容及其本体论地位。对这一问题的研究既有助于我们对皮科克心灵哲学思想中内容的实质的认识，又有助于对本体论本身问题的探究。在皮科克看来，概念是内容尤其是概念性和表征性内容的构成要素，因此要说明内容的本体论地位必须要说明概念的本质。

本书的第二章就是对概念理论的阐述。对于概念的本体论地位问题，皮科克既不赞成传统的实在论观点，又反对怀疑论观点，他所持的是一种折中观点，他认为，概念是以抽象对象的形式存在的，表现为心灵中的某种"呈现方式"。对于概念的本质、概念结构的本质，皮科克则是通过他的概念占有理论来分析的。他认为完整的概念理论并非仅仅关于概念是什么，它同样是对于如何占有或理解它们的解释。他指出，概念是由其占有条件所个体化的，因此，在他的概念占有理论中更多关注的是，概念如何由占有条件所个体化以及占有条件的限制条件（如占有条件的形式，以及占有条件同指称、真的层面的关系等）。

内容的构成要素是概念，那么概念的构成要素又是什么呢？在这样的逐步追问下，皮科克提出了他独具特色的构念理论，皮科克认为，指称与真在理解的本质与概念占有中具有解释性的作用。对于一些概念，其特性可以由包含指称与真的占有条件所充分解释，这种概念特定的方法可以解释概念本质。他认为内隐构念的内容是对概念指称情况子集的详细说明，它们包含实体论解释中的同一性组成部分，包含需要诉诸基本指称规则的默会知识的情况，也包含在掌握某些主要心理概念时所涉及的同一性组成部分。皮科克对于内容个体化问题也是基于构念理论探讨的。他表示他在这种概念特定方法上的观点是对弗雷格由成真条件对含义概念进行个体化的进一步研究与应用，他的这些想法是由弗雷格的乌尔－概念（ur-idea）所产生的，即某一含义是由某事物是其指称的基本条件所个体化的。以上正是本书第三章所论述的内容。

在对心理内容的本体论地位作出肯定回答之后，又有一系列的问题需要进一步回答。本书第四章认为，由于皮科克认为经验内容分为概念内容与非概念内容，概念内容可以按照其占有条件进行个体化，而非概念内容却不能。所以皮科克外在主义解释的出发点是对知觉经验内容的每一种非概念组成部分的阐述，由此来回答"是心理状态内容的组成部分意味着什么"这一普遍性问题。这是第四章——外在主义所关注的内容。

本书第五章探讨皮科克的意义整体论及其同其他领域整体论思想的关系，以及他根据这样的思路所提出的整合挑战。这一整体论论调贯穿他研究的始终，也涵盖他所研究领域的各个问题，皮科克在他对行动哲学、空间哲学的解释中描绘了一个共同结构的整体论图景，这一整体论解释方案考虑了"偏常"与"非偏常"因果链之间的差别。他还提出了"整合挑战"的概念，由此强调了解释认识论、形而上学、概念理论及心理学之间关系的重要性。他认为应该把问题的涵盖面放得更宽一点：当人们解决已知标的物的形而上学与认识论矛盾时，应该遵循什么样的限制条件？在某一已知领域我们是否能识别引导我们选择或发展某一决断的规则？我们应该如何把形而上学与认识论之间的关系构想得更具有一般性？

这种涵盖各个领域并包含各种问题的整体论思想也影响到了皮科克的理性主义思想，因此本书第六章是皮科克对理由、真、指称、赋权、先天的与内容之间关系的系统性论述。他认为理性主义无论是对心理状态的他归因（other-ascription）还是自我归因（self-ascription）都具有说服力，因为它们需要通过对状态、内容与概念的同一性来阐明。他认为可以将判断看作服从准则与理性评价的心理行动，另外，一个完整的理性主义理论应该致力于对知道某一已知内容为真是什么的更好理解。

　　本书最后一章——第七章是众多哲学家对皮科克心灵哲学思想的评价总结以及皮科克心灵哲学思想同马克思主义哲学意识论之间的关系。笔者认为，克里斯托弗·皮科克是一位勇于创新的心灵哲学家，他的心灵哲学思想颇具研究价值。尽管也有论者认为他的某些观点"故弄玄虚"，但笔者认为美国著名语言学家与哲学史家乔纳森·贝内特（Jonathan Bennett）所说的一句话更适合他："当一位杰出的哲学家用大胆的、不屈不挠的和充满智慧的方式来处理最棘手的问题时，即使他在大多数事情上都错了，我们仍然可以从他如何着手处理问题的方式方法上学到很多东西。"①

　　迄今国内外对克里斯托弗·皮科克的心灵哲学思想的专门研究还很少，因而笔者也秉承开拓的精神做一粗浅尝试，亦聊以自勉。

张　钰

2017 年 4 月 7 日

---

① 乔纳森·贝内特. 45 年工作的回顾. 吴畏译 // 欧阳康. 当代英美著名哲学家学术自述. 北京：人民出版社，2005：32.

目 录

总序 / i

前言 / v

绪论　皮科克的心灵哲学思想概述 / 1

第一章　内容及其本体论地位 / 8

　　第一节　内容的本质 / 8

　　第二节　内容的本体论地位 / 22

　　第三节　反对观点 / 43

第二章　概念理论 / 47

　　第一节　概念理论的发展 / 47

　　第二节　概念的本体论 / 51

　　第三节　概念的结构 / 56

　　第四节　概念占有理论 / 62

　　第五节　知觉概念——个案分析 / 71

　　第六节　概念理论与概念占有的心理理论的关系 / 79

第三章　内容的个体化与构念理论 / 81

　　第一节　指称条件与概念占有 / 81

　　第二节　内隐构念的本质 / 85

　　第三节　构念理论的评价 / 94

　　第四节　内容个体化 / 104

第四章　外在主义 / 110

　　第一节　外在主义的发展 / 110

　　第二节　外在主义解释的一般性观点 / 115

　　第三节　无法进行心理解释的外在主义状态 / 118

第五章　整体论 / 128

　　第一节　各个领域的整体论 / 128

　　第二节　意义的整体论 / 129

　　第三节　意义全局整体论的证明 / 136

　　第四节　行动、空间与整体论解释 / 144

　　第五节　整合挑战 / 149

第六章　广义的理性主义 / 163

　　第一节　理性主义与经验主义 / 163

　　第二节　新理性主义 / 167

　　第三节　真与赋权 / 170

　　第四节　状态与赋权 / 179

　　第五节　先天赋权 / 182

第七章 走向心灵深处的研究 / 184

    第一节 对皮科克心灵哲学的评价 / 184

    第二节 皮科克心灵哲学思想与马克思主义意识论 / 189

参考文献 / 193

后记 / 204

绪论

皮科克的心灵哲学思想概述

一、生平与著作

克里斯托弗·亚瑟·布鲁斯·皮科克（Christopher Arthur Bruce Peacocke）生于 1950 年 5 月 22 日，他的父亲亚瑟·皮科克（Arthur Peacocke）是一位圣公会神学家与生化学家，他是神导进化论（theistic evolution）著名的神学支持者，终生致力于说明达尔文进化论同上帝、同宗教之间的一致性。或许受到父亲的影响，皮科克学习成绩优异，早年就读于牛津的莫德林学院学校（Magdalen College School），本科升入牛津的埃克塞特大学（The University of Exeter）学习哲学、政治与经济学，并在顶尖学生云集的哲学、政治与经济学系中脱颖而出，于 1971 年本科毕业时获得经济学韦伯·麦德利奖学金（Webb Medley Prize in Economics）与哲学亨利·瓦尔德奖学金（Henry Wilde Prize in Philosophy），并获得一级荣誉学士学位（first class degree）①，并在同年获得肯尼迪纪念基金会奖学金，并赴哈佛大学学习。随后，他继续在牛津学习，1972 年获哲学界久负盛名的哲学约翰·洛克奖学金（John Locke Prize in Philosophy），1974 年获得哲学学士学位，1979 年在导师迈克尔·达米特（Michael Dummett）的指导下获得哲学博士学位。其间，他于 1975 ~ 1976 年在加州大学伯克利分校做访问学者，并于 1975 年获牛津大学万灵学院研究员职位。1985 ~ 1989 年，他任伦敦大学

---

① 英国的学士学位分为三等五级，即一等一级荣誉学位、一等二级荣誉学位、二等一级荣誉学位、二等二级荣誉学位和普通学位。在英国，哲学学士一般比文学士、理学士等级要高，是大学毕业之后才攻读的进级学位。

国王学院苏珊·斯特宾哲学教授职位（Susan Stebbing Professor of Philosophy），1989～2000年任牛津大学韦恩弗利特形而上学教授职位（Waynflete Professor of Metaphysical Philosophy），并获得利弗休姆个人研究教授职位。2000～2004年，他从英国迁至美国居住，并在纽约大学任哲学教授。2004年起他加入哥伦比亚大学哲学学院，并任约翰逊哲学教授职位（Johnsonian Professor of Philosophy）。2007年他开始兼任伦敦大学学院的理查德·沃雷姆哲学主席（Richard Wollheim chair in philosophy），并在伦敦大学独立学院——新人文学院做访问教授（2012年）。他是英国科学院与美国文理科学院成员，也曾是斯坦福大学行为科学高级研究中心的成员及心灵协会1986～1987年度主席。他曾在多所大学任教，如纽约大学、加州大学洛杉矶分校、哈佛大学、斯坦福大学，曾教授怀特海哲学、康德哲学等课程。

皮科克涉足领域广，在心灵哲学、认识论、形而上学，甚至文学、音乐、美学领域都颇有建树，特别是心灵哲学与认识论领域最有成就。他的学术成果丰富，出版了大量的专著，如《整体论解释：行动、空间与阐明》（*Holistic Explanation：Action，Space and Interpretation*，1979年）、《感觉与内容》（*Sense and Content：Experience，Thought，and Their Relations*，1983年，1999年再版）、《思想：论内容》（*Thoughts：An Essay on Content*，1986年）、《概念的研究》（*A Study of Concepts*，1992年）、《被知道》（*Being Known*，1999年）、《理性的王国》（*The Realm of Reason*，2004年）、《真地被理解》（*Truly Understood*，2008年）、《世界之镜：主体、意识与自我意识》（*The Mirror of the World：Subjects，Consciousness，and Self-Consciousness*，2014年）。他还编纂了一些书，如《理解与含义》（*Understanding and Sense*，1993年）第一卷和第二卷、《表征、模拟与意识：心灵哲学的当前热点问题》（*Representation，Simulation and Consciousness：Current Issues in the Philosophy of Mind*，1994年）、《先天新论》（*New Essays on the A Priori*，2000年）《哲学期刊的认识准则（特别刊）》（*Special Issue Epistemic Norms of the Journal of Philosophy*）。而皮科克的《颜色概念与颜色经验》（*Colour concepts and colour experience*）[1]、《理解逻辑常量：实在论者的解释》（*Understanding logical constants：a realist's account*）[2]、《概念是什么》（*What are concepts？*）[3]、《情境、概念与知觉》（*Scenarios，concepts and*

[1]　Peacocke C. Colour Concepts and Colour Experience. Synthese，1984，58（3）：365-381.

[2]　Peacocke C. Understanding Logical Constants：A Realist's Account. Proceedings of the British Academy，1987，73：153-200.

[3]　Peacocke C. What Are Concepts？ Midwest Studies in Philosophy，1989，14（1）：1-28.

perception）①、《先天事实如何可能？》（*How are a priori truths possible？*）②、《外在主义解释》（*Externalist explanation*）③、《内隐构念、理解与合理性》（*Implicit conceptions，understanding and rationality*）④、《概念的理论：一项更广阔的任务》（*Theories of concepts：a wider task*）⑤、《知觉有非概念内容吗？》（*Does perception have a nonconceptual content？*）⑥、《第一人称错觉：是笛卡儿的还是康德的？》（*First person illusions：are they Descartes'，or Kant's？*）⑦等文章的引用率及影响因子都居当代心灵哲学论著的前列。此外，他还同许多著名哲学家进行互动，甚至有时挑战他们的一些论断，如蒯因、维特根斯坦、内格尔、克里普克、戴维森、福多、达米特等。

二、研究状况与特点

从皮科克的著作与文章中，我们可以看到他对众多哲学领域的关注。皮科克早期主要对语言哲学进行探讨，随着他对意义理论的关注，他的研究主要集中在认识论、心灵哲学及形而上学领域，之后他又开始转向对真的理论继而理解理论的研究。然后又是对知觉及理解理论中问题的研究使得他开始将心灵哲学、认识论、形而上学相结合，并更为关注它们之间的关系。他开始关注形而上学、概念与约束涉及这些概念判断的各种准则之间的关系，特别是在特定的例子中，如量级、时间及意识主体。另外，他还致力于一种整合的挑战，即对这些关系的理论可以应用于任意领域的正确形式的探究。

当然，皮科克最为著名的是他在《感觉与内容》一书中对内容的分类、对经验的感觉与表征属性的区别，以及用概念占有条件来进行概念个体化的解释，即他的内容理论。在这本书中，皮科克还指出，心理状态的意向性内容只有概念性内容。而在《思想：论内容》一书之后，他放弃了这样的假设，认为在亚

---

① Peacocke C. Scenarios, concepts and perception //Crane T. The Contents of Experience：Essays on Perception. Cambridge：Cambridge University Press，1992：105-135.

② Peacocke C. How are a Priori truths possible？European Journal of Philosophy，1993，1：175-199.

③ Peacocke C. Externalist explanation. Proceedings of the Aristotelian Society，1993，93：203-230.

④ Peacocke C. Implicit Conceptions，Understanding and Rationality. Reflections and Replies：Essays on the Philosophy of Tyler Burge. M. Hahn and B. Ramberg（Eds.）. Cambridge：MIT Press，2003.

⑤ Peacocke C. Theories of concepts：a wider task. European Journal of Philosophy，2000，8：298-321.

⑥ Peacocke C. Does perception have a nonconceptual content？The Journal of Philosophy，2001，98：239-264.

⑦ Peacocke C. First person Illusions：are they descartes'，or Kant's？Philosophical Perspectives，2012，26（1）：247-275.

人信息处理中所涉及的知觉经验与表征状态是具有非概念性的意向性内容的，因此目前皮科克常常被视为非概念意向性内容支持者的代表。在《概念的研究》之后，他主要的研究工作是对新理性主义进行解释，这是基于他对理解及人们运用概念的理由之间关系的不同认识，因此，他转而更多地关注不同的概念，不仅仅是逻辑与数学概念，还有知觉概念、观察性概念及心理概念等，并对它们做出了理性主义解释。并且，他力图通过理解来解释内容的各种不同的赋权关系。因而才有了《理性的王国》一书，在书中他也谈到了他一直感兴趣的概念理论与内容先天地位理论之间的联系；某种意义上讲，这本书较他自己在《概念的研究》一书中的观点更为理性，这对先天也是有影响的。他认为在真、证明与理解之间是有关系联结的，因此在《真地被理解》一书中，他绕过了先天的概念，而径直对概念是由其基本指称规则（fundamental reference rule）所个体化的论点进行了进一步升华。这一方法有明显的弗雷格思想的印记，并且也受到默会知识这一概念的推动。皮科克断言，通过这些解释资源，我们可以说明心理状态及其概念性关系如何为我们的判断给出理由。在这之后，受到康德与笛卡儿思想的影响，特别是对康德对逻辑倒错的思考，皮科克认为，在康德对笛卡儿反对观点的回应中，可能有一些是康德自己并没有考虑到的，或者说是没有被康德所描述但是完全合法的且对于笛卡儿可得的概念，比如对自己历时的同一性的觉知，尽管皮科克也不是一位笛卡儿主义者，但他认为这一发现可以给出关于第一人称与自我的理论，使得这一想法合法化。他最新的《世界之镜：主体、意识与自我意识》一书正是对这一观点的阐发。同时，皮科克还提出了在解释知觉中第一人称非概念呈现模式是什么时，作为意识主体的形而上学要比第一人称的呈现形式更为基础和根本，他指出，这一观点也受到意识主体的形而上学影响，后者在解释上先于认识现象以及心灵哲学中包含第一人称的各种众所周知的现象。因此，总体而言，我们可以把皮科克的心灵研究的特点归纳为以下几方面。

第一，他提出内容的多样性，并把这一点作为内容理论研究的突破口。正如著名哲学家普特南所说："'使思想之为思想'的……是思想是否合理，即思想是否具有标准的认知属性……但如果某一解释让我们对这些属性的本质与起源都一无所知，那么我无法相信这种对'什么使思想之为思想'的解释是正确的。"[①]在皮科克看来，心理内容领域尽管争论很多，但是内容理论的实质性进步并不明显，究其原因，主要是对内容的多种形式缺乏足够的研究。例如，在他看来，内容至少可以分为经验内容、表征内容、信息内容、概念性内容、非

---

① Putnam H. Reflexive reflections. Erkenntnis, 1985, 22: 148-149.

4

概念性内容等。另外，对于内容的研究还应该结合哲学的其他分支，甚至是现象学、具体科学的方法。他认为，要说明心理内容，必须根据内容的不同形式选择不同的说明方式。例如，对于信息内容和概念内容就可以用英美常见的自然化方法来分析、说明，而对于经验内容则只能用现象学方法来分析。因为根据外在对象、表述经验的概念或语词的分析都无法接近这种经验。而对于同时具有两种特点的表征内容则应同时运用自然化的分析方法和现象学的方法，因为每种方法在有它的优越性的同时又都有它的局限性。例如，分析方法适合于把握表征内容的概念和信息方面，但对现象学特征于事无补，同时，现象学方法在把握表征内容的现象特征时必不可少，但在把握概念内容时不一定能比得上分析方法。因为后者能基于作为意向结构之表现的语言结构的分析，较好地揭示意向结构及其本质。① 在他的研究中，他也总是力图对内容的不同形式"逐一击破"，用于印证自己所提出的一般性理论是否适用。比如，在《感觉与内容》一书中，他对观察概念的内容、空间内容、指示词内容做了具体的分析，他认为对这些概念或想法的运用是"具有包含内容的心理状态的任何人应有的能力"，或者用来对具有内容的心理状态归因的任何存在都能够具有包含空间内容的态度，而这就使分析变成了对占有这一状态或这一概念的最低要求的寻找。② 此外，他还强调各种不同形式内容之间的界限。

　　第二，他坚持整体论的论调，这一论调贯穿他研究的始终，也涵盖他所研究领域的各个问题，在皮科克的第一本专著《整体论解释：行动、空间与阐明》中对于整体论的论述就可见一斑。他指出，行动哲学与空间哲学具有相同的解释结构，即"整体论的"解释结构。在这种整体论的解释中，我们的解释是具有不可还原性的，这又由两条"先天规则"所解释。不过这两条先天规则只是整体论解释的必要条件，而非充分条件；整体论解释的充分条件是某些"跨时限制"（intertemporal restrictions）。皮科克认为，行动解释的整体论方案是"内嵌于"一个更为复杂的物理学解释方案中的。③ 在《理性的王国》对于理性主义的论述中，他所提出的理性主义的三条规则也是面向各个领域的，即不同领域原因的一致性。在他的《被知道》一书中，他提出了"整合挑战"的概念，即"为任意思想领域提供同时可接受的形而上学与认识论，并且表明它们同时是可

---

① 高新民. 意向性理论的当代发展. 北京：中国社会科学出版社，2008：238.

② Peacocke C. Sense and Content: Experience, Thought, and Their Relations. Oxford: Clarendon Press, 1983: 2.

③ Peacocke C. Holistic explanation: action, space and interpretation. The Philosophical Quarterly, 1981, 31（124）: 274.

接受的挑战"，由此强调了认识论、形而上学、概念理论及心理学之间关系的适当解释的重要性，指出对它们之中任意一个的解释都离不开对它们彼此之间关系的解释，令人满意的解释应该把它们整合在一起。^①他认为，尽管人们会在特定领域竭尽所能强调形而上学与认识论之间的关系问题，但他还是想要把眼光放得更广一点、把问题的涵盖面放得更宽一点：当人们解决已知标的物的形而上学与认识论矛盾时，应该遵循什么样的限制条件？在某一已知领域我们是否能识别引导我们选择或发展某一决断的规则？我们应该如何把形而上学与认识论之间的关系构想得更具有一般性？在之后的《理性的王国》中，他也提到了全面论述的理性主义应该是涵盖各个领域并包含各种问题的。

第三，他在意向性内容的研究中强调形而上学在概念掌握中的主要的、"居先的"（prior）解释作用，注重二者之间的关系，坚持从形而上学的角度去看心灵哲学中的问题。在《概念的研究》一书中，皮科克花了大量的笔墨讨论概念的形而上学问题，或者说他提出并回答了这样的问题：在思想者经验主义的心理状态描述中，作为抽象对象的概念具有重要作用是如何可能的？蒯因在他《经验主义的两个教条》一文中指出："抛弃它们的一个结果会是，思辨的形而上学与自然科学之间曾经被设想的界限的模糊。"^②皮科克在《理性的王国》中指出，全面论述的理性主义应该是涵盖各个领域并包含各种问题的，应该致力于对已知内容为真是什么的更好理解，而这一概念本身就同形而上学及认识论密切相关，否则则是明显的错误解释。在他最近的一本著作《世界之镜：主体、意识与自我意识》中，他也重点讨论了意识主体的形而上学，它是与知觉、行动觉知及记忆中的原始自我表征的理论相结合的。英国著名宗教学教授斯温伯恩（R. G. Swinburne）在谈到英美哲学的历史与未来时也指出："英美哲学家们正在呼唤并从现代科学发现中探寻一种严格的和普遍的形而上学以便提供一种普遍的世界观。"^③

第四，他把理性主义的观点融入心灵哲学的研究中。皮科克在他同保罗·博格西昂（Paul Boghossian）共同编纂的有关先天问题的论文集中，发现欧陆与北美哲学家对这一话题进行了大范围的热烈讨论。在蒯因的《经验主义的两个教条》这篇文章五十周年之际，他决定对自己长久以来所研究的内容、赋

---

① Peacocke C. Theories of concepts: a wider task. European Journal of Philosophy, 2000, 8（3）: 298-321.

② Quine W. Main trends in recent philosophy: two dogmas of empiricism. The Philosophical Review, 1951,（60）: 20-43.

③ 欧阳康. 当代英美著名哲学家学术自述. 吴畏译. 北京：人民出版社, 2005: 13.

权（entitlement）与真之间的关系作出系统性的、更为成熟的论述。他认为"无论是心理状态的他归因还是自我归因都需要作为属于理性主义的构念来解释"才有说服力；而如果理性主义的观点正确，那么对繁杂的"心理状态的正确的、知识获得的自我归因过程需要通过对状态、内容与概念的同一性来阐明"。[①] 此外，他指出自己所提出的"广义的理性主义"（generalized rationalism）的架构是围绕着将判断的构念看作服从准则与理性评价的心理行动的。另外，他认为一个完整的理性主义应该致力于对知道某一已知内容为真是什么的更好理解。

第五，从哲学立场上来看，皮科克走的是折中路线。在内容的本体论地位问题上，他既反对丹尼特的工具主义、取消论，又不是同福多一样激进的实在论者；既反对达米特的证明主义，也不接受查理斯·皮尔斯等实用主义者的调和；他反对经验主义，但又在理性主义的基础上提出了"新理性主义"；他主张的是"宽松的"意向实在论。

---

① Peacocke C. The Realm of Reason. Oxford：Clarendon Press，2004：266.

第一章
内容及其本体论地位

第一节　内容的本质

如果浏览一下当今心灵哲学所关注的问题，我们就不难发现，"内容"是任何心灵哲学理论都无法逃避的一个话题。安德鲁·贝利（Andrew Bailey）甚至用 3C[①] 来概括心灵哲学的三个核心部分，而内容正居于其中之首。[②] 许多心灵哲学的理论都提到并论述过内容，那么，"内容"这一概念究竟是什么意思呢？除"内容"之外，在阅读西方现当代关于心灵哲学与内容的文献时，还有这样一些词经常出现在我们眼前，比如"心理内容"（mental content）、"意义"（meaning）、"意向性"（intentionality）、"表征"（representation）等。它们各自是什么意思呢？它们与"内容"之间又有什么关系呢？这些概念与问题恰恰是我们在讨论内容及其本体论地位之前首先需要界定与分析的。

一、"内容"及有关概念辨析

首先，"内容"（content）这一概念在许多哲学家的理论中都有过具体、深入的讨论，由于"内容"的重要性和特殊地位，他们中的许多甚至建立了内容理论作为其学说的基础与前提。比如，罗伯特·卡明斯（Robert Cummins）表

---

① 3C 的含义见前言（第 iii 页）。
② Bailey A. Philosophy of Mind: The Key Thinkers. London: Bloomsburg, 2014: 303.

示，"内容"在哲学中有非常广泛的使用，"无论确保语义与意向性属性的是什么，'内容'都可以作为哲学研究中的一种通用术语使用"①。因此，研究"某一状态具有确切的内容是什么意思？"这一问题有助于许多哲学问题的解释，比如：心理状态具有语义属性是什么意思？认知状态（或对象）因何为表征？卡明斯并没有对"内容"进行清晰的定义，但他详述并比较了许多内容的理论，这些内容理论本身就是对内容是什么的最好说明。史蒂芬·希弗（Stephen Schiffer）指出，"内容"一词最主要地应用于命题内容中，是通过 that 从句被归属于心理状态或言语行为的，比如，"马丁相信明天会下雨"，"约翰希望有外星人存在"等。当然，"内容"也可以不用 that 从句进行归属，比如，"贝蒂想去吃饭了"，但即便在后面这种情况中，这一被归属了的内容也是命题性的。对于同一内容，人们可以有不同的态度；而对于同一态度，也可以有不同的内容。②也有许多论者认为"内容"是作为准确性条件（accuracy conditions）的，并且具体地区分了经验的内容与思想和话语内容的差别。更有许多论者有关于经验内容的讨论，其中对于"内容"概念的认识多种多样，如有罗素式的内容、可能世界的内容、弗雷格式的内容、索引性内容、多种内容等。

在内容的研究中，经常会涉及"心理内容""意向性""表征""意义"等概念，它们又是什么意思呢？它们之间又有什么样的关系？我们先对这些概念进行逐个分析，然后再讨论它们之间的关系以及由此产生的观点。

"心理内容"，或者"认识内容""思维内容"等这样的概念在哲学、心理学中并不陌生，弗雷格、布伦塔诺、罗素、迈农等人都曾指出，心理内容是一种特殊而又重要的心理样式，它不仅是解释认识学、心理学、逻辑学中一些问题所必需的理论实在，而且是许多学科所共同关注的领域。并且心理内容的本体论地位、本质、存在方式、自然化与因果性问题等是许多交叉学科关注的焦点。

心理现象分为命题态度与现象性经验，它们都是有内容的。首先，命题态度的内容是概念性、命题性的，比如，"相信明天会下雨"就是命题态度，其中"明天要下雨"是命题或心理语句，亦即相信这种命题态度的心理内容。其次，现象性经验包括躯体感觉、知觉、情感体验等，其内容是非概念性的，表现为当下的、直接的体验。那么，这类内容是否是心理内容呢？如果是，在这里"内容"与"心理内容"就可以作为同义词使用；同时，哲学所关注的一系列问题也跃然纸上：描述信念内容所用的命题在描述心灵时有什么用？当我们

---

① Cummins R. Meaning and Mental Representation. Cambridge：MIT Press，1989：12.

② Schiffer S. Content and its role in explanation. Mind & Language Seminar，2001. http：//www.nyu.edu/gsas/dept/philo/courses/content/papers/schiffer.html［2017-03-09］.

求助于有关外部世界的命题来描绘心灵特征时我们在做什么？这些内容是实有的还是解释主义所归属于人的？如果是实有的，存在方式又是怎样的？它们对于外部世界的表现如何可能？

在上述问题中，我们可以发现，它们恰好是意向性问题的子问题。的确，"内容"的研究可以说必然涉及"意向性"（intentionality）的概念。布伦塔诺指出，意向性是心理现象的显著特征，不同心理状态，如信念、判断、希望、意向、爱、恨，都展示了意向性。从词源学上来讲，"意向性"应来自拉丁语intendere，意思是"指（向）"或"目的在于"，它表示心理状态"指向"或"关于""意味""代表""表征"超出其本身的某事物的能力。布伦塔诺将意向性规定为心理现象区别于物理现象的独有特征，同时描述了意向性的多种含义，比如对象的内在性、指向性、关涉内容、对象性等。也有论者直接将"意向性"解释为"心灵对其对象的导向性、关于某事物心理状态的关于性、心理状态对于内容的占有、像信念或欲望这样的心理状态对其意向对象的相关或准相关"。[①]

在传统哲学与心理学中，通常认为意向性是心理现象区别于其他非心理现象的特征，比如博格丹通过成为意向性心理状态所必需的三个条件论述了意向性的独特性，即具有"有意的相关性"（purposed relatedness）、"指向性"（directedness）、"目标性"（target），另外还提出了"意象图式"来理解这一概念。[②]当然也有人，比如菲尔德与罗森塔尔认为，意向性只是命题态度，而非经验的特征。[③]但这一点现在有许多争议。比如福多认为，意向性的心理状态具有至少八种独特的特征，即有语义性、能关于不存在的对象、有因果作用、与语义属性的因果力有整体关联、有产生性、系统性、不透明性、不具有质的特征。[④]然而意向性只是部分心理现象的特征。德雷斯基则指出意向性是一种自然的属性，广泛存在于物理世界之中，它的特点是指称的不透明性。[⑤]海尔则表示心理状态独有的特征不止意向性，另外还有其经验特征，即"哲学家所说的'现象学'"。[⑥]

对于"表征"与"心理表征"这两个概念，大部分论者是等同使用的，比如丹尼尔·丹尼特（Daniel Dennett）在说明其对心理表征解释作用的态度时就

---

① Mandik P. Key Terms in Philosophy of Mind. London：Continuum，2010：63.

② Bogdan R. Minding Minds：Evolving a Reflexive Mind by Interpreting Others. Cambridge：MIT Press，2000：94.

③ Rosenthal D. The Nature of Mind. Oxford：Oxford University Press，1991.

④ 高新民. 意向性理论的当代发展. 北京：中国社会科学出版社，2008：8-9.

⑤ Dretske F. Perception，Knowledge，and Belief：Selected Essays. Cambridge：Cambridge University Press，2000.

⑥ Hell J. Philosophy of Mind. Oxford：Oxford University Press，2004：521.

说"任何对（心理）表征关系本质的解释都无法对假定它的经验理论相一致"，显然他对这两个概念也是不加区分的。当然，关于"心理表征"是什么也有诸多争论，有些哲学家认为"心理表征"是"一个理论驱使的假设"[①]；而另一些哲学家则认为它是一个普通的概念，他们基本上是把心理表征的问题看做是意向性的问题，他们并不认为心理表征的问题仅仅是把信念与欲望归属于其内容的东西的问题。卡明斯对表征进行了归类，即分为复数的表征问题与单数的表征问题。前者主要是科学层面的讨论；后者则是哲学层面所关注的，它关注的是表征的本质，他认为主要可以归纳为四种作用，即"相似、协变、适应作用以及功能作用"。[②]普特南对于"心理表征"的概念有非常详尽的讨论，他认为有两个层次的心理表征，在较浅的表层，这种心理表征就相当于"说出来的想法"，可以等同于"表征"概念。而通常心灵论者所讨论的"心理表征"主要涉及的是词语的意义，而非词语本身，即深层的表征。"表征"则经常同福多《思维的语言》一书中的准语言表征所等同。[③]从普遍意义上来讲，具有意向性或内容的心理实体就是心理表征，因此，关于心理表征，主要引发争论的话题是表征具有内容的方式以及心理表征的形式。对于前者的讨论自然会涉及内容理论。

这里的意义并不是自然语言中所说的表达式的意义，而是心灵或大脑的某一状态如何具有意义或内容，比如，相信明天会下雨是什么？在查阅西方现当代关于内容的文献时，常常可以看到两个词之间的通用。心灵哲学关注的是意义有没有本体论地位。如果有，如何说明？这种本体论地位成为可能的条件是什么？符号形式为什么有意义？它们的意义如何成为可能？心理符号或表征的意义又是怎样的？与自然语言意义有什么关系？这些意义，实际上也正是内容理论所关注的问题。另外，"意义"问题并非心灵哲学独有的问题，许多其他学科也对其有关注，同时，"意义"的意义或内容也是心灵哲学、认知科学所必须解决的问题，否则其基础会受到威胁。[④]

对于上述这些概念之间的关系，通常有两类代表性的观点，一类是认为这些概念是有区别的，各自所隐含的问题也有所不同，应该区别对待，即"分别论"；另外一类观点则是"等同论"，顾名思义，即认为这些概念之间基本可以作为同义词等同使用。

在上述概念的相互关系问题上，"等同论"或"不加区分论"占主导地位，

① Cummins R. Meaning and Mental Representation. Cambridge：MIT Press，1989：14.
② Cummins R. Meaning and Mental Representation. Cambridge：MIT Press，1989：9.
③ Putnam H. Representation and Reality. Cambridge：MIT Press，1996：39.
④ 高新民 . 意向性理论的当代发展 . 北京：中国社会科学出版社，2008：3.

大多数论者认为，它们之间在最低限度上没有实质性区别，即便有区别，也只是维度与侧重点的差别。^①正如认知科学家皮利辛（W. Pylyshyn）所提到的，"几乎没有什么问题像'意义'、'意向性'或行为解释中的'心理状态的语义内容'这些常见概念那样受到如此激烈的争辩"^②，他对于这几个概念的无差别使用，正是上述概念关系的很好证明。同样，对于经验的现象与内容之间的观点，无论是认为知觉经验的现象属性随附于其意向属性的意向论（Intentionalism），^③还是认为二者相互独立的分离论（separatism），^④都是对"内容"与"意向（性）"进行的无差别使用，由此也可以看到，这两个概念在这种语境下也没有根本的不同。雅各布（P. Jacob）在他的《心灵能做什么》一书中指出，"一些心理状态具有表征真实的或想象的事态的能力，即它们具有语义属性"^⑤，这本书有两个目标，一是为人们心灵的表征能力找到自然主义的或非语义学的基础，二是表明人们行为的因果解释中涉及这些语义属性。换言之，有表征能力即有语义属性。拿命题态度来讲，有命题内容就是有语义属性，有意义，有意向性，即关于或指向真实的或想象的、存在的或不存在的事态，或者说是对这些事态具有表征能力。那么雅各布所要完成的是为这种内容找到因果性的解释或自然主义的基础。

当然，也有许多论者对这些概念之间的关系倾向于"分别论"，他们认为这些概念是有一定的区别的，所隐含的问题也各不相同，应该区别对待。比如塞尔就认为意义、意向性、表征的范畴有所不同，他明确指出，"意义是派生的意向性的一种形式"，可见意向性比意义更为根本。^⑥米利肯也认为，表征、意向性、内容属于不同的范畴，其中表征所涉及的范畴最广，并将表征分为人的表征与非人的表征两个层次。她在区别表征与心理内容时，首先，从表征的层次出发，认为低等动物可以有表征却不能说它们有心理内容。其次，从概念的外延出发，认为"不同种类的动物用同一种方式形成的表征可以有不同的内容"，而"反之，具有相同内容的表征可以是用不同方式正常地形成的"^⑦。福多虽然不

① 高新民. 意向性理论的当代发展. 北京：中国社会科学出版社，2008：21.

② Pylyshyn Z W, Demopoulos W. Meaning and Cognitive Structure. Norwood：Ablex Publishing Corporation，1986：vii.

③ Byrne A. Intentionalism defended. The Philosophical Review，2001，110（2）：199-240.

④ Block N. Mental paint and mental latex//Villanueva E. Philosophical Issues，7：Perception. Atascadero：Ridgeview，1996：19-49.

⑤ Jacob P. What Minds Can Do：Intentionality in a Non-Intentional World. Cambridge：Cambridge University Press，1997：1.

⑥ 塞尔. 心灵、语言和社会. 李步楼译. 上海：上海译文出版社，2001：133.

⑦ Millikan K. Biosemantics//MacDonald C G. Philosophy of Psychology. Oxford：Blackwell，1995：264-265.

反对这些概念的相似性，但是却认为表征比意向性更为根本。吉勒特则认为这些概念有细微的差别，比如认为意向性的范围要比内容更宽一些，意向性除了具有内涵性（心理表征的内容）之外，还有目的性（指向性）。当然，就其根本而言，目的性也是一种意向性，并且不管是哪一方面，意向性的作用都是要把思想内容与借规划阐释思想者的活动这样的公共事件关联起来。而所谓内容，"是以命题形式表现出来的表征了我们所碰到的外在事物的东西"①。从构成上讲，它是概念性与关于性的统一，既依赖于思考者的概念，又是关于外在事物的。从存在性上说，它是内在性与外在性的统一。从性质上说，表征内容具有规范性。霍尔丹（J. Haldane）也认为心理表征有内涵性的意向性与目的性的意向性，或"意向的"具有内涵性（内容）与意向性（目的性）的双重含义。②

　　这其中观点最鲜明的可能就是卡明斯了，他反对把表征、意向性、内容等概念视为同义词使用。他不赞同将心理表征问题看成意向问题，认为意向性是常识概念，而心理表征则是心理学、认知学的概念，因此意向状态的内容可以作为推理的前提。另外，意向状态的归属不是对认知系统的唯一语义学描述，因此即便没有明确的、有内容的表征，也还是可以把内容归属于计算系统，得到的表征内容也不是全部内容，因此，表征、意向状态、内容不能混同使用。卡明斯认为"心理表征的语义内容是由心理表征与世界的因果联系决定"的观点是起源于洛克《人类理解论》一书，并且主要由福多、德雷斯基发展为"心理表征是以协变为基础的"③，因此他分析了这三位哲学家所提出的协变，从而对表征的本质进行解释。这里可以看到语义内容同心理表征也是不同的。另外，他也不赞成将语义内容同意向性相等同，他指出意向性是"关于目标的理论的组成部分"，即将表征用于特定情况下所使用的对象；而语义内容是"关于表征内容的理论的组成部分"，即表征内容所蕴含的意义。④基于这样的区分，卡明斯批评了普特南的"孪生地球"思想实验以及想要借此表达的将意向性与内容相等同的观点。

二、内容与经验

　　要理解什么是内容，应该先了解内容同经验的关系。首先，皮科克想要探

---

① Gillett G. Representation: Meaning and Thought. Oxford: Clarendon Press, 1992: 101.
② Haldane J. Naturalism and the problem of intentionality. Inquiry, 1989, 32（3）: 305-322.
③ Cummins R. Meaning and Mental Representation. Cambridge: MIT Press, 1989: 35.
④ Cummins R. Haugeland on representation and intentionality//Clapin H. Philosophy of Mental Representation. Oxford: Oxford University Press, 2002: 123.

讨的是心理状态内容的本质，相信明天要下雨、判断椅子在房间里、想要去英国、具有桌子在自己面前的视觉经验等，都是具有内容的心理状态，它们之中都嵌入了涉及或适用于世界中的对象（如英国、桌子等）的表达式。这些状态与其表达式所嵌入的世界所描述的语言之间有什么关系呢？被这些基本底层语言所描述的世界与这些状态的本质之间又是什么关系呢？命题态度与其内容之间是有巨大分歧的，依照传统，在研究思想的表征时通常都是由语言的表征入手的，这是基于人们对于公共语言的掌握构成了人们对于客观事实想法的掌握的观点，而皮科克则是跳过了语言，将关注点放在他所提出的"基本事实"（basic case）之上，即"某一机体能够关于其知觉的环境进行基础的空间思考的案例"，"基本事实"所解决的问题就是"主体对其身边环境中的地点及知觉对象有态度意味着什么"[①]。思想理论者认为对于客观事实的掌握并不是由对公共语言的掌握，而是由某人自己处于空间世界的观念所给出的，因为某人认为自己在追踪现实世界的一条线路时，无论事物是否真的如此与它们看上去是怎样的是相互独立的。约翰·坎贝尔（John Campbell）在这一点上比较了皮科克与奥斯丁（Austin）所提出的方法：奥斯丁也认为知觉经验的描述并不会对语言使用的复杂性产生疑问，并且他指出，仅关注知觉动词的使用是无法系统考查现象的，因此需要一些独立于现象的理解[②]，而皮科克的方法就是在找"对于知觉的信息处理解释中的独立理解"[③]。用这样的方式，皮科克想要通过主体对红色′（red′）经验的证据敏感性（evidential sensitivities）对诸如"红色"（red）的概念提出还原论的解释。同样他还试图用知觉的感觉属性对"基本事实"做出直接分析。此外，在皮科克对内容的积极解释中，他广泛探讨了指示词（demonstrative），按照皮科克的说法，这一讨论是对基础的空间思考能力的补充，帮助指示词确定什么是思想的"正则"证据（canonical evidence），这里所说的"正则"是指，某一证据构成对某人识别出了这一证据的这一思想的理解。

其次，我们在此所关注的是知觉经验。人们通常在五种感官或其中的一些中具有经验，加之本体感受经验，它们共同构成了人的整体经验，即知觉。这五种感官之间的界限有时很难划分，但它们各自具有特殊的现象特点。分析传统所重点关注的通常是视觉经验及痛觉，现象学则更多关注其他感官。皮科克在这里所讨论的经验主要限于视觉经验。

皮科克认为，要理解心理状态的内容，最重要的莫过于感觉经验，因此，

① Peacocke C. Thoughts: An Essay on Content. Oxford: Basil Blackwell, 1986: 57.

② Austin J. Sense and Sensibilia. Oxford: Oxford University Press, 1962: 81-102.

③ Peacocke C. Thoughts: An Essay on Content. Oxford: Basil Blackwell, 1986: 58.

在弄清楚"内容"这一概念之前,皮科克首先区别了经验内容与感觉。他指出,在解释具有内容的心理状态归属的最低条件时,还要依靠其同经验理论的一些区别,如此说来,经验对于彻底理解这些领域是至关重要的。这一区别同传统英国经验主义者所表述的"知觉与感觉"的区别相关,按照皮科克的观点,"感觉的概念对于描述任何经验本质都不可或缺"①。

以往认为知觉经验与感觉之间的区别在于前者"自身表征经验者所在环境以某种方式存在"②,通常是由具体说明这一经验如何表征世界的命题所给出的,比如某物体与经验者之间特定的空间关系以及它们自身的特性等;而后者并不具有这样的表征内容。为了防止歧义,皮科克仅对某一经验的表征内容,而非某类感觉,使用"经验内容"(content of experience)。相应地,也可以得到一个经验的表征属性与感觉属性。这里所讨论的感觉属性与表征属性就是意向论所说的经验的现象与内容,前者说的是具有经验是什么样,而后者是关于经验是如何表征世界的。作为经验的两个重要属性,二者是相互关联的,现象随附于内容,因此在现象上不同的两个经验,它们的内容也是不同的。甚至有哲学家直接把现象还原为内容,如泰伊(M. Tye),使之符合自然主义论调。③皮科克在这里支持的是与之相对的分离论,即认为经验的现象与内容、感觉属性与表征属性是相互独立的。他指出,将感觉属性归属于某人的知觉经验并不直接包括将概念归属于他,而某人的经验具有表征属性却包含了概念的运用。除此之外,还要区别由经验引发的判断内容与经验内容之间的区别,根据最早区分二者区别的人之一托马斯·里德(Thomas Reid)的观点:"知觉经验需要隐含经验内容中的信念";而皮科克认为感觉、知觉与判断之间又各有差别,当然,判断内容是可以因果地影响经验内容的。④那么经验的本质属性是否只有感觉属性或表征属性呢?皮科克的观点同"极端的知觉理论者(extreme perceptual theorist)"有所不同,后者认为"成熟的人类视觉经验的所有本质属性都是通过表征内容所具有的",⑤而皮科克认为经验中是有一些感觉属性的,和许多现象主义者以及其

① Peacocke C. Sense and Content: Experience, Thought, and Their Relations. Oxford: Clarendon Press, 1983: 4.

② Peacocke C. Sense and Content: Experience, Thought, and Their Relations. Oxford: Clarendon Press, 1983: 5.

③ Tye M. Consciousness, Color, and Content. Cambridge: MIT Press, 2000.

④ Reid T. Essays on the Intellectual Powers of Man. Pennsylvania: Pennsylvania State University Press, 1895: 312.

⑤ Peacocke C. Sense and Content: Experience, Thought, and Their Relations. Oxford: Clarendon Press, 1983: 8.

他非还原论的表征主义者一样，他认为经验状态的表征内容至少部分地是由其内在的现象属性所决定的。从上述这些差别的比较中，他试图划分经验本质属性的界限。

为了更清楚地说明这一论点，皮科克引入了充分性论点（adequacy thesis，AT），认为"某一经验的完整的本质属性描述，可以通过在类似'某一主体从视觉上看起来……'的某一作用词中嵌入涉及物理对象的某一复杂条件而给出"[①]。极端知觉理论者是支持充分性论点的，否则表征内容就会有无法捕捉到的视觉经验的内在属性，比如辛提卡（J. Hintikka）认为"谈及我们无意识知觉的正确方式就是使用同我们应用于知觉对象的相同的词与句法……（在这一分析层面上）对于知觉的一切（原则上）就是所讨论信息的具体说明"[②]。而皮科克是反对适当性论点的，他认为关于表征内容最重要的一点是它同时具有的两个特性，一是由于"表征内容是关于经验者之外的外部世界的"，因而它是有真假的；二是它是"内在于经验自身的"，因而没有按照这一表征内容所描述的那样表征世界的经验是另一种类型的经验，它在现象上与这种经验是不同的。[③] 他还提出了三个反例来支撑其对充分性论点的反对，它们都是我们熟悉的视觉现象，创新之处在于对它们同经验的表征与感觉属性之间关系的考查，皮科克认为，在这三个例子中，仅仅通过表征内容是无法获得经验的全部特性的，这时就需要引入感觉属性。

皮科克将第一个例子称为"附加特征问题"，比如经验所表征的离主体距离不同但实际物理高度是一样的两棵树，如何在不舍弃充分性论点的同时解释视野中关于大小的事实，这是充分性论点最先遇到的挑战。它们是同二维视野的属性及表征属性的二象性相关的。不仅仅是视野中大小尺寸的问题，像视野中的运动速度、颜色、声音等都有类似的问题。[④] 第二个例子是被表征属性所省略的附加特征即便表征内容不变，也可以改变。比如在相同感觉模态中的一对经验虽然具有相同的表征内容，但却在其他的固有方面有所不同，就像用单眼看一列家具时，一个在另一个家具前面，而双眼看时可能会变得不同，皮科克认

① Peacocke C. Sense and Content: Experience, Thought, and Their Relations. Oxford: Clarendon Press, 1983: 8.

② Hintikka J. Information, causality and the logic of perception//Hintikka J. The Intentions of Intentionality and Other New Models for Modalities. Dordrecht: Reidel, 1975: 60-62.

③ Peacocke C. Sense and Content: Experience, Thought, and Their Relations. Oxford: Clarendon Press, 1983: 9.

④ Peacocke C. Sense and Content: Experience, Thought, and Their Relations. Oxford: Clarendon Press, 1983: 12-13.

为单眼与双眼视觉的差异既是"感觉的也是表征的"，按照这种观点，感觉属性存在而表征缺失是可以想象的。①尽管在这个例子中，使用单眼与双眼时会呈现不同的深度印象，然而深度（depth）是一个感觉属性，因此我们并不能说单眼与双眼视觉差别是纯表征性的。第三个例子是某物体被看到的面的切换，比如用金属丝绕成的立方体，起初是一面在前，与这一面平行的一面在后，而突然，在立方体本身没有变化也没有变换其位置的情况下，之前在前面的那一面看上去在后面了。另外还有一个经验的非表征相似性的例子，即维特根斯坦所说的"我看见它没有改变"②。这里皮科克使用的并不是鸭兔图的例子，而是立体的电线框架的单眼视觉，因为鸭兔图中作为鸭子表征与兔子表征的一组线条是不变的，反对的人可以说是这些不变的线条造成了这种相似性。

对于以上三个例子，极端知觉理论者可能会说，"所反映的事实与适当性论点相矛盾的陈述可以被翻译成这样，即它们并没有把任何超出适当性论点所支持范围之外的属性归属于经验"③。那么这种翻译观点是用来解释什么的呢？是解释为什么我们可以对同视野相关的空间的延展对象使用相同的空间词汇吗？还是解释说某一主体的视野中一个对象比另一个大是什么意思呢？如果要给出这些意义，这种翻译建议是远远不够的。并且，也不能使用经验本质属性的反事实分析，因为视野中的大小是其在现实世界中的经验，对于它的解释也应该只依靠经验本身的现实属性。这种观点中可接受及不可接受部分的比较，倒是很像克里普克对于确定某一表达式的指称对象及给出其意义之间的差别，④持翻译观点者没有解释经验的相同性，正是这一相同性使得"满足其翻译条件的一类经验可能无法做到这一点"。⑤此外，还有论者通过扩大表征内容范围的方式为适当性论点辩护。按照罗克（I. Rock）的说法，"最好把近端模式经验（proximal mode experiences）看做知觉，而非感觉"，这里的"近端模式经验"指的就是上面例子中的视角与知觉到的客观尺寸大小，只要将它们看成知觉的不同方面就可以解决这个问题了。⑥当然这种观点也受到许多非议。比如，这种将涉及

---

① Peacocke C. Sense and Content: Experience, Thought, and Their Relations. Oxford: Clarendon Press, 1983: 14.

② Wittgenstein L. Philosophical Investigations.3rd edition. G. Anscombe（trans.）. New York: Macmillan, 1958: 193.

③ Peacocke C. Sense and Content: Experience, Thought, and Their Relations. Oxford: Clarendon Press, 1983: 18.

④ Kripke S. Naming and Necessity. Cambridge: Harvard University Press, 1980.

⑤ Peacocke C. Sense and Content: Experience, Thought, and Their Relations. Oxford: Clarendon Press, 1983: 19.

⑥ Rock I. An Introduction to Perception. New York: Macmillan, 1975: 56.

视角的内容加到表征内容中的做法并不合法，对于不太精细的知觉者来讲，尽管他们不清楚对角的概念，但是这并不影响某一对象在他们的视野中所占空间比另一个大，就像对于更为精细的知觉者来说一样。这一批评同样适用于博林（Boring）的观点。①

前面提出克里普克在确定指称对象与给出意义之间的区别主要是要强调一种模态意义，即我们可以设想倾斜的盘子没有制造视野中的椭圆区域的情况，但这种说法有些误导人，仿佛理解"红色"本身要比了解在通常情况下某一红色物体所被展示视野的感觉属性更多一样，而实际上，"经验的感觉属性和其表征属性一样，具有可靠且公开可辨的原因"②。这些关于感觉属性的观点是针对前面反对适当性论点的例一提出的，但也同样适用于例二，并且，在例三中，皮科克认为"经验的非表征相似存在于感觉属性的相似性或相同性中"③。如果真是如此，那么表征内容与感觉属性就不能说是谁决定谁，二者都需要完整描述。由于感觉属性是视觉经验中普遍存在的特征，因此这里所讨论的视觉属性要与詹姆斯·吉布森（James Gibson）早期关于视野的观点相区别，他的观点并不适用于普通的视觉经验，而是适用于一些特殊的，比如画家所采用的对于经验的态度。④同意吉布森观点的人可能会认为"绘画态度与其产生的特殊经验仅仅是强调在普通视觉经验中已经出现的特征"，而皮科克也是倾向于这种观点的，只是皮科克认为对于这些特征的解释不能从本质上涉及绘画表征。⑤

然后皮科克给出了格式塔心理学家所用的"分组（grouping）"的例子，我们看到的是三列点而非四行点，这一分组现象通常被视为经验的感觉属性，而非表征属性，一是因为这一现象是在经验基础的能力运用中出现的，二是因为只有不具有表征属性的经验中才有这种分组属性。因此，同时，分组现象的确也有皮科克所说的关于感觉属性类别的两个问题，首先，尽管金属丝立方体的换面以及行与列的换组的例子有不同，但在更换之后都没有任何改变，它们给人留下的这种印象好像有相似的基础，然而以上的解释仿佛也并没有提到这一点。第二个问题就是，应该如何解释感觉属性，因为连续经验的活化属性是相

---

① Boring E. Visual Perception as Invariance. Psychological Review，1952，59：141-148.

② Peacocke C. Sense and Content：Experience，Thought，and Their Relations. Oxford：Clarendon Press，1983：21.

③ Peacocke C. Sense and Content：Experience，Thought，and Their Relations. Oxford：Clarendon Press，1983：22.

④ Gibson J. The visual field and the visual world. Psychological Review，1952，59（2）：149-151.

⑤ Peacocke C. Sense and Content：Experience，Thought，and Their Relations. Oxford：Clarendon Press，1983：24.

同的，而它们的感觉属性却是不同的。①许多意向论者也提出了很多针对皮科克的分组例子的反面意见，它们认为经验的内容属性或意向性属性是完全可以获得皮科克所假定的额外特性的，如泰伊与德雷斯基等。而尼克尔（B. Nickel）则在皮科克的基础上提出了另一个分组例子，并认为这个例子对于反驳皮科克例子的观点是免疫的、不受影响的。②至少分组的现象可以说明，在正常情况下确实有许多不同的经验类型存在，而这些类型之间是具有非表征差异的，即"如果某一经验具有某种特定分组，那么主观上来讲，比较第三种经验，它与具有不同的活化属性的第二种经验更相似"，在感觉中至少有两个不同层次的视觉经验分类，这一情况中的不同就是存在于由基础层次所决定的第二层次中，它仍然属于感觉属性这一类别之内的不同。

基于对"经验内容"与"感觉"这两个概念的区分，皮科克是把"内容"等同于弗雷格的"思想"（thought）的格式变体来看待的，并认为它具有弗雷格在《逻辑调查》一书中所提到的思想的四个属性："具有绝对真值"；是"复合的、有结构的实体"；"是信念、意向、希望以及其他态度的对象"；"两个不同的思考者可以判断、争论或同意同一个思想"。③并且，皮科克还将弗雷格的"思想"同新罗素主义的命题进行了比较，认为前者要比后者的三重内涵更为丰富一些，不同之处在于"思想的类型"层面。④尽管要具有弗雷格属性的全部四项是否可能还有待商榷，但这并不影响皮科克的论证，他认为对于任意可行性理论，我们都可以有这样的讨论。

在谈及知觉经验内容时，许多哲学家将其比作报纸中的内容，即报纸中的报道所传达给人们的信息，而非水桶中的空间内容，这种内容概念相当于认可了"感觉的证据"（testimony of the senses），其中一种观点就是认为经验的内容是由提供其准确性的条件所给出的，经验传递给主体的就是这些条件得到满足。就像在经验的内容中一样，信念与话语的内容也是由准确性条件给出的，通常这些内容被看做是某种命题，即有真假的抽象对象。并且，其中不只是它们的内容，它们本身也同样具有准确性（这里准确性等于真）的判定；这同欲望或希望是不同的，它们只有内容具有准确性判定。

人们有可能被自己的感觉所欺骗，因此经验本身也具有准确性判定。在这

---

① Peacocke C. Sense and Content：Experience，Thought，and Their Relations. Oxford：Clarendon Press，1983：26.

② Nickel B. Against intentionalism. Philosophical Studies，2007，136（3）：279-304.

③ Frege G. Logical Investigations. Geach P（trans.）. Oxford：Blackwell，1977：59.

④ Peacocke C. Thoughts：An Essay on Content. Oxford：Basil Blackwell，1986：1.

种判定中，我们思考的是事物在世界中是怎样的，因此经验本身也是同准确性条件相关联的。

在本书的语境中，"内容""心理内容""表征""思想""意向性""意义"并没有根本的不同，本书倾向于将"等同论"的观点看做规范性的约定，将上述这些概念视为同义词使用。

另外，为了构建自己的内容实体性理论，皮科克还特别解释了"实体性的"（substantive）概念。皮科克所指的实体性理论不仅仅是对于内容的结构性组成部分或是其哲学逻辑的关注，还包括主体如何判断内容及其一般形式，特别是对人们所青睐的某些内容类型一般形式的解答。[①]他打算利用内容的实体观点说明某人知道某一特定内容是什么意思。尽管独立信念或语句的内容被从蒯因到菲尔德（Hartry Field）的哲学家所抨击，他们认为人们不能将概念的可接受性看做理所应当。皮科克对他们的回应就是先等他全面说明了他的内容理论之后再说，并且对于内容理论的怀疑主义需要对于知识概念的怀疑主义，而如果这些哲学家对于态度内容这种观点并不持怀疑主义态度的话，就不应认为皮科克所用的机制不妥。[②]比如斯托内克（R. Stalnaker）认为："如果信念或其他态度的对象由认识可能性所个体化，那么我们就无法用非意向性词语解释意向性"。[③]对于他的这一想法，皮科克认为"一个领域的实体遵循某一原则"不等于"它们的个体化就应该通过这一原则阐述"。因此，皮科克同时支持以下这两个观点，这也是弗雷格主义者所愿意接受的：①内容理论的一个充分条件是：它所识别的内容遵循弗雷格的原则；②解释某一思考者能判断某一已知内容是什么的内容的实体性理论不应该直接诉诸弗雷格原则，但应该蕴涵这种原则。在对于用非意向性词语解释意向性的问题上，皮科克的观点同斯托内克相一致，即认为"如果某一理论者在其对内容的说明中仅仅诉诸弗雷格原则，并且不提供任何内容的实体性理论，那么我们并不清楚他是否为意向性的非意向性解释的可能性留出空间"[④]。另外，皮科克赞同达米特的两个原则，而这使建立内容的实体性理论框架的任务要求更高，这两条原则是："思想的理论必须是决定真值的事物的理论"；"理论者必须说明如何在思想和行动中具体表明他所归属的语义属性"[⑤]。

---

① Peacocke C. Thoughts: An Essay on Content. Oxford: Basil Blackwell, 1986: 3.
② Peacocke C. Thoughts: An Essay on Content. Oxford: Basil Blackwell, 1986: 4-5.
③ Stalnaker R. Inquiry. Cambridge: MIT Press（Bradford Books），1984: 2.
④ Peacocke C. Thoughts: An Essay on Content. Oxford: Basil Blackwell, 1986: 6.
⑤ Peacocke C. Thoughts: An Essay on Content. Oxford: Basil Blackwell, 1986: 7.

三、内容的分类

通过内容与经验的关系来解释"内容"是许多论者在讨论知觉经验以及内容时所共同关注的问题，但对于感觉与经验内容的区别却是皮科克的内容理论中最受关注，也被许多学者认为是他的内容理论中贡献最大的一部分。在此基础上，皮科克对内容进行了分类，他认为目前内容研究的实质性进步不明显，究其原因，是对内容的多种形式缺乏足够的认识。在皮科克的许多著作中，他都谈到这一点，并且，在他的研究中，常用的方法是对不同的内容进行"个案研究"（case study），比如在《感觉与内容》一书中对指示词内容（demonstrative content）作为任何有包含内容的心理状态的人所肯定具有的能力进行了详尽的讨论。

皮科克认为，至少有这样一些形式的内容，比如经验内容或表征内容、判断内容、信息内容、概念内容和非概念内容。首先，在皮科克的讨论中，经验内容就是指表征内容，或者更确切地讲，表征内容包含经验内容，但不同于经验。其次，皮科克认为感觉、知觉与判断之间又各有差别，当然，判断内容是可以因果地影响经验内容的。

另外，经验必定有信息内容，不过信息内容与表征内容仍然有差别，主要体现在以下四个方面。第一，信息内容是具有物理属性的，但经验的表征内容没有；第二，二者不相容，比如在空间错觉中；第三，尽管二者都能用 that 从句进行详述，但内容却大相径庭，信息内容"在真正的单称词项观点中，从指称上来讲，是完全易懂的"，而经验的表征内容仅在知觉呈现模态下呈现对象；第四，表征内容的本质限定了"它无法从概念中形成，除非经验的主体自身具有这些概念"。[1] 当然这并不是把信息内容排除在表征内容的解释之外，只是说二者范围不同，经验的表征内容是关乎其本质属性本身的。[2] 但皮科克的观点是，每一个经验都有一些感觉属性，其中最具挑战的是视觉经验，这与极端知觉理论者的观点相左，他们认为表征内容和它们都通过经验的本质属性来解释是一回事。

此外，皮科克认为心理状态的意向性内容是唯一的概念内容。当然，他最终也放弃了自己的这一观点，因为像知觉经验与表征状态等心理状态，它们在亚人信息处理层面都是具有非概念意向性内容的。

---

[1] Peacocke C. Sense and Content: Experience, Thought, and Their Relations. Oxford: Clarendon Press, 1983: 7.

[2] Peacocke C. Sense and Content: Experience, Thought, and Their Relations. Oxford: Clarendon Press, 1983: 8.

第二节　内容的本体论地位

关于内容的本体论地位问题又有这样的一些子问题，比如，世界上到底有没有内容，如果有，又是以怎样的形式存在的？对于内容本体论地位，有两种回答，一是怀疑论或取消论，二是内容实在论或意向实在论，主要代表有物理主义的内容理论，以及其中非常有影响的福多的关于心灵的表征理论或思维语言假说。

在承认经验具有准确性条件上，主要有两种观点，一是认为经验内容派生于信念内容；另一种则不承认这样的因果关系。无论是上述哪种观点，经验内容都应该反映这样两个特点：一是关于经验何时为准确的（正确的）直觉，二是内容必须反映经验的现象，即具有"现象恰当性"（phenomenal adequacy）。

一、内容的存在方式

那么经验内容究竟是什么样的内容呢？有以下几种主要观点。

第一种是罗素式内容（Russellian content），"N 是 F"形式的话语，其内容包括单一术语的指称对象以及由谓语 F 所表达的属性，这样的内容即罗素式的，因为罗素认为单一术语只对它们所出现句子表达的命题贡献指称对象。在当代哲学中，这种内容也被称为单一内容（singular content），因为它只包含单一术语本身的指称对象。强罗素式内容包括对象与属性，而弱一些的罗素式内容则包含事物表面上具有的属性而非对象，是存在量化内容（existentially quantified content）。①

第二种是可能世界内容（possible-worlds content），它比罗素式内容更为简单，认为经验内容是事物在经验中是它们看起来那样的可能世界的集。其中的关键是表征一种情况，即区分这一情况存在时世界是怎样的以及这一情况不存在时世界又将如何。②当然这种内容观点的主要问题出现在不可能场的表征中，比如错觉。在这种情况中，由于可能世界的集合是空集，那么认为经验内容只能是可能世界的观点也会假定它们有同样的内容，即空集。

第三种是弗雷格式内容（Fregean content），这种观点认为经验内容由对象

① Chalmers D. The representational character of experience//Leiter B. The Future for Philosophy. Oxford：Oxford University Press，2004：153-181.

② Lewis K. On the Plurality of Worlds. Oxford：Blackwell，1986.

与属性的呈现模式（mode of presentation），而非对象与属性本身组成。查默斯指出，只有在由内容之呈现模式所呈现的对象具有内容之呈现模式所呈现的属性时，弗雷格式内容才为真。[①]这种观点受到思维语言观点所关注问题的启发，即不同术语指称或意指同样的事物。弗雷格主义论者认为意义的某一方面是以这种方式同认知作用相连的，弗雷格式经验内容就起着这样的作用。比如具有从不同角度看同一位置的红色立方体的表征经验的两个人，又比如知觉恒定性（perceptual constancy）的例子，尽管人们可以区别同一颜色有深浅的不同，但还是可以判断颜色深浅不同的某事物具有同一颜色。通过恒定特征的弗雷格式呈现模式就可以解释这些情况，这一策略并不将恒定特征同变化的特征等同视之，而是将前者看做在指称层面被表征，而后者在含义层面被表征。另外，感觉材料理论对恒定性的解释是假定有这样的一个感觉材料，而弗雷格式策略并未假定这样的额外实体，尽管它对于恒定的与变化的特征都是承认的。

当然，对于这一种内容也有许多非议，主要集中在话语、信念与经验内容这每一种情况中具体说明弗雷格式呈现模式是如何能够反映这些变体的。[②]

第四种内容是指示词内容（indexical content），许多经验都具有需要使用指示性表达式（如"在那边""在这儿""在我前面""一周以前""自从那天起"等）来说明的内容，或者更概括地来讲，从主体的空间与时间视角呈现世界的内容性经验。这种内容可以表征地点、方向等空间内容，如此一来，它们就可以按照同主体的相关性来表征，那么也就能够表征主体本身了，或者至少是可以从空间关系的主体角度来表征知觉器官与身体部位了。因此，我们可以说某些身体觉知是包含在内容性经验中的，经验态度应该是跨模态的（cross-modal），而非单一感觉模态的。此外，这表明了自我表征是如何在经验中运作的，皮科克就基于此对认知的原始生物（比如动物与人类婴孩）所具有的自我表征进行了解释。[③]

另外，皮科克还指出，充分反映经验的空间与第一人称视角需要特殊内容，然后引出了情境内容（scenario content）。情境内容是填充知觉者周围空间的方式，它同正确的经验是一致的。指示词内容（空间的、第一人称的以及时间的）要求上面其他三种关于经验内容的观点做出改动并进一步具体化，比如在可能

① Chalmers D. The representational character of experience//Leiter B. The Future for Philosophy. Oxford：Oxford University Press，2004：153-181.

② Thau M. Consciousness and Cognition. Oxford：Oxford University Press，2002.

③ Peacocke C. The origins of the a Priori//Parrini P. Kant, Contemporary Epistemology. Dordrecht：Kluwer，1994：54.

世界内容中要诉诸中心的可能世界。①同样地，罗素式内容也应该通过引入同该命题类似的内容，为同主题相符的组成部分留出空位，反映第一人称指示词内容。处理指示词内容也是弗雷格式内容面临的一大挑战，特别是话语内容，其给出的解释是，指称是由呈现模式加上具有话语或经验的环境的选择事实所决定的。

第五种内容是多元内容（multiple content），根据内容所需要实现的不同解释目的，一些哲学家认为经验具有多元内容。②其中比较有代表性的观点有，认为经验具有概念性的与非概念性的内容，还有观点指出经验同时具有"有缺口的"（gappy）内容与包含对象的内容③，还有的认为经验内容包含概括的与包含对象的内容④，以及认为经验表征两种颜色属性⑤，还有类似观点提出经验内容的"二维论"（two-dimensionalism），认为经验既具有指示性的弗雷格式内容，还具有弗雷格式内容加上具有经验的环境选择事实一起决定的非弗雷格式（罗素式的或非结构性的）内容⑥，等等。

二、宽泛的内容实在论

首先，皮科克并不反对福多所承诺的物理主义前提，也和福多一样认为心理内容可以弗雷格所说的"呈现方式"的形式存在，因此其内容理论具有内容实在论的基调。不过，皮科克对于这两种内容本体论地位的回答都有自己的不同意见，它在许多方面否定了福多的看法，也更不赞成取消论。当然，与福多的看法相比，它显得更温和一些。在《思想：论内容》一书中，皮科克表示自己简单勾画了内容的一般性实体理论，之所以是一般性的理论，是因为他要建立的内容理论关注的是说明"一主体能把握或能判断那种形式的内容"是什么意思？⑦

---

① Peacocke C. A Study of Concepts. Cambridge：MIT Press，1992.
② Fodor J. Psychosemantics. Cambridge：MIT Press，1987.
③ Burge T. Vision and intentional content//LePore E，van Gulick R. John Searle and His Critics. Oxford：Blackwell，1991：195-214.
④ Siegel S. The Contents of Visual Experience. New York：Oxford University Press，2010.
⑤ Shoemaker S. Self-knowledge and "inner sense"，（Lecture III：the phenomenal character of experience）. Philosophy and Phenomenological Research，1994，54：219-314.
⑥ Chalmers D. The representational character of Experience//Leiter B. The Future for Philosophy. Oxford：Oxford University Press，2004：153-181.
⑦ Peacocke C. Thoughts：An Essay on Content. Oxford：Basil Blackwell，1986：1.

（一）内容的描述：接受条件与成真条件

皮科克想要解释的是关于内容接受的规范性条件是如何决定内容同一性的。这里就是将这种接受条件同成真条件相关联的一个猜想，并且分别通过可观察性内容、量词、涉及无法理解的内容以及否定的阐述对这种猜想进行确认。难能可贵的是，皮科克对自己《感觉与内容》一书中正则证据的说法进行了摒弃。

对于已知句子或心理状态的命题内容的描述有两个维度，一是引导思考者接受这一内容的条件及其结果；二是内容的成真条件。对于前者，皮科克关注的是典型条件。而这两个维度的关系是怎样的呢？皮科克认为，接受条件是决定成真条件的，具体来讲，他支持这一猜想，即"存在成真条件直接由其某些接受条件决定的一类内容；在这类内容之外内容的成真条件则最终是由其同这类初始内容之间的关系决定的"[1]。皮科克不愿用超出我们力量的行动来解释接受条件，也不愿意削减成真条件，因而他所用的方法是"其全部理论都必须是在不考虑这些条件有缺陷的独立原因时，由关于内容的实际接受条件与前理论的成真条件的详细论证所建立的"，对于概念库中的每一类型内容都应该进行论证，或许"有某些一般形式的论证可以在这一猜想的构建中用于几种不同的内容"[2]。为了避免贬低这一猜想，必须进一步限制接受条件：限制在"我们可以立刻说明某一思考者能够表明其同这一条件的规范而非其他所一致"的条件范围之内，因而，如果以上猜想正确，是可以表明这一一致性的，按照皮科克接下来要说明的关系，即"当思考者表明其为某些原因作出判断时同某些规范接受条件一致时，就表明其掌握了成真条件；并且这些规范条件反过来又决定成真条件"[2]。皮科克所讨论的接受条件是外在于思考者的大脑的，并不仅限于心理状态，应该区别于许多人所说的心理状态的概念作用，因为皮科克并不认为基于证据的或其他接受条件来决定成真条件是"琐事"，为了弄清这些观点所不涉及的内容，他从同以上猜想相一致的接受条件概念及其同成真条件的关系入手。[3]

首先考量的是，在某一对象指示性地显示在知觉中的现在时中，被述谓的可观察概念的内容，即"某一对象有这样一种规格，因而在我们的实际情况中，无论这一对象是否属于可观察概念，它可以通过知觉这一对象而决定"。"这里的概念是内容的组成部分"，因而"同弗雷格在信息量的条件是一致的"[3]。这

---

① Peacocke C. Thoughts: An Essay on Content. Oxford: Basil Blackwell, 1986: 12.
② Peacocke C. Thoughts: An Essay on Content. Oxford: Basil Blackwell, 1986: 13.
③ Peacocke C. Thoughts: An Essay on Content. Oxford: Basil Blackwell, 1986: 14.

样的内容有以下组成：①被感知对象是以某种方式 W 被呈现在知觉中的，即
$[W, F()_x]$；②有这样的可观察概念 φ；③时间 t。全部内容"那个 F 是 φ"
则记录为 $[W, F()_x]^\wedge[φ]^\wedge[now_t]$（这里的 ^ 表示对同内容构成物的语言
表达式的连结相符的内容构成物的成分组成的运算）。某人在判断这类内容时所
承担的承诺是什么？这里的问题就是一个具体的接受条件，即"通过思考者判断
某一内容而归属于他的不适宜承诺范围"，由于它们是同内容本身相关联的，我
们称之为"正则的（canonical）"。皮科克将这正则承诺的第一近似值规定为：
"（C）某人判断内容'那一块状物是立方体的'在 t 时的正则承诺范围是：当 t
时，在正常外部条件下，当此人的感知机制最低限度运转时，对于此人想要知
觉块状物的任意位置，他会从这一相对位置将这一块状物感知为立方体，或一
个立方体将会从那个相对位置被感知。"①

　　他表示，这一正则承诺应该由已知内容各个部分对其的贡献来解释，思考
者能够真正在其知觉经验中确认承诺范围中的一部分，而他并不能准确无误地
知道他确认了这一部分，但这些都没关系，因为思考者在心中有意识地去说明
或构成这些承诺，只要能够"正确地描述他的承诺"就够了，至于这一范围的
承诺归属于他则可以从思考者对内容的判断中看出。②如果（C）或类似的观点
正确，那么思考者就能对于表征立方体的以及其他形状的经验做出差异反应，
同表征相关的这种内容就是埃文斯（G. Evans）所说的"非概念内容"③，即皮科
克自己所称的"模拟内容"（analogue content）。

　　两名思考者在归纳时可能在显著性上有很大差别，但两人可以判断一样的
内容，显著性大一些的人需要表明自己可观察内容的正则承诺得到满足的证据
要少一些，而正是对于这些可观察内容的承诺的识别让他们判断相同的内容。
在类似某概念是立方体的初级特性的情况中，并不需要有感官道使占有这些概
念对于在某些特定感官道中的知觉有具体敏感性，关键的是模态算子与量词之
间的关系，倒是需要这些模态中的知觉使包含这一概念的判断对于这些知觉具
有理性敏感度。"正因为初级特性的本质是独立于感觉经验的任何形式之外的客
观实行概念，它们才能在不同模态中得到。"这种客观性在上面的第一次接近中
并未完全体现，在其中对于正则承诺全部范围的满足"并不需要穷尽判断此内
容的某人的真正承诺"，即真正承诺不包括上面描述的事态。通过第一次接近中
的正常条件就说这一观点已被接纳是不正确的，相反，反事实情况中发生的同

---

①　Peacocke C. Thoughts: An Essay on Content. Oxford: Basil Blackwell, 1986: 15.

②　Peacocke C. Thoughts: An Essay on Content. Oxford: Basil Blackwell, 1986: 16-17.

③　Evans G. The Varieties of Reference. Oxford: Clarendon Press, 1982.

这些承诺的满足是不相关的，"是对象的真实形状决定了经验，而非对象是立方体的事实决定"，后者虽然为真，但贬低了这一猜想。①

"'最低限度运转'的感知者是什么？"对此我们不能强行施加匹配要求，因为那样主体会去考虑一些先天不一致的事物，因此，"对主体环境中事物的描述，是在已知视觉刺激模式的投射类别中的，以防属于这一描述的环境中事物在光的正常行为中，成为对于这一视觉刺激模式例现出现的部分因果解释。"②说某主体是最低限度运转的感知者需要满足两个条件：①经验将环境中事物表征为属于某一描述，该描述是在引起经验的视觉刺激模式的投射类别中的；②因果解释的适当关系在那一模式的发生以及经验之间起作用（具体细节无关紧要）。他不需要非常高效，他所获得的描述类别是在他所在环境中的，这比这一模式的任意投射类别都要窄很多，这也是"不同角度的论点仍然很重要"的原因。③思考者完全可以在无法以第一人称思考时做出可观察判断。

那么以上这些同接受条件与成真条件的关系有什么关系呢？皮科克论述了我们可观察内容之一为真的充分条件（S. Obs）与必要条件（N. Obs），从而 S. Obs 的论点是"如果外部条件正常，任何不为 φ 的东西都有这一属性，即从某一位置，这一属性使之不被最低限度运转的感知者作为可观察 φ 的事物所会经验的那样被经验"④。这一论点利用三个关于内容的观念却没有说明，即经验的概念内容、外部对象以及被满足的承诺的概念，因而上述从充分、必要条件的角度给出的关系并不全面，但我们通过给出这样的条件可以满足具有内在决定性（internal determinacy）解释的需要，因为如果这些简单内容的成真条件超过其接受条件就会出问题了。

那么，可观察内容的作用是什么？对于这样形式的内容，有一个相应命题，这一命题是大卫·卡普兰（David Kaplan）所强调的罗素命题。⑤只要对象与属性如此呈现没有问题，那么给出这些内容正则承诺的规则就可以满足内容在任意状态下都如此的决定的需要。而如果充分、必要条件的结合能使我们说正则承诺决定成真条件，那么我们基本不能否认在相同的意义上，这里的成真条件决定正则条件。然而，这显然会出问题。必要条件只能保证：如果内容的成真条件起作用，这一内容承诺的范围就得到满足了，"这同从指称到含义的反路径

---

① Peacocke C. Thoughts：An Essay on Content. Oxford：Basil Blackwell，1986：18-19.
② Peacocke C. Thoughts：An Essay on Content. Oxford：Basil Blackwell，1986：19.
③ Peacocke C. Thoughts：An Essay on Content. Oxford：Basil Blackwell，1986：20.
④ Peacocke C. Thoughts：An Essay on Content. Oxford：Basil Blackwell，1986：22-23.
⑤ Kaplan D. How to Russell a Frege-church. Journal of Philosophy，1975，72（19）：716-729.

是不存在的相吻合"。① 含义的实体理论可以通过接受条件给出，其中对于正则承诺的说明只是一个特殊情况。

另外，皮科克把自己的观点同达米特由含义改变为内容的观点进行了比较："当我们可观察内容之一的述谓部分是基本的量化概念时，内容就几乎不为真。"② 而按照达米特的观点，几乎不为真，就相当于对"什么使其为真"这一问题并不重要的答案，他还提到"使某一陈述能够几乎不为真的知识模型是能够使用它给出观察报告"。③ 皮科克认为自己目前所讲同达米特的观点是一致的，能从任意相对局部位置解释其外表呈现立方体的（或作为立方体对象的）被呈现对象的唯一属性是，其为立方体。这是"初级量化可观察内容所特有的特征"，可以帮助我们理解几乎不为真的一类内容。

虽然两个思考者均可确认正则承诺得到满足，但这都是基于他们自己的经验，那么如何确定他们判断的是同一内容呢？由接受条件决定的成真条件刚好回答了这一问题。因为如果决定某一内容的接受条件以某种方式与思考者相关，而其成真条件不与思考者相关，那么"我们或许可以认为如果接受条件对于任一思考者成立，那么它们就对所有思考者适用"④。

成真条件由正则承诺所决定还有其他一些结果。比如有人认为某些接受条件可以进行内容个体化，即如果接受条件真的决定成真条件，那么适用接受条件来个体化内容的理论是可以满足这一充要条件的。又如对语言的理解、对某些内容的掌握，部分来讲，是"获得适当的、合理的、对于接受条件（包括证据条件）的敏感性"。⑤ 这与达米特所说的对于成真条件理解的显示是不同的，它不需要使用识别成真条件存在的概念，但是需要说明"对于一个内容的一类承诺中的每一个，思考者是如何显示它是其判断这一内容时的承诺"的，这一类承诺就决定了成真条件。当然，承诺模型的范围不超过反现实主义所接受的情况并不明显。⑥

上面的可观察概念是一个比较特殊的例子，但却是对成真条件与接受条件关系的普遍形式的一种体现，即"对于每一种内容，都有一个承诺范围，从而当且仅当所有这些承诺被满足时内容为真"，这种知觉同世界有一种关联性操作，从而决定来自内容的承诺的不尽相同。⑦ 更加细化的模型可能会涉及对于个

---

① Peacocke C. Thoughts：An Essay on Content. Oxford：Basil Blackwell，1986：24.

② Peacocke C. Thoughts：An Essay on Content. Oxford：Basil Blackwell，1986：25.

③ Dummett M. What is a theory of meaning？（Ⅱ）//Evans G，McDowell J . Truth and Meaning. Oxford：Oxford University Press，1976：89ff.

④⑤ Peacocke C. Thoughts：An Essay on Content. Oxford：Basil Blackwell，1986：26.

⑥ Peacocke C. Thoughts：An Essay on Content. Oxford：Basil Blackwell，1986：27.

⑦ Peacocke C. Thoughts：An Essay on Content. Oxford：Basil Blackwell，1986：28.

体思考者态度的依赖，当然，这些依赖的来源全部是内容 p。我们现阶段的问题是：这些模式模型中的某一形式可以运用到通用的客体量化"所有 F 是 G"（缺逻辑表达）的内容中去吗？

按照拉姆齐（Ramsey）的精神，我们应该解决两个问题：一是"解释量化内容是如何内嵌在更为复杂的操作中的"，它的解释在可观察概念中已经采用；二是思考者除此之外，其"所有 F 都是 G"的量化还必须占有这样的成真条件，即"在其全部库存中它所有的或将会有的任意呈现形式的所有对象都是 G"，因而需要"提供特别地决定对于已知种类所有对象的客体量化的解释"①。

皮科克认为，对于量化的解释通常都是使用替代性量化（substitutional quantification）思想的对等物，而非非限制性客体量化。比如埃文斯就是想用一个原则来描述存在量化，而不是对其进行消除分析。但我们还得解释我们关于"对于每个 F，在理想思考者的库存中都是有关于它的某种想法的"思想的理解，这是一个对于"其成真条件不可消除地包含属于某一概念整个范围的对象的任何二阶操作"都会发生的问题，不管是全称还是存在量词。②我们需要解释的是达米特所称的"我们理解全称量化陈述，因为我们对于组成量化论域的总体可以说具有大体的理解——我们可以说是在思想中作为整体调查它"，我们需要的是解释某一内容如何能够关涉所有对象。③另一方面，人们会诉诸理想的彻底解释过程来识别客体全称量化，如果之前的猜想正确，那么有理由相信这样的期望以及用它来解释正则承诺是等价的，它们仅仅是视角不同而已，前者是从内容，后者则是从外部。这也正是皮科克想要提出的视角。

我们先把注意力集中于对现存的物理对象的非限制性量化上，它们都是由其当时的位置和种类所个体化的，因而问题转而变成所有地点的量化。我们又是如何看待地点的非限制性变量范围的呢？皮科克认为其受到两个原则的约束：（1）其范围在由"同地点 π 有空间关系 R 的地点"形式的短语所给出的函数中闭合，当这些函数应用于已经在论域中的地点中时。（2）对地点非限制性量化的理解不受到理解者理解地点范围在这些函数中闭合的有限关系列表影响。④

按照改进描述（revised account），"判断所有的（物理上的、现存的）F 都是 G 就是承诺判断模式（1）的任意例现，即（1）如果在某地有 F 同 π 具有 R 的关系，那么它就是 G"。这里面的判断处置是开放性的，视地点论域所闭合的关系范围而定，思考者被呈现给他认为的新空间关系。改进描述保持了传统拉

①　Peacocke C. Thoughts：An Essay on Content. Oxford：Basil Blackwell, 1986：30.

②③　Peacocke C. Thoughts：An Essay on Content. Oxford：Basil Blackwell, 1986：31.

④　Peacocke C. Thoughts：An Essay on Content. Oxford：Basil Blackwell, 1986：33.

姆齐理论的突出特点，即解释了判断所有 F 都是 G 与判断 Ga 到 Gt 中，a…t 就是所有 F 之间的差别。[1]也的确，并没有某一特定呈现模式，思考者可以通过判断全称推广而在其库存中已经具有的，这也是新拉姆齐主义解释的另一个优点。如果"所有的 F 都是 G"的正则承诺被满足，我们是否可以认为所有的 F 都是 G 为真呢？不尽然。我们只能说思考者所相信存在的所有 F 都是 G，因为正则承诺涉及被识别的空间关系，它很有可能与实际情况有出入。

这些观点都预设"思考者量词范围内的每个部位都由思考者明确空间关系的概念资源的某种延伸所个体化"。[2]改进描述针对的是现存的物理对象，当然它也是可以适用于其他范围的一般形式的例现之一。它所接受的是"在具体对象与自然数的全称量化描述层面的统一性"，我们在其中所考虑的也是"我们所有人发现或学习归纳证明之前的情况"。[3]如果成真条件真的由正则承诺所决定，那么根本不了解证明条件的人也能理解"所有 F 都是 G"中的 Fa 被满足，则自己判断 Ga 时产生的承诺也能被满足。

对于全称量化内容的新拉姆齐主义解释，皮科克主要通过改进描述来进行阐述，虽然它不够完整，但它符合皮科克所推崇的普遍形式之一，即正则承诺决定传统成真条件。新拉姆齐主义认为经典成真条件的显示来自思考者在判断全称量化时的承诺。达米特则将之看做"可观察情况中非法映射"而来的，因此他认为说思考者能够识别某一语句得到承认的成真条件是合法且正确的。[4]皮科克认为并不需要诉诸某一思考者，将成真条件识别为有效从而可以显示对于传统成真条件的理解。他指出，新拉姆齐主义的全称量化只是对这一普遍观点的另一种阐释。

要让人相信这一总体猜想，只能是更细节地去探寻各种有疑问的内容。皮科克目前所做的只是在两种内容的情况中概括了办法，而对于整个工程，目前只能说，暂时没有完美的论证可以驳斥接受条件决定现实的成真条件。

（二）成真条件与接受条件关系的应用

1. 不可接近物

在不可接近物（the inaccessible）中的应用实际上是回答了可能世界内容所

---

① Peacocke C. Thoughts: An Essay on Content. Oxford: Basil Blackwell, 1986: 34.
② Peacocke C. Thoughts: An Essay on Content. Oxford: Basil Blackwell, 1986: 35.
③ Peacocke C. Thoughts: An Essay on Content. Oxford: Basil Blackwell, 1986: 39.
④ Dummett M. What is a theory of Meaning？（Ⅱ）//Evans G, McDowell J. Truth and Meaning. Oxford: Oxford University Press, 1976: 67-137.

提出的论题，真与接受条件关系的解释是否可以用于不可接近的地点、时间，特别是涉及某一过去时间或过去事件的过去时想法呢？皮科克的回答是：为了表明"特定时间与地点的思想，无论可接近与否，都遵循我们初始的猜想"。[1]

在不可接近物的情况中使用正则承诺或原因的模型可能并不适用，那么对于一个思考者，现在给他的一个思想、一个关于过去的成真条件到底意味着什么？皮科克使用的恰恰是他猜想的第二个从句中所说的："内容的成真条件是由它们同成真条件已经决定的其他内容之间的关系所决定的。"[2]皮科克从两个部分来谈这一解释，第一部分是说某些内容的成真条件是如何被决定的，第二部分则是说明关于不可接近时间与地点内容的成真条件是如何由它们同成真条件已决定的前面内容之间的关系所决定的。

第一部分给出的是某些内容的外向型模型（outward-looking model），这里皮科克使用了一个基于"先听见撞车的声音再看见交通灯变化"的印象来判断"那个撞车发生在灯变化之前"的过去时内容的例子，来区分"印象发生的时间"与"印象的时间概念内容"，因此我们就不太可能会说印象自身回溯到过去。[3]在许多情况中，机制正常运转时，判断某一内容的处置就是此内容事实的结果。

皮科克所接受的理论是"极端的经验主义理论"，他不认为时间概念同知觉印象的联系更为密切，而是认为它是"从经验本身中提取出来的"，他引用了威廉姆·詹姆斯（William James）的观点来详述这一极端观点。[4]皮科克认为，是时间居先（temporal precedence）的概念本身进入演替与运动的印象内容，并且这一无争议观点在时间概念占有的本质上是中立的。而对于具有过去的概念意味着什么的理论，皮科克提出了更好的极端经验主义构想。除皮科克的构想之外，还有许多其他极端经验主义的形式，但它们之中都隐含着一个相同的要素，即如果掌握时间居先概念的某一思考者有这样的时间居先的印象，并且在思想中出现这样的问题，那么他应该理性判断这一事件的居先；而它们的不同之处就是对基于这种印象判断的解释的不同。然而这样的定位使极端经验主义陷入了一个两难困境，即居先的经历（比如）是否可以被想象成不真实的呢？如果答案是否定的，那它就不是我们熟悉的经验概念，时间印象"受到错觉

① Peacocke C. Thoughts: An Essay on Content. Oxford: Basil Blackwell, 1986: 65.
② Peacocke C. Thoughts: An Essay on Content. Oxford: Basil Blackwell, 1986: 66.
③ Peacocke C. Thoughts: An Essay on Content. Oxford: Basil Blackwell, 1986: 67.
④ Peacocke C. Thoughts: An Essay on Content. Oxford: Basil Blackwell, 1986: 68.

（hallucination）的限制"，无论是在顺序还是规模上都是如此。①如果答案是否定的，那么就需要说明通过主体对于时间概念的使用，经验对概念应用并不是决定性地意味着什么。而外向型理论的动力之一就是这一困境不存在，皮科克认为，如果我们能够解释把握涉及客观外部世界的内容意味着什么，那么或许可以进一步解释这一错觉存在的可能性，即对于主体来讲，仿佛这一客观内容有效，但实际上并不是，这是一种外在主义的观点。

具体来讲，有指示性呈现的两个事件，二者相继发生想法的正则联系会是什么呢？皮科克给出了作为第一接近物的承诺（T），对于时间关系把握的知觉解释是不受维度影响的，因此相应地，在时间居先印象的情况中，我们不需要模拟对投射类别的要求来对最低限度发挥功能的知觉与记忆机制进行特征描述。但仅满足这样的正则承诺"对于其之为承诺的成真条件的持有一般来讲是不够充分的"。②至于哪些事件（印象）的时间顺序是误导性的，是要通过经验研究的，而不能将受限类别先天地限制在（T）所应用的范围内，（T）应该作为主体对某一事件的知觉在其他知觉之前的内容正则承诺的解释，它并没有对客观事件之间的时间关系作出解释。针对这个情况，皮科克又提出了包容性更强的解释，在前件的具体说明中并未排除主体印象是误导性的情况，也没有要求某一特殊类别必然不是误导性的，因为在前件（2）这一基本层面可以得到局部整体主义，从而只有在对某人时间信念的辅助假设存在时，我们才能检测此人对于时间概念的把握。

那么，是否具有时间概念的任意存在都可能有皮科克所提出的某些时间经验呢？约翰·坎贝尔的"频闪观测仪世界"就是对此的一个挑战，也提出了这样的普遍性问题，即对于时间关系以及过去概念的占有到底要求有什么？皮科克的解答是："具有能够以某种方式产生心理状态的官能。"③由此使某一内容成为过去时内容的，是内容判断对于这种官能释放的可答复性，个体化过去时内容的，部分来讲，是它们（心理状态）同过去真正发生什么的关系。因此，过去的概念可以说是"官能-依赖性的"（faculty-dependent），即存在这样一个官能，在解释对过去任意内容的判断意味着什么时必须提及它。如果不这样做就会出现问题，使用外向型模型的意义也就在于此。④

在解释的第二部分中，皮科克使用了三层（three-tier）的形式来对之进行

---

① Peacocke C. Thoughts：An Essay on Content. Oxford：Basil Blackwell，1986：69.
② Peacocke C. Thoughts：An Essay on Content. Oxford：Basil Blackwell，1986：71.
③ Peacocke C. Thoughts：An Essay on Content. Oxford：Basil Blackwell，1986：73.
④ Peacocke C. Thoughts：An Essay on Content. Oxford：Basil Blackwell，1986：74.

论证，第一层（底层）是"涉及可接近物内容的正则联系"，第二层（中层）分为（a）"涉及可接近物内容的成真条件"以及（b）"我们使用不可接近物概念的特征"，第三层（上层）则是"涉及不可接近物内容的成真条件"。[①]他首先解释的问题是，具有不可接近地点的概念意味着什么？皮科克认为根据"观察可决定的（observationally determinable）粗略举例测量"——一步（a pace）——解释"一系列知觉印象直到存在这样一个事物离这里一步之遥"，推至不可接近的时间，因果地解释这一印象的是对于前后时间关系的持有。[②]同样，这种解释对于成对的不可接近时间与地点也分别适用，这些关系的前件也将不可接近物同可接近物相关联。这种观点不同于戈德曼（Goodman），而是类似于休梅克（Shoemaker），后者说，人在探测属性 F 时像一个仪表，人按照由属性 F 的例现所因果解释的方式做出反应，这对于时空关系的发现也适用。不可接近地点被想象成存在于一个空间关系网中，它同其他地点，无论是可接近的还是不可接近的，都同相互之间以及它的初始地点有关系是同一的。通过这样的比较，皮科克指出，在不可接近地点上量化的理论不应被认为是在可接近物上量化理论的"保守延伸"。[③]

以上论点是否可以决定不可接近物的指称呢？那么在有些语境下，有些人对于时间地点术语的使用同我们在可接近的与部分不可接近物上的使用一致，有些情况下却大相径庭，这又如何解释呢？这种情况首先并非是对这一观点的削弱，其次，这是因为他们的外延系统，相对于我们的而言，是"不规则的"，即通过过滤掉无关的语言不规则性来系统阐述决定观点应该是可能的，这为我们提出了挑战，即"以不贬低决定论点的方式，给出一个标准来区别这种相对的语言不规则性"。[④]而对于这一挑战的部分解释是，思考者会持有这样的理论，它同可通过谓语的再分析在我们自己语言中阐述的理论相协调，这是蒯因的理论。

思考不可接近物的这种解释有两个元素，一是因果性的论点，相同的关系在可接近物之间有效的话，那么其在不可接近物之间也有效。另一个则是对时空普遍概念的解释。两者缺一不可，而且也"相互呼应"，对于远缘条件的掌握以及辅助假设的事实可以在因果性上解释局部证据，其中，"远缘条件的存在不依赖于局部或近期证据的存在"，否则如果这一条件存在就存在这样的证据将会

① Peacocke C. Thoughts：An Essay on Content. Oxford：Basil Blackwell，1986：75.
② Peacocke C. Thoughts：An Essay on Content. Oxford：Basil Blackwell，1986：75.
③ Peacocke C. Thoughts：An Essay on Content. Oxford：Basil Blackwell，1986：77.
④ Peacocke C. Thoughts：An Essay on Content. Oxford：Basil Blackwell，1986：78.

是先天的。[①]

要求整套内容假设——关于不可接近案例中的假设以及内容与信念的辅助假设——应该是确定可归属的。当接受理论论点的全部处置都同可接近案例中"方形"意义的直线投射相一致，且如果没有与之相匹敌的解释可以同样适合，那么我们可以说：对象的相同属性，即是方形的，有时被想作局部适用，有时则被想作适用于不可接近的。皮科克认为可接近性只是"程度的问题"，对于已知概念掌握的解释在可接近物与不可接近物的应用上是没有明显差别的，后者在对于可接近的但当前未被知觉的地点掌握的解释中也同样需要，反之，在不可接近地点与实践中例现的可观察概念的要点也同样适用于可接近的但未被知觉的情况。[②]对不可接近物投射的描述即"接受各种不可观察论点的处置"，因此差别其实不在于是否可接近，而是在于是"被知觉的"（the perceived）还是"未被知觉的"（the unperceived），它并非程度问题。[③]这里，皮科克将不可接近物转化为当前未知觉的可接近物，即将成真条件未决定的内容通过其同成真条件已决定内容之间的关系来解释。

三层解释同真值联系之间的关系又是怎样的呢？皮科克认为，三层解释可以被看做是以解释真值联系为什么是对它们涉及内容的正确描述为目标，而这一目标的实现正是通过这些联系所保持的。三层解释想要说明的是为什么会有某一特定属性，比如是球形的属性，它能够"成为因果解释的一部分"，且通过已知地点某物对其的占有是某一思想为真所必需的，并且这也是能够为反事实打基础的分类条件。[④]给出内容所具有的成真条件是：决定关系"一步之遥"局部案例中，我们知觉判断的敏感性。无论引入传统否定概念的合法性是否为隐性的，这里不可接近物"超证实内容（verificaiton-transcendent content）的可理解性"的论证都没有超出二价的前提；可理解投射当然是有条件的，并且其中的一些可以通过对违背这些条件的投射（projection）来描述。[⑤]实际上皮科克说的是一个问题的两面：一面是说在绝对空间中，不存在同时是关于在想象的统一的指称移动框架中的定位的假设结果；另一面则是说无论思考者的理论有多精细，他也没法表示自己对于绝对空间差别而不是对其中指称移动框架敏感。

如果这里的论述正确，那么关于可观察概念的时空内容有一种独特的方式支持现实论，尽管它并不是唯一的论证方式，比如在全称量词内容中，皮科克

① ② Peacocke C. Thoughts: An Essay on Content. Oxford: Basil Blackwell, 1986: 80.

③ Peacocke C. Thoughts: An Essay on Content. Oxford: Basil Blackwell, 1986: 81.

④ Peacocke C. Thoughts: An Essay on Content. Oxford: Basil Blackwell, 1986: 82.

⑤ Peacocke C. Thoughts: An Essay on Content. Oxford: Basil Blackwell, 1986: 83.

就使用了另一种方式，但它的存在证实"涉及自然世界某些内容的现实论有特殊情况"。① 对比达米特坚持认为本体论与语义学问题的独特性，皮科克对于因果的解释力表明达米特所提到的语义现实论的情况可能并不能超出自然的时空世界，因此在这个问题上，皮科克与斯特劳森（P. F. Strawson）比与达米特的观点要更接近一些。

2. 否定与存在物

皮科克在本章内容中关注的是否定，他借用了达米特的话"对传统否定运算符可理解性的承认通常被看作是内容理论有资格被视为实在论的检测"，它同样是对罗素式内容的回应。② 皮科克认为，在实在论中，"内容是不用我们证实其为真就可以为真的"，因此这里对于否定的考虑并不多余。不过，如果对于否定的论点正确，那么按照超证实的真，表明它是现实论描述的结果"可能会费些气力"，因此皮科克主要只对这一任务的一部分进行论述，从而为"能够判断使用传统否定的已知概念所建立的内容意味着什么"提供理论基础。③ 如果我们能够解释对一类内容传统成真条件的掌握，就不会有关于掌握这些内容的否定的真正问题了吗？皮科克认为这并不是一个伪问题。尽管人们认为它的出发点是"掌握一个经传统成真条件，必须掌握其否定"，比如吉齐（Geach）在使用"不是红色的"概念中时也这么说，即需要知道"分割平面的这条线"，但实际上，人们知道逻辑空间中的分割线在哪里。③ 这些并没有表明我们曾经处理关于否定的近伪问题，实际上两者并不能画等号，所以我们仍然会问这样的问题，即"掌握传统否定是如何被显现的（manifested）"？因此有这样的限制条件（N）"⌐$A⌐ 被判断为真，当 A 的正则承诺中的任意一个不成立时"，即对于正则承诺决定其成真条件的任意内容，要求其传统否定在反事实情况下也保持其真正含义，否则就无法将否定同其他运算符相区别。④

对于使用在掌握传统否定的解释中不成立的承诺概念，需要考虑一个问题，即循环论证。皮科克主要用了两个例子打消这方面的疑虑。第一个例子是"指示性地呈现对象的观察性谓项"，当对象在不是由观察性概念范围内的某物所产生的知觉经验中被呈现时，正则承诺就无法成立，在这些情况中，（N）要求思考者判断观察性谓项，因此思考者必须对观察性概念范围内某物所产生的以及

---

① Peacocke C. Thoughts：An Essay on Content. Oxford：Basil Blackwell，1986：84-85.
② Dummett M. Truth and Other Enigmas. Harvard：Harvard University Press，1978：274.
③ Peacocke C. Thoughts：An Essay on Content. Oxford：Basil Blackwell，1986：86.
④ Peacocke C. Thoughts：An Essay on Content. Oxford：Basil Blackwell，1986：87.

不由此产生的知觉经验之间的差别有敏感性。①这里，尽管我们使用了否定的概念，但使用者是我们，而不是思考者"他"，我们的任务是提供概念掌握的理论基础，而非为概念下定义，因此使用这一概念而不事先说明它的掌握也是合理的。第二个例子则是"对具体对象的现在时非限制性全称量化"，（N）会将这一形式全称量化条件否定的掌握同这些承诺的失败相关联：后者的发生引起对前者的判断。②因此思考者肯定已经掌握了否定条件，这是我们需要解释的。这些否定都不是对全称量化的否定，对于全称量化否定的掌握是这里需要考虑的，因此如果对于否定全称量化的曾经掌握按照对否定全称量化的掌握来简单地解释，那么就不会发生这种循环。

显然（N）对于 $ 是传统否定式不充分的，意思为"……可确立地为假（it is establishably false that）"的运算符也遵循（N），因此皮科克又补充了一个条件（DN），即思考之后，思考者准备接受「$$A ⌐同 A 的等价，或者至少是在他的推论实践中表明这种接受的直接结果。②这一条件并不蕴涵 A 为真。那么（DN）是否违背如果某人在接受某一内容前思考，那么组成此内容的概念的构成性解释应该要求接受此内容呢？概念（呈现模式）由对信息性的考量所个体化，如果需要思考来实现某一内容为真，那么在思考之前此内容就是信息性的了。但（DN）要求的仅仅是思考之后的掌握。这样的例子有很多，比如某人之前没有出过错，现在让他回答"37 加 84 等于多少？"的问题，那么他要具有加的概念；还有"成真条件由正则承诺的内容范围所决定的内容"。③严格意义上讲，"对超识别（recognition-transcedent）成真条件的承认并不明显产生二价的承诺"，因此上面的论证只能得到这样的结论，即当嵌入的语句有真值时，这样的运算符 $ 一定会像传统否定一样地起作用。皮科克认为，$ 被解释成在超证实条件的真值上运算"当然是运用关于否定的论点的必要条件"，因此前面的论证都不是论点对实在论内容的掌握只由传统逻辑的应用所显现的例子，他的观点是"在为否定给出其传统解释中，A 与～～ A 之间的推导转换扮演必不可少却不是详尽无遗的角色"，而"内容'所有 F 都是 G'的实在论地位的确立是不需要提及传统否定规则在其中的应用的"。④

那么这种观点是否表明一套归纳规则（inference rules）完全确定传统否定的意思呢？答案是肯定的，但这一决定论点为真的形成是非常细致的，达米特

---

① Peacocke C. Thoughts: An Essay on Content. Oxford: Basil Blackwell, 1986: 88.

② Peacocke C. Thoughts: An Essay on Content. Oxford: Basil Blackwell, 1986: 89.

③ Peacocke C. Thoughts: An Essay on Content. Oxford: Basil Blackwell, 1986: 90.

④ Peacocke C. Thoughts: An Essay on Content. Oxford: Basil Blackwell, 1986: 89-91.

对其必要条件这样描述："通过包含逻辑常量的语句做出的断言，其正确性条件必须总是同推演的存在相符，后者是指通过这些归纳规则，从不包含讨论中任意逻辑常量的正确前提到这一语句的推演。"[1]当然也有更具构成主义意味的心灵框架会将达米特的必要条件扩大到允许"由可判定正确的否定原子句的演绎"，只是皮科克对这一路线并不苟同。[2]他认为更好的思路是引入更宽的概念，即不由归纳规则，而是由转换规则所决定的意义概念，因为所有推导规则都是转换规则（transition rules），而反之则不成立。另外，"转换规则是决定已知类型内容何时被合理判断的标准规则"，他表示所列的是对"否定意义由约束它的转化规则所决定"的观点的解释。[3]除此以外，既然使用传统否定而非推理否定的人会接受内容"并非所有的 F 都是 G，即便我们没有也不会知道其任何反证的任何伪造实例"，为何皮科克不用这一事实来解释传统否定呢？原因有三。第一，模态内容并非否定的原始的、自证的规则；第二，我们需要的是对成真条件有决定性作用的传统影响；第三，人们可以绕过模态概念来使用传统否定、量化以及其他内容。[4]

　　这里目前讲到的还只是掌握传统否定的解释的一小部分，因为（N）只涉及具有正则承诺的内容，并非所有内容都有这样的承诺，比如否定内容"并非所有的 F 都是 G"，它所具有的是一个家族的典型理由，对这一内容的否定，即双重否定，内容"所有 F 都是 G"与其双重否定并非同一，因为它们的直接正则承诺是不一样的。但我们讨论的仍然只是一些特殊案例，内容要么具有典型理由，要么具有正则承诺，皮科克将（N）看做更为广泛适用类型模型的一个实例，因此他需要说清楚"掌握不同内容的否定的解释在哪个层面是统一的"，正因为这一统一性，这种解释才不会是零碎的。[5]

　　接下来，皮科克解释的是存在量化的掌握，有人认为它是全称量化的一种缩略，但两种解释不可能都是正确的，而选择全称量化的解释显然不是偶然。实际上，目前的方案中对存在量化的掌握已经有一个更为直接的描述，即用构成性解释来说明存在量化的正则承诺条件，即正则理由。比如，量化"一些 F 是 G"的承诺条件家族则是形式（E）在 π 存在一个 F 是 G 的所有条件，其中地点 π 的范围是开放性的。如果只有至多一个 F 可以占据这一地点，那么这里有

---

①　Dummett M. Elements of Intuitionism. 2nd ed. Oxford：Clarendon Press，2000：363.

②　Peacocke C. Thoughts：An Essay on Content. Oxford：Basil Blackwell，1986：91.

③　Peacocke C. Thoughts：An Essay on Content. Oxford：Basil Blackwell，1986：92.

④　Peacocke C. Thoughts：An Essay on Content. Oxford：Basil Blackwell，1986：92-93.

⑤　Peacocke C. Thoughts：An Essay on Content. Oxford：Basil Blackwell，1986：94.

一种自然的方法免除了范围的引入，即"如果更广或更窄范围的对象被断言同明显的存在判断相联系，那么范围的不同对于语句真值的决定可能并没有什么差别，因为它只要求唯一 F 在指定地点是 G"。① 把这一考虑扩展到（C）中任意条件，其中可以足够精细地区别单一指称，由于相似的原因，也不用引入范围。

现在，我们可以说"存在量化只有在其正则理由中的某一个，即其正则承诺条件有效的条件下为真"。②

至此，皮科克主要是讨论了几类内容，希望它们可以成为他想给出的形式的充分解释，后面部分则是对一般形式挑战的回答以及这一解释在认识论中的应用。

（三）内容与亲知原则

罗素的亲知原则（acquaintance principle）指出：我们能够理解的每一个命题必须完全由我们所亲知的组成部分所构成，皮科克认为，"当同无关紧要的认识论增加物相分离时，亲知原则规定内容归属正确且基本的约束条件"。③

皮科克在前面论证，某一对象的一些呈现模式具有这样的特征，即作为先天且必要的事物，某一主体判断思想"m 是 Φ"的倾向对于证据如此这般是 Φ 呈现是敏感的，其中条件"如此这般"同主体自身当前的心理状态相关。此类呈现模式我们称为受敏感性原则制约的呈现模式，不光指示性呈现模式是受敏感性原则制约的，同时还应该有同产生认同的某种经验具有某种复杂关系，因而纯粹描述性的呈现模式不受此原则制约，这正好也是指示性呈现模式不可还原至描述性呈现模式的一个很好证明。

皮科克建议对罗素亲知的概念进行重建，他认为至少有两点可以保留，一是某一主体亲知某一事物就是"能够以某一特定方式通过他同它具有某一特定关系而想到它"，二是提及心理状态就是"将写入亲知时罗素意欲掌握的东西作为呈现关系保存"，即罗素所说的"说亲知 O，同说 O 被呈现给 S，实质上是一样的"。④ 皮科克认为亲知是将对象自身（即使是在呈现模式的外衣之下）置于思想中的必要条件。如果一种思想理论"既服从重建的亲知原则，又指出重建的原则所允许的任何情况中的对象类型"，我们就可以称之为对于亲知原则的

---

① Peacocke C. Thoughts: An Essay on Content. Oxford: Basil Blackwell, 1986: 95.

② Peacocke C. Thoughts: An Essay on Content. Oxford: Basil Blackwell, 1986: 96.

③ Peacocke C. Sense and Content: Experience, Thought, and Their Relations. Oxford: Clarendon Press, 1983: 180.

④ Peacocke C. Sense and Content: Experience, Thought, and Their Relations. Oxford: Clarendon Press, 1983: 182.

"热情接受"。①

三、内容的基础与本质

根据上面的概念辨析，我们对皮科克所讨论的"内容"概念是什么及其同经验之间的关系有了一定的了解，然而对于内容的本质、基础，还不甚明了。什么样的内容是经验内容？经验如何具有内容？皮科克认为，在内容的本质问题上，主要有两种对立态度，一是丹尼特的工具主义，二是以福多为代表的思维语言假说。而他自己所要提出的是介于二者之间的观点。他的观点是"否认内容依附于思维语言，但承认它们有物理的实现"②。

知觉经验表征什么内容呢？大多数观点认为分为两种，一是属性，二是对象。我们可以通过皮科克对概念可重组性（recombinability）问题的讨论来了解新的内容（或思想）的形成，从而发现内容的基础与本质。这里皮科克所考虑的是受限制的一类命题态度归属，它们满足这样三个条件：第一，它们是由 that 从句所表达的概念；第二，归属主体完全精通这些概念；第三，归属不是顺从 - 依赖性的。因为这里所提及的现象只对这样的归属有效。同时，他对两种利用占有条件来解释的方式进行了区分：一种是占有条件自身是部分解释性的，它是针对任意思考者的；第二种则是某一特定思考者在某一特定时间满足占有条件的部分解释性，它是同思考者相关的特定历史事实。③

尽管在已出版的文献中，对概念的重组性问题讨论得并不多，但对于这一现象的解释却有许多不同观点。其实，对这一现象的描述本身就存在许多争议。这里皮科克所使用的第一个材料是埃文斯所称的普遍性限制条件（generality constraint）："如果某一思考者愿意考虑想法 F_a，并且也占有单一呈现模式 b，其中 b 指涉概念 F 在其中为真或为假的对象范围中的某物，那么该思考者具有包含内容 F_b 的命题态度的概念能力。"④ 这里用"意义的范围"（range of significance）来标记上述对象范围可能比较简便。同样，如果某一思考者占有具有同 F 相同意义范围的某一概念 G，他也能够具有想法 G_a 的态度。这一限制条件在弗雷格等级的各个层面都适用。这里所说的"概念能力"不是指思考者占有 F_b 的各个概念组成部分，也不是指思考者轻易存有 that F_b 的想法，而是指

① Peacocke C. Sense and Content: Experience, Thought, and Their Relations. Oxford: Clarendon Press, 1983: 183.

② 高新民 . 意向性理论的当代发展 . 北京：中国社会科学出版社，2008：301.

③ Peacocke C. A Study of Concepts. Cambridge: MIT Press, 1992: 41.

④ Evans G. The Varieties of Reference. Oxford: Oxford University Press, 1982.

"该思考者处于知道想法 F_b 为真是什么的位置"。[①]

皮科克则提出了普遍性限制条件的"指涉性解释"（referential explanation）。首先，它有两个前提：①态度是同复合内容的关系，它是以同思考者占有概念所不同的方式构成的。②同一性，即占有某一概念就是知道某事物成为其语义值是什么。由于我们已知某一思考者能够怀有想法 F_a，并占有单一含义 b，我们需要用这一解释来证明的是，思考者处于知道想法 F_b 为真是什么的位置。[②]判断必须以真为目标，这就预设了对内容中组合模式的语义意义的隐性掌握，从而，当普遍性限制条件中的先决条件得到满足时，思考者便有了处于知道想法 F_b 为真是什么的位置所需要的一切。这里的"一切"包括，思考者知道任意概念落入 F 意味着什么、知道任意对象成为 b 的指称物意味着什么，以及掌握谓语组合的意义。这得出了 F、a 与 b 这些概念限制条件的指涉性解释。[③]

这种解释同时引起了两个观察：第一个观察是，在这一解释中含义与指称层面间的相互影响；第二个观察是，这一解释独立于在限制条件中所描述的概念所指称对象的种类。

某一特定概念的普遍性限制条件的满足可以通过其占有条件得到建立，之前的连接词的占有条件就是一个很好的例子。然而这里所说的指涉性解释关注的并非只是这种特定的例子，它的目标是对任意概念都有效的限制条件。指涉性解释不是一种因果性解释，它得到的概念属性是由同一性所派生的，因而也就是从对于任意概念都应该有一个决定理论的这一要求中派生的。因此，无论何时只要我们所具有的概念同占有条件以及决定理论相符，普遍性限制条件就可以得到满足。指涉性解释具有解释性也是因为它所得到的重组性是"由任意真正概念的决定理论的存在要求中所派生出来的"。[④]

另外，皮科克还提出了生产率规则（productivity principle）：假设某一思考者占有第一层面的概念 F 并获得表示 F 意义范围内某事物的一个新的单一概念 m。如果在这些情况下，该思考者继续占有 F，那么他处于不用进一步规定或决定概念 F 就知道想法 F_m 为真意味着什么的位置。"[⑤]

同普遍性限制条件一样，生产率规则也适用于弗雷格等级的各个层面。它并不严格地被普遍性限制条件所蕴含，因为它涉及新概念，并且限制条件并不

① Peacocke C. A Study of Concepts. Cambridge：MIT Press，1992：42-43.
② Peacocke C. A Study of Concepts. Cambridge：MIT Press，1992：43.
③ Peacocke C. A Study of Concepts. Cambridge：MIT Press，1992：44.
④ Peacocke C. A Study of Concepts. Cambridge：MIT Press，1992：45.
⑤ Peacocke C. A Study of Concepts. Cambridge：MIT Press，1992：46.

涉及思考者关于新概念的能力。

从而，皮科克又制定了超级规则（super principle），普遍性限制条件与生产率规则都是它的逻辑结果："超级规则：如果某一思考者占有概念 F，那么对于指涉 F 意义范围内某事物的任意适当低一层面的概念 c 必然有，如果该思考者继续占有 F 且占有（或开始占有）c，那么他处于不用任何进一步信息或规定就知道想法 F_c 为真意味着什么的位置。"[①]

指涉性解释是承认占有条件具有模态维度（model dimension）的，它可以对同更大范围内容相关的具有说服力的东西有承诺。通常来讲，对于某一物质，只要具有占有条件，我们便既可以从对某一概念掌握的要求方面，也可以从概念个体化方面来对其进行考虑。[②] 比如对于概念 C，如果思考者无法从形式 p C q 的前提得到结论形式 q 或其他形式原始地具有有说服力的推论，那么 C 就不是合取概念。同样，对于自然数 3，占有条件是用来个体化概念的，即便其是 F_s 的数字这一占有条件并不是完全模态化的，只要它作为占有条件被提出，即我们讲这就是之为数字 3 的所有，那么我们就会承诺在其他可能世界，3 之为 F_s 的数字的条件同其在现实世界的是一样的。

皮科克把自己的观点同另一种观点进行比较，即也认为限制条件与规则均是必要的，但必要性的原因与皮科克不同。皮科克的观点中原因并非在规定性上受限。根据这一观点，限制条件在这里是定义性真理（definitional truth），并且规定除非我们满足限制条件，否则我们就"不能把任何事物看做一种想法或是概念的运用"，限制条件的地位就像"所有的单桅帆船都只有一根桅杆"一样。[③] 对于在规定性上限制性的真理所包含东西的解释，笼统来讲，就是只有在某一根本的类别种类存在的条件下，必要的先天真理"所有的 F_s 都是 G_s"是在规定性上限制性的，其中，这一类别条件的存在使得（a）F_s 是这一类别种类的对象；（b）这一类别种类的所有成员并不一定都具有属性 G；（c）所有的 F_s 都是 G_s 是先天的，并且这一知识对于完全精通概念 F 是必需的。当以"所有 F_s 都是 G_s"形式的必要、先天真理是在规定性上限制性的，更深一层的解释是不合时宜的；当这种真理不是在规定性上限制性的，皮科克称之为"不能解决的"，就需要进一步的解释，那么这种指涉性解释就需追溯回概念占有的普遍本质。[④] 这只是对指涉性解释的描述。

① Peacocke C. A Study of Concepts. Cambridge：MIT Press，1992：46.
② Peacocke C. A Study of Concepts. Cambridge：MIT Press，1992：47.
③ Peacocke C. A Study of Concepts. Cambridge：MIT Press，1992：48.
④ Peacocke C. A Study of Concepts. Cambridge：MIT Press，1992：49.

还有一类观点认为这些限制条件与规则为真，但它们是偶然性的。对这一观点的否定则是，如果它们是偶然性的，那么就很难解释它们存在的必然性，这实际上是"在调和掌握某一概念的要求同普遍性限制条件的失败中的困难"。福多指出在逻辑常量的某些"推论作用"理论中，某些系统性是得到保证的。皮科克虽不赞成推论作用语义学对所有概念适用，却认为"由精通某一任意概念所构成的东西确保在普遍性限制条件中陈述的系统性形式"①。

对于比如某生物对杯子在盒子左边的情况的选择性、区别性的反应，它也能够对盒子在杯子左边的情况作出同样的反应，皮科克并不否认这是经验的或偶然的。普遍性限制条件的必要性同这些条件的偶然性并不矛盾。皮科克所认为是非偶然的是："当杯子在盒子左边时，某一生物能够形成条件性意愿来做这样或那样的事，那么对于其形成当盒子在杯子的左边时做这样或那样的事的意向就不存在概念障碍。"②

虽然在《逻辑哲学论》中，维特根斯坦并没有区分含义（sense）与指称（reference）的差别，不过他谈到了句子有意义（meaningfulness）的抽象的一般条件。皮科克所支持的观点同《逻辑哲学论》有许多相关之处，他重点描述了三个同《逻辑哲学论》中的问题相关的皮科克的框架。

第一，维特根斯坦认为罗素的判断理论之一并未满足人们只能判断有意义的东西这样的要求，而皮科克的理论可以满足这一条件，他认为"思考者只能判断他所掌握的内容"，在皮科克的新弗雷格主义理论中，维特根斯坦所提出的要求"被以一种直接的方式所满足：内容的掌握在于知道被掌握的内容所施加于世界的条件"②。

第二，皮尔斯（Pears）在对维特根斯坦的研究之后，提出了其早期思想中分离主义与整体主义元素的冲突。③皮科克认为对于含义与指称的区别以及皮科克自己的理论是可以解决这个冲突的，因为他认为分离主义是在指称层面有效，而整体主义是在概念层面正确。

第三，维特根斯坦认为，一些事物只能被显示却不能被说出，皮科克要求对于某一概念的解释需要满足 A（C）形式与这一难懂的原则的一种解读有关。

我们可以区分这样两种需求，一种是对于独立可指明性（independent specifiability）的极端的需求，这种需求在皮科克的理论中并不强求；另一种则是对之相对适度的需求，即要求概念不用在思考者态度的范围内像这样被提及，

---

① Peacocke C. A Study of Concepts. Cambridge：MIT Press，1992：50.

② Peacocke C. A Study of Concepts. Cambridge：MIT Press，1992：51.

③ Pears D. The False Prison，1. Oxford：Oxford University Press，1987：132-133.

这种需求是可以被满足的。而"对于极端需求的不可满足性显示的知识在某些情况中，某一概念的一个完整解释必须使用此概念"，而不是"某一概念的完整解释是不可能的"。[①]

另外，皮科克还解释了"知道……意味着什么（Knowing-What-It-Is-For）"的概念以及其在上述解释中的作用。这一概念是纯凭直觉获得的，因为只有知道了 that p 为真意味着什么，才能对内容 that p 具有这里所提到的任何命题态度，同样，对于事物成为其成分概念的语义值是什么的了解也是如此。这里主要是对于概念内容与意义的把握。首先，"知道……意味着什么"同"知道……（knowing that）"与"知道如何（knowing how）"都是不同的，为避免无限循环，更不能将其还原成这两个概念。相反，皮科克认为"知道……"依赖于"知道……意味着什么"，当然，也不能还原。而"知道……意味着什么"可以被视为"知道如何"的一种形式，因为后者包含，比如知道如何证明勾股定理的知识。

那么知道某事物成为某一概念的语义值同知道何时判断包含这一概念的某些内容一样吗？或者知道……意味着什么同知道接受这些内容的限制条件意味着什么一样吗？对于这些问题，皮科克当前的解释是，最好是说后者是知道某事物是其指称是什么的变体会比较稳妥。皮科克认为，某人占有某一概念就意味着对他能够具有命题态度的内容种类的承诺，因此命题态度是个人层面的，从而对于上面的种种等同也应该是个人层面的。

综上所述，我们可以看到皮科克所说的这种概念的可重组性不仅不是定义性的，而且也不是经验性的，它只是"概念占有影响包含它们的思想的真值决定的语义值的不可避免的伴随物"。[②]

第三节　反 对 观 点

对皮科克内容接受理论最有影响力的反面声音涉及弗雷格属性的第四条，即"不同的主体可以判断完全相同的思想"。"如果接受理论想要定义具有这种属性的内容，那么它必须回答这样的要点，即完全不同的并行信息的呈现妨碍思考者必须理性地对其具有敏感性的（如果他想要被算作是判断某一已知内容）

---

① Peacocke C. A Study of Concepts. Cambridge: MIT Press, 1992: 53.
② Peacocke C. A Study of Concepts. Cambridge: MIT Press, 1992: 59.

任意特定具体条件的描述"。① 因此蒯因说："【作为刺激的结果赞成或反对语句的】倾向从包含世俗知识的意义上讲，被认为是不纯的，但它们却在没有沉淀的溶液中包含它。"② 菲尔德对此表示反对。③

皮科克首先评论了人与人之间的内容同一性（interpersonal identity of content），其本质是由其"在人与人之间命题态度归属"中的作用所给出的，但这并不表明其同正确说出信念语句的条件有密切联系。④ 如果有这样的一个特例，即人际内容同一性与信念语句的正确表达之间有较为密切的联系，那么我们会说，"某一说话者在表达'约翰相信 that p'时是在说约翰处于这样的一个信念状态，其在约翰认知结构中的作用同他会在真心地表达这一句子 p 时所表示的信念的作用是相似的"。皮科克称"思考者认知结构中判断已知内容的因果作用的特征（它们由内容本身决定）"为"内容决定特征"（content-determined features），因此至少对于内容决定特征以及满足我们条件 s 的句子，皮科克所论述的内容理论可以有上面的这个解释作为结论。⑤ 而对于并行信息的人－相对性，皮科克的解决办法是借由内容典型与非典型理由与承诺之间的区别来解释，但蒯因却认为这一解释无法同确定性一起使用：皮科克认为，我们无法经验地区别被认为是判断如此被个体化的内容的一个主体与判断不同内容的主体，他的论证也是基于内容的语言表达式层面的。他所建立的是"通过实际证据的不充分决定论（underdetermination）"，这里所得到的结论也可以用到思想层面："关于内容的不同假设的反事实结果只能源自我们关于其他信念、欲望以及意向的辅助假设的使用。"⑥

其次，典型联系的概念太容易勾起人们对标准以及非归纳证据的联想，之前的标准主要基于对维特根斯坦著作的早期解读，并且已经受到普特南的严重冲击。⑦ 典型的接受条件是否只是换了个新名字的标准呢？当然会有一些共同点，比如在内容个体化上，理由"在语法上同命题相关，且告诉我们它是什么命题"。⑧ 又如，"对于已知内容的知识所特别要求的东西的解释"中的使用。不

① Peacocke C. Thoughts：An Essay on Content. Oxford：Basil Blackwell，1986：101.

② Quine W V. Word and Object. Cambridge：MIT Press，1960：39.

③ Field H. Logic，meaning and conceptual role. Journal of Philosophy，1977, 74（7）：379-409.

④ Peacocke C. Thoughts：An Essay on Content. Oxford：Basil Blackwell，1986：102.

⑤ Peacocke C. Thoughts：An Essay on Content. Oxford：Basil Blackwell，1986：103.

⑥ Peacocke C. Thoughts：An Essay on Content. Oxford：Basil Blackwell，1986：104.

⑦ Putnam H. Brains and Behavior. Philosophical Papers，Vol 2：Mind，Language and Reality. Cambridge：Cambridge University Press，1975：325-341.

⑧ Peacocke C. Thoughts：An Essay on Content. Oxford：Basil Blackwell，1986：105.

过又有差别，比如普特南指出标准解释中理论的作用不够，另外还有人认为标准与条件之间的关系是"传统的、在定义中的"，皮科克认为连结接受条件与内容的先天规则当然是存在的，知识为何如此是先天真理这一一般问题的特例："这里对传统主义的某一形式并没有承诺。"皮科克还认为，在实体的成真条件解释与典型的接受条件之间应该引入新的关系，另外，外向型理论也隐含地告诉我们"它们并未提供将所有形式的彻底怀疑主义看作是不一致的而不予考虑的快速方法"①。

在高度理论化的内容中，思考者先掌握内容，然后才思考接受或反对这个内容的事实的可能证据是什么，是很常见的，那么对内容的掌握是如何同典型接受条件的掌握相一致的？皮科克指出，接受条件理论者就可以给出这样的例子，他需要推理出的是某一实验的积极结果即有这样一个中介的证据，因为对于后者内容的解释本身会由典型接受条件所给出，而这并非对于掌握这一内容的要求。

另外，"没有一种办法使人们可以通过思想某一理论实体来理解这类实体在语言中的名称的"，皮科克认为这是无可争辩的，这一现象的一个切题的类比是普特南所提出的同专名的类比，它强调本书所提出的接受条件理论是"对思想内容本质的解释"，并且人们并不会假设思想是由其自然的语言表达式所独特决定的。②如果不同的人能够思想某一理论术语以不同方式所意指的属性却仍可以理解这一术语，那么我们就不应期待这一理论术语实质所发生的有趣且分析真理的存在。当然这并不是说所有的非确定性都发生在语言层面，菲尔德的例子是，信仰牛顿学说的物理学家的思想在使用"质量"（mass）表达时也会遇到这种指称的不确定性，因为在他们使用相对质量（relative mass）与静质量（proper mass）时所表达的思想是不一样的。

前面还提到内容的接受条件理论与有限形式的整体论相一致，皮科克的内容理论就同达米特所称的彻底的整体论所不相容，达米特主张"句子的含义由存在于建立其真的语言中的方式总合所给出"③，按照达米特的这一思路，就不会出现本章开始所提出的这一问题，即两个思考者，一个有很丰富的概念存储（富思考者）与一个没有的（穷思考者），可能并"不会共享具有相同含义的相同句子"，用皮科克的观点来解释，这种相同性是"典型接受条件的相同

① Peacocke C. Thoughts：An Essay on Content. Oxford：Basil Blackwell, 1986：106.
② Peacocke C. Thoughts：An Essay on Content. Oxford：Basil Blackwell, 1986：107.
③ Dummett M. The Justification of Deduction in Truth and Other Enigmas. London：Duckworth, 1978：290-318.

性"：富思考者比穷思考者接受与已知内容有关的更广的证据，仅仅是因为，他相信他更广的证据基础同已知内容的典型接受条件中所提及的东西是适当地相关的。①

而对于弗雷格属性的第四条，是否能够为皮科克的内容理论提供一个积极的理论框架取决于超出这一条范围的东西，即不同主体之间经验类型的相同性的解释，它在内容实体论的内容大偏序中最低一级有重要作用，而经验的人际同一性需要更多的哲学讨论。

反面声音还来自"知觉经验可以证明信念"的想法。② 首先，相关性理论者以及戴维森都不赞成这样的想法，他们都指出只有信念可以证明信念。其次，在这一想法中，"由经验证明的信念的内容超出了经验，在这个意义上讲，这种经验可以发生，但信念的内容却为假"。"这一论点并不能承诺主体经验具有他人大体上无法知晓的个人特性"。在戴维森的《经验内容》（*Empirical Content*）一文中，他写道："我们发现我们信念中的一些为真一些为假的世界事件不应该'被分析为包含在特性中不是命题性的证据'。"然而皮科克与戴维森在这一点上的分歧在于戴维森认为这种不具有命题性特征的"证据不是某种信念"③。最后，只有在经验引起主体方面的他正具有某一经验的信念时才能证明信念。因此，是这一最后的信念在证明，而非经验的发生。如果某一主体具有某一特性的经验而问自己是否具有，那么他会倾向于判断他具有；对于这样的经验的主体经验概念的占有，任何理论都不会有这样的构成。

人们希望避免信念与其对象之间的认识论中介，这成了反对经验可以证明信念的源头之一，但这种经验已经被描述成了某一对象 x，某一真实的、外部物质的经验，所以或许我们只能将这种反对表述成"我们无法确定无误地知晓经验的表征内容的确有效"。④ "如果他们（感觉或观察）传递信息，他们有可能说谎"。⑤ 皮科克认为，我们可以将这个看做需要知识理论解答的问题，其中经验的出现在将某些信念认可为知识时起到特殊的作用，且具有这一特殊作用的原因也得到解释。

---

① Peacocke C. Thoughts：An Essay on Content. Oxford：Basil Blackwell，1986：108.

② Peacocke C. Thoughts：An Essay on Content. Oxford：Basil Blackwell，1986：109.

③ Peacocke C. Thoughts：An Essay on Content. Oxford：Basil Blackwell，1986：110-111.

④ Peacocke C. Thoughts：An Essay on Content. Oxford：Basil Blackwell，1986：111.

⑤ Davidson D. A Coherence Theory of Truth and Knowledge，in Kant oder Hegel？ D. Henrich（ed.）. Stuttgart：Klett-Cotta，1983：429.

第二章

概 念 理 论

对于概念本质的研究之所以得到关注，是因为关于概念的争论通常能够反映心灵研究、语言，甚至是哲学本身的不同甚至对立方法，比如经验主义探究局限、概念分析的地位、哲学自身的本质等。[①]许多概念理论的主要关注点是围绕着这样五个主题的：概念的本体论、概念的结构、概念的经验主义与先天论、概念与自然语言，以及概念与概念分析。[②]许多哲学家都对概念进行了一般性的描述，他们甚至认为，没有对概念进行一般讨论的哲学不能称作好哲学。概念作为思想的重要组成部分，其主要功能之一是连接心灵与世界，因此，概念在形成信念、欲望、计划以及其他复杂思想与判断中都发挥着作用。除心灵哲学外，心理学、逻辑学、形式语义学、认识论、本体论等众多学科也对概念理论形成了普遍关注。但概念的本质以及概念理论的约束条件一直是争论的主题，这一方面是由于概念的争论通常会深刻反映心灵研究中相互对立的论点，另一方面这也是语言与哲学本身的问题。

第一节　概念理论的发展

概念问题一直是西方哲学关注的重要问题。不过，在过去它一直是一个与

---

① Block N，Stalnaker R. Conceptual analysis and the explanatory gap. Philosophical Review, 1999, 108：1-46.

② Margolis E，Laurence S. Concepts：Core Readings. Cambridge：MIT Press, 1999.

共相问题交织在一起的由认识论和逻辑学承担的研究领域，而最近几十年则成了一个集形而上学问题、本体论问题、本原问题、心灵哲学问题、语义学问题、逻辑学问题、认识论问题、心理学问题、个体化问题、发生学问题于一体的、新的理论荟萃并层出不穷的、极为活跃的分支领域。传统问题仍受青睐，但具有了新的形式和内容，此外还派生出许多新的子问题。具言之，当代之前，西方的概念研究经历了以下发展阶段。

一是古希腊罗马和中世纪时期的概念研究。在这里，概念问题与共相问题交织在一起。由于一般预设或不怀疑个别事物中存在共同的性质、相状（共性、共相），即承诺它们的本体论地位，因此概念的研究主要表现为认识论和逻辑学研究，关心的主要问题是一般与个别、抽象与具体、一般与抽象的关系问题，以及概念是什么、如何形成等。占主导地位的观点是：概念是反映事物共同属性的思维形式。从形成方式上说，它是从个别中抽象的产物。

二是近代和现代初期的概念研究。这一时期的特点是，洛克特别是贝克莱等在发现个别事物中没有过去所承诺的共同性，充其量只有相似性的基础上，对概念的本质和形成过程形成了反传统的结论，后来迈农等除继续推进这一研究外，还完成了一个从认识论、逻辑学向心理学的转向，其特点是着力讨论概念形成的心理过程，将概念、名称、命名、抽象、共相综合在一起研究，认为概念形成过程是多种多样的。

三是现代分析哲学的概念研究。随着语言学转向的发生和对概念、共相的语言分析的深入，特别是维特根斯坦"家族相似论"的提出，西方的概念理论发生了许多重要变化。这首先表现在研究重心和程序的变化上。如果传统哲学所承诺的以个体中共同性为特征的共相不存在，那么传统哲学赋予概念的本质以及概念研究模式都得重新加以审视和讨论。就问题而言，如果概念没有共同本质要表示，那么是什么使心理表征成为概念呢？普特南对此作了大量深入探讨，引发了概念研究中的个体主义与反个体主义的发展和争论。其次，受语言学转向影响，分析哲学的概念研究特别重视概念研究的语言学维度，如探讨概念与语言的关系、概念表示事物能力的起源等。再次，概念的个体化、共同性成了争论的焦点，围绕这些课题诞生了内在主义和外在主义、还原论和本体论。它们的争论仍在继续。最后，概念占有条件的问题也受到皮科克等的关注，皮科克的有关理论影响很大，引起较多讨论。

最近二三十年的概念研究十分活跃、成果极多。除了继续受到本体论、认识论、逻辑学、语言哲学等的青睐外，心灵哲学和认知科学成了其生力军。由于有这一研究维度，加上人们对共相本质已有的新认识，西方概念理论正经历着深刻变化。这首先表现在所关心的问题上，除了具有新的形式和内容的传统问题，如共相、概念的本体论地位问题得到广泛认可外，还出现了对许多新问题的讨论：在什么意义上说有共相、共性？概念的拥有或获得条件是什么？是怎样被个体化的？等等。新的研究涉及更广阔的学科领域与话题，比如对概念与表征、呈现、语言、进化、天赋的关系等的认知科学、生物学、进化论研究。其次是围绕概念的本质和形成过程问题诞生了不计其数的、有扎实认知科学根据的理论。概括地来讲有三大类。一是为回应"家族相似性"而形成的原型论（prototype theory）、典型论（exemplar theory）和定型论（stereotype theory）。二是强调知识、信息、信念对概念形成的作用，认为概念的形成或获得一定离不开相当数量的理论知识或别的信息的理论理论、概念原子论。此外，还有兼容并包的代型论。三是近些年中，还有许多论者在看到各种理论都有自己无可避免的局限性的同时，敏锐地意识到了一种推进概念研究的新路径，提出了综合型理论，其中有原型论与典型论的综合、结构映射理论以及认为不同概念有不同形成方式的多样性理论。

与单一概念理论的研究同步，西方也有带有哲学史性质的概念研究。早期对于概念问题或概念理论的梳理中，比较有影响力的是史密斯（Smith）与麦丁（Medin）的《范畴与概念》一书，此书主要是按照经典论这一种关于概念的一般性理论来阐述的。[①]与之相比，格雷戈里·墨菲（Gregory Murphy）在其《概念大书》中则是按照问题和现象来整合概念理论的研究。[②]

关于概念，最先受到关注的问题之一是，是否存在内在的概念（innate concept）？如果存在，概念系统又有多大程度是内在的？对于这一问题的解释，主要的争论集中在经验主义（empiricism）与先天论（nativism）之间。前者认为即便存在内在的概念，也不会很多，并且大部分认知能力是在相对简单的一般性认知机制基础上习得的；后者则认为内在的概念可能有许多，心灵同复杂的确切领域的亚系统之间具有内在的差别。

对内在概念争论的关注以前主要是在发展心理学、进化心理学、认知人类学、神经科学、语言学及动物行为学等领域，其中的研究成果近期才为哲学界所利用，使得这一问题又重新焕发青春。比如，这一问题最早的研究之一是语言的研究，它支持了心灵的先天论观念，语言学界翘楚乔姆斯基认为，即便在孩子们仅处于其语言结构证据极度有限的语言环境中，语言习得也是可以继续的，我们只能假定人类心灵为语言习得带来了一套复杂的确切语言处置，这些

① Smith E, Medin D. Categories and Concepts. Harvard：Harvard University Press，1981.

② Murphy G. The Big Book of Concepts. Cambridge：MIT Press，2002.

处置是以内在规则为基础的，后者则限制所有可能的人类自然语言，即普遍语法（universal grammar）。

通常来讲，经验主义者认为所有概念是由感觉派生来的，概念是由感觉表征的副本形成的，并按照一套通用学习法则汇编。按照这种观点，任何概念的内容都必须按照其知觉基础分析。

在支持先天论观点的哲学家中，最有影响力的当属福多认为实际上所有词汇概念都是内在的观点。① 他的观点对于认知科学家有很大的影响，虽然他们中很少有人和他得到类似的结论，但许多人却通过对福多观点的回应（至少是部分的），形成了自己认知发展的观点，如杰肯道夫（Jackendoff）②、莱文（Levin）与平克（Pinker）③、苏珊·凯里（Susan Carey）④ 等。当然，福多自己的观点近期也发生了改变，他认为概念并不需要是内在的，这是从虚拟测试的需要中发现的，人们的概念系统对于周遭文化是高度敏感的。⑤

另外，在认知科学领域，对于术语"概念"的关注也有很多，比如有时候认为"概念"的意思是心理表征⑥，有时又被用来表明"包含内容的核心但非本质的信念"⑦，比如"概念"在人工智能⑧与心理学⑨中的用法，同样它还曾经被用作表示原型。

概念问题的研究在现当代西方学术发展中，逐渐演变成一个博大精深的研究领域，它集各学科问题于一体，出现许多新的理论。当然，传统问题仍然受到青睐，比如概念本体论地位的问题，概念是什么？概念是一个心理殊相吗？或者连心理实体都算不上？是抽象实体吗？如果是的话，又是何种抽象实体呢？是什么使一个概念不同于其他概念？概念的同一性条件是什么？这是一些形而上学的问题，还有一些关于概念的分析，比如已知概念的外延在可能世界所需要满足的条件是什么？概念的逻辑组成部分是什么？原始的与复杂概念的区别是什么？正确分析的确切条件是什么？另外还有一些认识论的问题，比如

① Fodor J. The Language of Thought. Cambridge：Harvard University Press，1975.

② Jackendoff R. What is a concept, that a person may grasp it？ Mind and Language，1989，4：68-102.

③ Levin B，Pinker S. Lexical and Conceptual Semantics. Oxford：Blackwell，1991.

④ Carey S. The Origin of Concepts. Oxford：Oxford University Press，2009.

⑤ Fodor J. LOT 2：The Language of Thought Revisited. New York：Oxford University Press，2008.

⑥ Jackendoff R. What is a concept, that a person may grasp it？ Mind and Language，1989，4：73.

⑦ Peacocke C. A Study of Concepts. Cambridge：MIT Press，1992：3.

⑧ Hayes P. The naive physics manifesto//Michie D. Expert Systems in the Micro-electronic Age. Edinburgh：Edinburgh University Press，1979.：243-270.

⑨ Keil F. Spiders in the web of belief：the tangled relations between concepts and theories. Mind and Language，1989，4：43-50.

概念占有的本质是什么？是否只有一种占有已知概念的方法？概念占有是否需要完全理解这一概念？人们是如何首次开始掌握某一概念的？另外，有许多行为是可以用概念的掌握来解释的，比如分类，那么这一能力同概念的本质又有何种关系？[1]各种概念理论都完成了作为完整的概念理论所要完成的任务中的一些，比如概念的经典理论通常主要是给出概念分析的解释，而不涉及概念占有，当然皮科克作为其中的一个特例，也信奉概念占有理论。[2]

第二节　概念的本体论

要研究概念理论，首先要弄清楚理论的主体，即概念。概念是否存在？如果存在，存在方式又是怎样的？概念究竟是什么？关于概念的本体论地位问题，不外三种观点，第一是实在论观点，即把概念看作独立存在的东西，如能以独立的形式存在于人心之中。第二种观点是希夫尔等提出的怀疑论，强调它既不能以实体的形式存在，又不能是某种类型的独立存在体，更不可能是定型、印象以及心灵的呈现方式。第三种观点是虚构主义（fictionalism），它强调概念是我们推论或构想甚至虚构出来的东西。当前比较有影响力的几种观点，是把概念看作心理表征、能力以及弗雷格式的含义。

在把概念看作弗雷格式含义（sense）的支持者中，主要有皮科克和泽尔塔（Zalta）。他们认为概念是命题的组成部分，它是思想或语言与指称对象之间的媒介。由于具有含义，一个不具有指称对象的表达式可以有意义，具有不同意义的相同指称对象可以与不同的表达式相关联，与指称对像相比，含义更具区别力，因为它具有特殊的呈现模式（mode of presentation）。以这样的两个想法为例：乔治·奥威尔是艾瑞克·布莱尔；乔治·奥威尔是乔治·奥威尔。可以说一般情况下，前者比后者所表达的思想要更有信息性。然而，实际上弗雷格本人并未用"概念"来表示含义，反而是用它来表示谓语的指称对象。泽尔塔对于弗雷格式含义的理解，以及他将要解释的呈现模式理论或概念理论都是以他的抽象对象理论为前提的，即他对于抽象个体、抽象关系在弗雷格所说的语言哲学中的含义中所发挥作用的讨论。他指出，"弗雷格并没有告诉我们含义是什么"，他只是将含义看作（包含）呈现模式，这种理解引起了哲学界的关注，

---

[1]　Millikan R. On Clear and Confused Ideas. Cambridge：Cambridge University Press，2000：1-2.

[2]　Peacocke C. A Study of Concepts. Cambridge：MIT Press，1992.

然而时至今日仍然没有关于弗雷格含义、关于呈现模式、关于概念的系统性的可行理论。另外，泽尔塔认为在命题态度报告的分析中，呈现模式的概念要比弗雷格含义更有用；不过呈现模式理论以及概念理论都是从弗雷格含义理论中产生的。[①]

按照福多的总结，对于概念是什么的问题，皮科克是这样回答的。第一，概念是字义（word meaning）。比如狗的概念就是词语"狗"及其近义词与翻译所表达的意思，因此这一概念理论与语言理论是有一定关联的。第二，概念是思想的组成部分，思想狗吠就是蕴涵狗的概念与吠的概念。[②]概念是内容的组成部分，因此也可以说，它就是概念性内容。第三，概念可以运用于世界中的事物。狗的概念必须全部也只有狗可以被归入，判断是概念的应用，因此是世界上的事物做出真或假的判断。

皮科克将"概念"规定为："概念的特异性：概念 C 与 D 是不同的，当且仅当两个完整的命题内容至多有如下不同时，即一个命题可以在一处或多处由 D 替代其所包含的 C，且其中一个命题潜在地具有信息性而另一个不具有。"这里的概念是一个日常概念，"可以是任何范畴的：单数的、述谓的或高阶的"[③]。皮科克表示，他的概念同弗雷格的概念（对象的真值函数）不同，同属性也不同，同属性的混淆会造成将呈现模式的理论同对象理论相混同的局面，但它是在弗雷格的含义层面的，他的概念是在描述改变及更替的情形时不变的东西。[④]但他的概念"可以被理解为弗雷格的含义"[⑤]。另外，皮科克的"概念"不同于认知科学中曾经使用的心理表征、包含内容的信念或者原型的意思。

基于对概念的这种理解，皮科克还为自己的概念理论以及概念的哲学解释规定了五项任务：第一，需要给出这一理论一般概念的哲学解释所采用的一般形式。第二，探寻这一一般形式的哲学结果，比如对合理解释范围的限制等。第三，发展对特定概念的解释，使其能够满足一般形式。因此这一任务同第一项任务是相互依赖的。第四，详细阐述我们对各种特定概念都接受的解释所带来的结果，这些需要依靠概念识别来解释的现象可能会涉及语义学、认识论、心理学、形而上学等众多领域，因此这也是完整的概念理论必须是实体性理论的原因之一。第五，强调关于哲学的概念理论的元理论问题。比如哲学的概念

① Zalta E. Fregean senses, modes of presentation, and concepts. Philosophical Perspectives, 2001, 15: 335-359.
② Fodor J. Unpacking a dog. London Review of Books, 1993, (15): 14-15.
③ Peacocke C. A Study of Concepts. Cambridge: MIT Press, 1992: 2.
④ Peacocke C. A Study of Concepts. Cambridge: MIT Press, 1992: 3.
⑤ Peacocke C. What are concepts? Midwest Studies in Philosophy, 1989, 14 (1): 1.

理论与其他学科的概念理论的关系，哲学的概念理论是否满足其他可接受理论的各种限制条件等。

皮科克认为，概念是"抽象对象"（abstract object），它是相对于心理对象与心理状态而言的。[①]不过这里的"相对"并不是说心理表征解释力无用，而是他认为心理表征过于精细化，如果将二者等同，有可能就排除了存在人类不曾具有以及"永远不会具有的概念"的可能性了。[②]然而抽象对象是否是菲尔德所称的虚构主义（fictionalism）的东西，皮科克对此保持中立态度。确切地说，他在这一问题上的观点是一种折中观点。他承认，概念不可能是某种独立存在体，但它又有存在的确切的根据，质言之，有理由承认它有本体论地位。不过，对这种存在只有间接的根据，因为只能根据它在思想、内容中的应用价值推论它的存在，因此，它当然只能是一种构想的存在。而且它的存在不是以个体的形式表现出来的，而是以抽象对象的形式存在的。[③]

和其他支持概念是抽象对象的论者一样，皮科克认为概念表现为心灵中的某种呈现模式，"这些呈现模式可以被称为感觉，或理解某事物的矫饰或方式。我把它们统称为概念，并且认为，不仅有关于对象的概念，还有关于属性和功能的概念"。[④]承认心灵中有概念存在，这同命题主义者是有差别的，皮科克说："说一种呈现模式必然是那种呈现模式，并不是说它在任意实际思考者的命题态度中起作用。"[⑤]它只是表明有这样的一个条件存在，且这一条件是呈现模式起作用的条件，是这一呈现模式的基本属性。因此，概念既不是某种假设的语言中的符号，又不是某种具体的东西。因为概念的重要特征是：它表现为抽象对象。就像抽象的数一样，比如"三个馒头"这个具体的数中抽象的3。

另外，皮科克认为概念是有意义的，它一经呈现出来，本身便载荷有信息。因为"概念是从思想者与对象的某种关系中抽象出来的"，[⑥]甚至本身就可看作是一种关系属性。这也就是说，有概念呈现，拥有这概念的心理状态便处在一种与某对象或某外部性质的一种关系之中，这种关系性质正好就是概念。从起源上说，这种关系性质是对人与外物之关系进行抽象的结果。他还指出了概念作为一种关系属性的两个特点："第一，关系属性 R 不需要参照与概念或思想的关系而只是通过其同其他经验事物或状态的关系就能得到具体描述。第二，'约翰

① Peacocke C. A Study of Concepts. Cambridge：MIT Press，1992：99.
② Peacocke C. Rationale and maxims in the study of concepts. Noûs，2005，39（1）：169.
③ 高新民. 意向性理论的当代发展. 北京：中国社会科学出版社，2008：295.
④ Peacocke C. Metaphysics of concept. Mind，1991，100（4）：525.
⑤ Peacocke C. Metaphysics of concept. Mind，1991，100（4）：544.
⑥ Peacocke C. Metaphysics of concept. Mind，1991，100（4）：525.

相信林肯广场是正方形的'相当于下述两个命题的合取：（1）约翰处在某种状态 S 之中，这状态有关系属性 R。（2）'林肯广场是正方形的'这一内容是一种独特的内容 p，因此对于任何状态 S 来说，S 是一种相信 that p 的信念，当且仅当 S 有关系属性 R。"[1]

按照皮科克的观点，概念是抽象对象，那么这里就出现了一个问题，即作为抽象对象的概念是如何在思考者经验的心理状态描述中发挥其作用的呢？皮科克认为可以"用其在对心理及语言状态分类中所起到的作用将概念的抽象本体论地位合法化"[2]，即通过解释其"经验应用"（empirical application）[3]。皮科克将这一问题看作抽象对象在对经验世界描述中有用性的特例，为了方便他将概念的纯粹理论（pure theory of concept）独立出来进行讨论，这里说的"纯粹"一是指没有对特定思考者的概念归属，二是指其相对的先天地位。他还考虑了一个已有的方案，这一方案是从弗雷格与达米特开始，并在克里斯皮·赖特（Crispin Wright）中有进一步完善的关于方向与数字的本体论地位的双重条件式，那么这一现成的解决办法是否可以用于抽象对象对经验世界的描述呢？皮科克指出，这种双重条件式并不符合纯粹概念理论的两个条件，即"双重条件式右侧不能涉及概念"以及"必须提供概念与思想装置应用的解释"[4]，而实际上，如果理解表达式就是懂得其表达的概念的话，第一个条件无法满足；而对于没有在思考者语言中完全表达的概念这一双重条件式也是无法把握的，因此第二个条件也无法满足。有论者想用类似怀特式的框架来提出一个符合皮科克提出的这两个要求的双重条件，即"心理状态 M 的内容 = 心理状态 M′ 的内容，当且仅当 ＿＿ M ＿＿ M′ ＿＿"。这里的心理状态必须是"特定思考者的真实的经验状态"才能满足这样的要求，这就使心理状态的"范围依赖概念与想法的本体论"，即依赖概念与思想所可得的状态内容，这样一来这就是一种弱形式。[5]而概念的纯粹理论是"承认无限多的完全命题思想的存在"的，其中必然有许多不是思考者实际思想的内容。而即便是"在殊型（token）是什么的最宽泛标准上"，这一观点也是正确的。[6]不过，这同时体现了抽象对象领域种类

---

[1] Peacocke C. Metaphysics of concept. Mind, 1991, 100 (4): 531.

[2] Peacocke C. Precis of a study of concepts//Margolis E, Laurence S. Concepts: Core Readings. Cambridge: MIT Press, 1999: 337.

[3] Peacocke C. A Study of Concepts. Cambridge: MIT Press, 1992: 119.

[4] Peacocke C. A Study of Concepts. Cambridge: MIT Press, 1992: 101.

[5] Peacocke C. A Study of Concepts. Cambridge: MIT Press, 1992: 102-103.

[6] Peacocke C. A Study of Concepts. Cambridge: MIT Press, 1992: 103.

的划分,"这个领域对于某种其特有的操作是典型封闭的"①。因此,皮科克尝试了另外的方法来表明抽象对象领域的合法性。

概念是一种关系属性,是对经验世界中某对象或某状态的呈现,即"可适用于经验世界"②,例如上面的信念内容中的概念"广场"和"正方形的"分别就是这样的呈现,有自己所适用的外部事态,因此它是有用的。这种有用性同时又可证明概念的本体论地位。

除此之外,皮科克通过同数字的类比来证明概念的合法性。皮科克认为在概念与数字之间有一种不同的平行,他想要探索的是"对于思想有效的在结构上类似数字的情况的某事物"。因为如果不能怀疑抽象数的存在,那么也没有理由怀疑作为抽象对象的概念的存在。对于内容的参照是作为描述的心理状态的条件解码方式的,其中这一条件是不需要指称内容就可以形成的。皮科克所提的方案中,"概念通过对心理状态获得已知完整命题内容所必须满足的条件进行系统性的解码,逐一在经验世界的描述中发挥作用"③。

而这一方案所面对的主要问题就是说明一状态的关系属性 R 是如何由已知内容所确定的,这个问题具有彻底的普遍性,因而需要可以在任何命题内容中都适用的解释。皮科克所给出的答案是这些关系"是由内容组成概念的占有条件所确定的",而自己的任务就在于说明这些占有条件是如何被如此确定的。占有条件会提及思考者所愿意做的转换中概念的作用,这些转换有的是推论转换,有的是从涉及知觉经验的最初状态而来的转换。"在已知的完整命题内容中,所发生概念的占有条件的每一个从句都对某一线具有这一命题内容的要求具有独特的贡献",而由此所衍生的"要求总体确定了某一信念要具有这一内容所需要的关系属性"④。还是以上面的"林肯广场是正方形的"为例,皮科克分别分析了概念"正方形的"与概念"林肯广场"各自的占有条件,他关注的主要是从占有条件到信念状态的关系属性的路径。他采用的是"概念作用语义学的方法",进一步细分的话,是"宽松的规范概念作用语义学",它使我们可以在宽松的弗雷格含义层面上,而不仅仅是指称层面上,来对两个个体心理状态的属性进行分类⑤。

另外,皮科克还在《感觉与内容》一书中,通过对观察性概念和指示性内

---

① Peacocke C. A Study of Concepts. Cambridge: MIT Press, 1992: 104.

② Peacocke C. Metaphysics of concept. Mind, 1991, 100 (4): 542.

③ Peacocke C. A Study of Concepts. Cambridge: MIT Press, 1992: 106.

④ Peacocke C. A Study of Concepts. Cambridge: MIT Press, 1992: 107.

⑤ Peacocke C. A Study of Concepts. Cambridge: MIT Press, 1992: 111-113.

容的具体分析，以及《概念的研究》中对知觉概念的具体分析，阐述了他的观点。

第三节　概念的结构

概念的理论有很多，比如知觉基础的概念理论、推断性概念理论、原子论概念理论等，根据马戈利斯（Margolis）与劳伦斯（Laurence）的研究，我们这里主要讨论下面几种涉及概念结构的概念理论：经典理论、原型论、理论理论、概念原子论以及多元论与取消论。[①]正如思想或内容是由单字大小的概念（word-sized concept）所构成的一样，这些词汇概念（lexical concepts）也由更为基本的概念所构成，而这里所说的概念正是词汇概念。

一、经典理论

概念的经典理论（classical theory），也称定义主义（definitionism），这种经典分析可以看作一个命题，它给出在被分析概念的可能世界外延中存在的必要与充分条件，或者换句话说，这种理论认为概念具有逻辑结构，这些结构是对通过蕴含被分析概念而相联的概念的收集。因此，某一词汇概念 C 具有定义性结构就是说，它由比表达被归入 C 的充要条件更为简单的概念所构成。最平常的例子就是概念"单身汉"（bachelor），它的组成部分是"男人"（man）与"未婚的"（unmarried），是未婚的概念属于是单身汉的概念的一个逻辑成分。又如，概念"正方形"的正确分析可以表达为"四条边相等且相邻两边正交的闭合四边形是正方形"，也可以表达为"四边相等且有一个角是直角的四边形是正方形"。经典分析在这里就是通过详细说明充要条件来明确逻辑组成部分的命题，有些人将这种命题称为定义，尽管这种定义可以更为详细。词汇概念通常会表现同种定义性结构。

这样的分析来源于苏格拉底在柏拉图对话中探寻友谊以及勇气的本质所使用的方法，通过寻找这一分析的反例来判断其真假。如果对"正方形"这一概念的分析是"正方形是一个四边形"，那么这一分析并不充分。之后的范例概念分析也为概念提供了可以通过思想实验识别的潜在反例检测的定义，因此概

---

① Margolis E, Laurence S. Concepts: Core Readings. Cambridge: MIT Press, 1999.

念的经典分析在过去的两个半世纪，甚至直到 20 世纪后半期一直占据主导地位。其倡导者包括亚里士多德、笛卡儿、洛克、休谟、弗雷格、罗素、G. E. 摩尔，甚至是 1970 年前的维特根斯坦。而当代的哲学家中，杰克逊对经典的概念分析做了辩护①，大卫·皮特（David Pitt）阐述了概念的经典风格的观点②，皮科克则是通过对概念占有条件的关注以求对于概念本质的理解③，以及丹尼斯·厄尔（Dennis Earl）也是对自己所支持的概念经典理论进行了阐述④。经典的或定义性的结构之所以长期以来受到追捧，是因为它提供了概念习得、分类及指称决定的统一解决办法。

　　然而，这一理论在近 30 年也经受着极大的压力与众多批评，其中最主要的是指责概念定义缺乏成功的先例。的确，成功进行定义分析的例子凤毛麟角，而其中确定无疑的更是没有。⑤自从艾德蒙·葛梯尔（Edmund Gettier）首次挑战知识作为正当的真信念的传统概念，许多哲学家就达成了共识，即传统定义是不正确的，至少是不完整的，比如丹西（Dancy），尽管关于正确的定义是什么，他们各执己见。⑥时至今日，哲学家甚至其他科学家仍未能就正确的定义达成一致，究其原因，主要可能是定义难以获得，但也存在另一种可能性，即我们的概念根本缺乏定义性的结构。

二、原型论

　　概念原型论（prototype theory）的哲学基础是维特根斯坦（1953/1958）对于使用同一术语的事物具有家族相似性的观点，范畴行动的原型效果正是对其的强有力支撑，这一观点认为应该通过概念外延家族的一套典型特征来分析概念。在这一理论中，某词汇概念 C 具有或然性的结构，即只有在某事物满足 C 的结构所编码的充分数量的属性时才有可能被归于 C，或者说，对于每一

① Jackson F. Armchair metaphysics//Michael M, O'Leary-Hawthorne J. Philosophy in Mind. Dordrecht：Kluwer, 1994：23-42.
　Jackson F. From Metaphysics to Ethics：A Defence of Conceptual Analysis. Oxford：Clarendon Press, 1998.
② Pitt D. In defense of definitions, Philosophical Psychology, 1999, 12（2）：139-156.
③ Peacocke C. A Study of Concepts. Cambridge：MIT Press, 1992.
④ Earl D. A defense of the classical view of concepts（Doctoral dissertation, University of Colorado, Boulder, 2002）. Dissertation Abstracts International, 2002, 63：06A.
⑤ Fodor J. The present status of the innateness controversy//Fodor J. Philosophical Essays on the Foundations of Cognitive Science. Cambridge：MIT Press, 1981：257-316.
⑥ Dancy J. Introduction to Contemporary Epistemology. Oxford：Blackwell, 1985.

个典型特征，都仅仅有某种可能性使 x 具有这一特征，已知 x 在概念 C 的外延中。因此这种原型观点有时被称为概念的或然性的（probabilistic）或统计学的（statistical）观点，其中概念与用于分析这一概念的概念之间的关系是统计学的，而非涵蕴的、定义性的结构，这是同经典理论的根本差别。它很好地解释了定义难以达成的原因。

另外原型论有时也会被称为典型论（Exemplar theory），它是通过概念的典型实例来分析这一概念的，因此某一殊相是否在已知概念的外延中是通过殊相同这一概念典范之间的相似度决定的。原型论与典型论之所以放在一起讨论，甚至有些理论者将二者等同，是因为两种理论都认为"概念是表示一类对象的心理表征，抓住的是对象中的家族相似性的方面，是通过对具体事例、特征的考察、转化而形成的"①，只是有作为概念基础的是原型还是典型之间的差别。以"苹果"这一概念为例，它比李子更为典型是因为这一概念同水果的概念所共同具有的成分比李子要更多。史密斯与麦丁②、福多③及墨菲④都对这两种原型论做了一般性的讨论，特别是史密斯与麦丁在他们对 1981 年以前的主要概念理论研究讨论的基础上，为原型论做了辩护⑤，另外，G. 拉考夫、罗施（E. Rosch）、梅尔维斯（Mervis）、汉普顿（J. A. Hampton）等也是原型论的倡导者。

原型论同样具有自己的局限性。主要的反面观点有三个。首先是定义性内容的典型效果问题。有些概念虽然不遵循原型论，但它们仍具有典型效果。按照原型论的观点，当典型效果呈现给已知概念时，这一概念的适当分析应该是按照其重要特征或典范的，如果概念无法进行原型分析却仍然有典型效果呈现给它们，原型论就会出现问题了。原型论似乎只适合于快速的、不假思索的范畴判断，比如，如果被问到做了手术使其外观变成浣熊样子的狗是狗还是浣熊，即便是孩子也会回答说它仍是一条狗。⑥另外，关于在经典理论中所出现的比如"奇数"概念的典型效应的讨论也试图论证原型论的缺陷。⑦对将概念看作具有原型结构的第二种批评观点是关于合成性的，⑧最突出的是比如"观赏鱼"（pet

① 赵小娜，高新民.概念起源问题的新问题及其解答.江海学刊，2014，（3）：43.
② Smith E，Medin L. Categories and Concepts. Cambridge：Harvard University Press，1981.
③ Fodor J. Concepts：Where Cognitive Science Went Wrong. New York：Oxford University Press，1998.
④ Murphy G. The Big Book of Concepts. Cambridge：MIT Press，2002.
⑤ Smith E，Medin L. Categories and Concepts. Cambridge：Harvard University Press，1981.
⑥ Keil F. Concepts，Kinds，and Cognitive Development. Cambridge：MIT Press，1989.
⑦ Armstrong S L，Gleitman L R，Gleitman H. What some concepts might not be//Margolis E，Laurence S. Concepts：Core Readings. Cambridge：MIT Press，1999：225-259.
⑧ Fodor J. Concepts：Where Cognitive Science Went Wrong. New York：Oxford University Press，1998.

fish）的具有连接逻辑形式的概念。当某一复杂概念具有原型结构时，它通常具有不由其组成部分的原型中所派生的突显特征，比如"观赏鱼"的颜色亮丽这一特点并不以"宠物"或"鱼"的原型结构为基础，福多[1]、雷伊（G. Rey）[2]及劳伦斯（Laurence）与马戈利斯（Margolis）[3]都对此有详细的论述。第三种反对意见是否定概念的问题，比如概念"不是一只猫"（not a cat），不仅仅是按照其逻辑成分无法进行原型分析，而且也找不到典范，这样的概念根本不具备原型结构，无法进行原型分析。不仅是这一类重要的否定概念无法通过原型理论进行解释，福多（Fodor）与莱波雷（Lepore）指出还有类似"周三买的椅子"（chairs that were purchased on a Wednesday）这样的复杂概念也不具备原型结构，因此原型理论是有缺陷的。[4]

解决上述问题的一个方法是指出原型仅仅构成概念结构的一部分；概念是具有许多概念核（conceptual cores）的，是这些概念核说明了同更为慎重的判断相关的信息并且为构成过程担保。当然，这样一来，又会出现概念核具有何种结构的问题，如果是经典结构，[5]那么又会遇到前面讲的经典理论所遇到的同样问题。

三、理论理论

概念的理论理论（the theory theory）将概念看作同科学中的理论术语类似的结构性表征，因此也是命题的组成部分。分类同科学理论化过程极度相似，其中概念通过其在主体关于某事物或某事物的范畴所具有的"心理理论"中的作用被个体化，是关于其所表征的范畴的缩小理论。这在凯里[6]、高普尼克与梅尔佐夫（Gopnik & Meltzoff）[7]以及谢尔（Keil）[8]的论述中都有详细论述。他们认为

① Fodor J. Concepts: Where Cognitive Science Went Wrong. New York: Oxford University Press, 1998: 102-103.

② Rey G. Concepts and stereotypes. Cognition, 1983,（15）: 260.

③ Laurence S, Margolis E. Concepts and cognitive science//Margolis E, Laurence S. Concepts: Core Readings. Cambridge: MIT Press, 1999: 37-43.

④ Fodor J, Lepore E. The red herring and the pet fish: why concepts still can't be prototypes. Cognition, 1996,（58）: 253-270.

⑤ Osherson D, Smith E. On the adequacy of prototype theory as a theory of concepts. Cognition, 1981, 9: 35-58.

⑥ Carey S. Conceptual Change in Childhood. Cambridge: MIT Press, 1985.

⑦ Gopnik A, Meltzoff A. Words, Thoughts, and Theories. Cambridge: MIT Press, 1997.

⑧ Keil F. Concepts, Kinds, and Cognitive Development. Cambridge: MIT Press, 1989.

科学理论的术语是交叉定义的，因此其内容是由其在其发生的理论中的特别作用所决定的。理论理论解释了原型理论中深思熟虑的范畴判断，比如在前面所举的做了外观手术的狗的例子中，理论理论对于孩子仍然能判断它是狗而非浣熊的解释是，孩子具有基本的生物学理论，这一理论早期是以民间生物学的形式告诉孩子，狗之为狗并非仅仅因为其外观看起来像狗，更重要的是其隐藏的狗的属性，即狗本质。[①]

但理论理论也是有内在问题的，那就是它无法使不同的人具有相同的概念，甚至是同一个人在不同时间具有相同概念，即稳定性问题，因为理论理论认为概念个体化是来自于其整体化的意义理论的。如果是理论决定概念的内容，那么理论的不同就蕴涵了概念的不同，因此基于理论理论的论述，很难看到持有不同理论的主体具有相同的概念。[②] 这一稳定性问题在同一个体历时的理论变化中以及其同科学中的理论变化类比中也同样存在。这个问题并不是小问题，特别是如果理论理论者采用整体论时，因为如果有人认为他所有的心理理论都通过进一步的推理联系相互联系，那么在任意领域任意信念有所不同的不同主体就有可能不具有任何相同概念，而这是违背直觉的，因为显然无论其信念整体有多大差别，不同主体之间肯定是有共同的概念的。

四、概念原子论

概念原子论（Conceptual atomism）是比较激进的一种观点，它认为概念根本没有语义学结构[③]，因此它认为所有的（强原子论）或者大多数（温和原子论）概念是原始的。在这一理论中，概念的内容并不由其同其他概念的关系，而是由其同世界的关系所决定。福多称之为信息原子论（informational atomism），他认为概念是原子性实在，并具有关于环境的信息，由于信息的特殊性，概念具有其个体性与同一性，他主要是以此反对原型论的[④]。这种理论源自克里普克、普特南、德维特（Devitt）及其他语言哲学家的反描述主义传统，是对克里普克所论述的专名通过同其指称对象的因果关系获得指称的策略延伸到所有概念之中。[⑤]

① Atran S, Medin D. The Native Mind and the Cultural Construction of Nature. Cambridge: MIT Press, 2008.

② Fodor J, Lepore E. Holism: A Shopper's Guide. Oxford: Blackwell, 1992.

③ Millikan R. On Clear and Confused Ideas. Cambridge: Cambridge University Press, 2000.

④ Fodor J. Concepts: Where Cognitive Science Went Wrong. Oxford: Clarendon Press, 1998.

⑤ Kripke S. Naming and Necessity. Cambridge: Harvard University Press, 1980.

这一理论的主要问题之一是彻底的先天论，即认为如果原子论正确的话，那么关于概念的彻底先天论为真，如此一来，基本所有的概念都是固有的了。这也是违反直觉的。此外，这一理论还面临着另一个问题的挑战，即同延的以及空概念的个体化问题。根据原子论的观点，概念没有结构，原子论者对仅通过其外延来区别概念的概念同一性观点做出了承诺，而这蕴涵了具有相同外延的概念是同一的。那么像"闭合的三角形"与"闭合的三边形"的概念是同一的，因为它们具有相同的可能世界外延，但"三角的闭合平面图形"与"三边的闭合平面图形"是不同的概念，因为是三角的和是三边的是不同的，像"圆的方"与"圆的三角"也是这样。因此原子论所承诺的概念同一性观点并不正确，从而原子论也是错误的。

五、多元论与取消论

目前来看，概念的本质仍然是个未解的难题，综合之前的各种理论来看，它们都各自在概念形成的根源、机理及方式上有不同的发现，弥补了其他理论的不足，但也有各自的缺陷。因此，或许我们应该更多地关注概念结构究竟应该起到何种解释作用以及是否不同类型的结构就必须对应不同的解释功能这样的问题，因为至今为止没有一个理论可以解决所有的概念结构需要解释的问题，比如原型效应（typicality effects）、反思性分类（reflective categorization）、认知发展（cognitive development）、指称决定（reference determination）及语义合成性（compositionality）等。许多论者在看到概念这一特点的同时，试图寻求概念本质探讨的新路径，比如概念多元论，劳伦斯与马戈利斯所提出的概念多元论的一种版本是认为概念具有多种不同类型的结构，这些不同类型的结构就是概念的组成部分。[①] 在这一理论中，作为已知概念组成部分的不同类型的结构具有不同的解释作用。然而对这种解释的挑战，是如何描绘哪些同概念相关联的认知资源应该作为其结构的一部分，哪些不应该，这一解释对这个问题是中立的。

这种多元论的又一形式是直接说原型、理论等自身全部都是概念，这一形式并不是认为单一概念具有多种形式的结构作为其组成部分，而是将每种类型的结构独立地作为一个概念，最终产生了许多概念，在这些概念之中，每一个都具有一个不同的结构类型，每一个都包含在高级心理过程的一个子集之中。另外，在这种形式的多元论中，人们还可以依据他们所具有概念种类的不同相

---

① Laurence S, Margolis E. Concepts and cognitive science//Margolis E, Laurence S. Concepts: Core Readings. Cambridge: MIT Press, 1999: 3-81.

互不同。^①不过对于解释是什么统一了这些概念，又是一个难题，如果是类别，既然各个概念各有不同，其功能也各不相同，那么是否可以说明这些概念指称相同的类别呢？

也有论者认为第三种形式是皮科克所倡导的，他通过对观察性概念及指示性索引性概念的分析，强调概念有不同的形成方式。^②

综上所述，多元论主要是认为概念具有多样化功能因而也具有多种表征类型，具有类似想法的论者还提出了概念的取消论，即认为根本不存在概念。这种理论认为概念不应该被视为一个自然种类，如果概念存在的话。因为自然种类应该具有通过经验方式发现的共性，包括超出之前用来描述其特征标准的共性，而多元论所含有的表征类别之间并没有共性。因此，我们只能摒弃概念的理论结构，而去参考更为精细的表征类别，比如类型与理论。^③当然，也有许多人反对这一激进的观点，比如认为迈舍利（Machery）的取消标准过强^④，也有的认为其自然种类的标准限制过多^⑤，甚至有人认为按照他自己的观点，概念根本就是自然种类^⑥。

第四节　概念占有理论

概念是什么？即便是在上述五个主要的概念理论中，也仍然没有达成共识。这些理论主要关注的是概念的分析、概念的结构以及认识论问题，概念的形而上学问题也与这些理论有关。如果概念是抽象的柏拉图式的实体，而非"头脑中的"内部心理表征，那么或许原型论对于经典理论的某些非议可以避免；而如果正相反，且概念是按照人们分类事物所使用的条件构造的，那么原型论就有明显的优越性了。然而概念的本质是否具有上述结构，或是具有与理论理论中所提到的更为接近的结构，或是根本没有结构，这都仍是未解的问题。

---

① Weiskopf D. The plurality of concepts. Synthese，2009，（169）：145-173.

② 赵小娜，高新民．概念起源问题的新问题及其解答．江海学刊，2014，（3）：49.

③ Machery E. Doing without Concepts. New York：Oxford University Press，2009.

④ Hampton J. Concept talk cannot be avoided. Behavioral and Brain Sciences，2010，（33）：212-213.

⑤ Gonnerman C，Weinberg J. Two uneliminated uses for "concepts"：hybrids and guides for inquiry. Behavioral and Brain Sciences，2010，（33）：211-212.

⑥ Samuels R，Ferreira M. Why don't concepts constitute a natural kind？Behavioral and Brain Sciences，2010，（33）：222-223.

对于概念的本质、概念结构的本质，皮科克是通过对他的概念占有理论（theory of concept possession）来分析的。从这一点看，他是经典理论的支持者。某一主体的概念占有的亚人、计算基础是什么？概念是如何习得的？这样的经验问题只有在我们解释了某一已知概念的占有之后才能解答。他认为"概念是由对其占有的解释所个体化的想法，是哲学和在这一领域的交叉问题的关键"。[①]对于皮科克来讲，完整的概念理论并非仅仅关于概念是什么，它同样是对于如何占有或理解它们的解释。他指出，概念是由其占有条件所个体化的，因此，在这里概念可以被理解为"像认识论可能性一样精细的"东西。[②]因此，在他的概念占有理论中更多关注的是，概念如何由占有条件所个体化以及占有条件的限制条件（如占有条件的形式，占有条件同指称、真的层面的关系等）。

皮科克将自己连续的三部专著看作一个三部曲。《概念的研究》提出了概念占有条件的一般形式与限制条件，其中主要是在指称与真值条件层面的讨论；《被知道》是根据概念占有条件的解释，讨论我们在具体领域对于理由与真值条件的设想；而《理性的王国》则是跨越不同领域、总地探讨理由给出关系的本质，这既是通过概念占有的实体理论，又通过占有条件以及对真值条件的影响之间的关系所讨论的。三部曲是一脉相承的。[③]

一、概念占有与 A（C）形式

正如意义理论须是理解理论，概念理论也须是概念占有理论。因此，皮科克首先提出了他将一直秉承的规则——依赖规则（Principle of Dependence）："概念的本质无非是由已经精通概念的思考者对包含这一概念内容的命题态度的占有能力的正确解释（对'理解这一概念'的正确解释）所决定的。"[④]这一概念—理论原则同达米特关于语言的原则类似。对这一规则的接受使解释某一特定概念被什么个体化以及占有这一概念是怎样的成为可能。[⑤]

皮科克使用 A（C）形式，即一个真的个体化陈述作为占有条件最简形式的

① Peacocke C. Possession conditions: a focal point for theories of concepts. Mind and Language, 1989,（4）: 51.

② Peacocke C. Precis of a study of concepts. Philosophy and Phenomenological Research, 1996,（56）: 407-411.

③ Peacocke C. The Realm of Reason. Oxford: Clarendon Press, 2004: 5.

④ Peacocke C. A Study of Concepts. Cambridge: MIT Press, 1992: 5.

⑤ Dummett M. What is a theory of meaning？（Part 1）//Guttenplan S. Mind and Language. Oxford: Oxford University Press, 1975: 97-138.

表述，即"概念 F 就是这一特殊的概念 C，要占有它，某一思考者必须满足条件 A（C）"。[1] 皮科克在此举了三个例子，分别是逻辑常量连词、自然数和红色。这里且不说这种形式所难免引发的争议，首先，这种形式的解释是非循环的，它并未事先假设思考者已经具备对概念"红色"的占有。这一解释没有在将命题态度归属于思考者的 that 从句中使用"红色"。另外，即便有人不认同感觉属性的存在，也同样可以用类似的方法来避免循环。最后，这一占有条件"既没有将谓语结构的概念也没有将谓语组合的概念归属于思考者自身"，这当然也不应该被视为将分类强加于先前非结构化的材料上。在系统地阐述占有条件时，我们的目的是"对已经先哲学地应用于我们内容涉及的心理状态的日常归属中的结构进行正确的构成特征描述"[2]。

在很好地描述一般形式的特定概念时，条件 A（C）可以自己使用在思考者心理态度描述范围之外的概念 F，否则是无法说清楚概念占有的。为此，还必须要求满足条件 A（C）的概念 C 只能是概念 F 是内容理论中实质性的主张，当对某一已知概念 F 这一形式的解释正确时，我会说这一解释给出概念 F 的占有条件。有时候对基于某一已知内容对其进行判断或对其他内容进行判断的原因模式的接受是内在于内容识别的，在这样的情况下，占有条件会涉及这些原因模式。这一形式就是"A（C）形式"。

通过给出占有条件来对概念进行个体化的陈述是同一性陈述，但这种同一性并不意味着符合其逻辑形式的等号两边的概念是同一的，按照弗雷格的信息量标准（criterion of informativeness），二者恰恰是不同的。[3] 只要形式的有限描述中各个构成部分有含义且适当连结，它就有含义；但并非所有这样的有限描述都能进行指称。我们应该认真区别两件事物："被指称的实体（这里是概念）的同一性与用在指称中的描述的含义的同一性。"[4]

皮科克还列举了一些使 A（C）形式要求降低的放松条件。第一个是由于，在一些大范围情况中，一套概念有这样的属性，即其中任意概念的占有可以通过提及其中其他概念占有中所包括的东西来解释。这就是局部整体论（local holism）。第二个是在某个思考者在不同时间，或是第一人称思考其他思考者的情况中，概念具有索引性的（indexical）或是指示性的（demonstrative）特征。第三个是除思考者与时间不同之外，还有其他类型的索引词，如"那个杯

① Peacocke C. A Study of Concepts. Cambridge：MIT Press，1992：6.
② Peacocke C. A Study of Concepts. Cambridge：MIT Press，1992：8.
③ Peacocke C. A Study of Concepts. Cambridge：MIT Press，1992：9.
④ Peacocke C. A Study of Concepts. Cambridge：MIT Press，1992：10.

子""那个苹果"这样的知觉指示词（perceptual demonstrative）。第四个是某一已知概念有"出现（occurences）"的排序时，这是"一种直觉驱动的非循环要求的提炼"。[①]我们自然会对概念有等级、排序的期许，在这些情况下当我们无法断言自己可以用一个占有条件去个体化相继的两个概念，否则我们就是将这种情况同局部整体论混淆了。

对于局部整体论存在的普通解释就是，概念在那里可以仅通过它们在包含概念家族所有其他概念的某一特定理论中的作用来掌握。皮科克虽然强调概念与原型的区别，但有时候精通某一概念就相当于了解某一原型、相似关系以及按照同这一原型的这种相似性分类对象的方法，从而就有了对认识论可能性的思考。皮科克还将对 A（C）形式例子的解释同后来的维特根斯坦思想相比较，它是对运用某一概念的思考者自然而然地相信要使用一种概念而非另一种概念、遵循某一规则而非另一规则的解释，他认为"掌握某一特定规则或占有某一特定概念的人已经决定了在未来某种情况中该如何运用它"。用维特根斯坦自己的话说："我的描述只有在其被象征性地理解时才有意义"，"我盲目地遵循这一原则"。[②]"概念占有条件涉及思考者的反应这一事实并不会使概念以人为中心。"[③]另外，区分概念与属性的差异也是非常重要的，如果承认二者的差异，对于维特根斯坦理解的承认得到的是"某一思考者能够占有哪个概念取决于他认为的这一概念能够自然继续下去的方式"。[③]此外，占有条件还有一个作用，即有可能明确说明思考者的内在属性。

为了说明以及检验自己的概念理论，皮科克用这种观点研究了当时哲学讨论中关于概念性内容的比较核心的两个问题。第一个问题是关于是否在完整的命题内容范围内讨论概念占有，关于这个问题，有两种极端的观点，一种是来自达米特，这一观点的解释是按照在现实世界中所应用的事物来使用概念，从而解决了概念使用的合法性，但这种解释并未在对于主体的命题范围内使用概念，也没有对这一概念进行量化或提及（quantify over or mention）。另一种观点来自约翰·麦克道尔（John McDowell），首先他反对不提及概念占有在完整命题内容中的作用讨论什么是概念占有的解释方法，认为任何这样的解释都是不正确的。他认为意义理论应该适度，"不应该以解释某一语言的原始概念为

① Peacocke C. A Study of Concepts. Cambridge：MIT Press，1992：12.
② Wittgenstein L. Philosophical Investigations. 3rd ed. Anscombe G E M（trans.）. New York：Macmillan，1958：219.
③ Peacocke C. A Study of Concepts. Cambridge：MIT Press，1992：13.

目标"①。而皮科克要求对概念的解释需满足A（C）形式，这种解释方法是介于以上两种观点之间的折中观点，他认为以上两种观点均忽略了折中解释方式中所隐含的可能性，同时双方都过度避免了对方观点中的不利特点。②在对于达米特观点的反对中，在语言与思想的关系中，皮科克基本同麦克道尔的观点相同，认为不明确提及概念在思考者具有命题态度的内容中的作用，是不可能解释概念的占有的，A（C）形式的解释并不需要摆脱意向观点，非循环解释的愿望不应该激发非意向性的、当然也不是行为主义的必备条件。而对于麦克道尔观点的反对中，皮科克认为A（C）形式概念的解释并不用将概念占有的作用描述为从外部而来的，它是完整命题内容的决定因素，并且我们常常期望，已知概念的占有条件可以部分地涉及思考者在判断或拒绝包含此概念的某些完整命题内容时所依据的条件。这种形式的解释是可以明确讨论概念作用的，甚至还"同他人命题态度的可知性相一致"，所以我们不需要降低标准来保全这些重要属性。③

　　第二个问题是关于皮科克的概念理论同像戴维森这样在概念占有中强调彻底解释过程（radical interpretation procedures）作用的理论家的观点之间的关系，这些理论家提出，"占有概念F就是通过把适当的彻底解释过程（或者更广泛地说，彻底归属过程）运用到讨论中的思考者身上来从而具有内容中包含F的命题态度"④。这种提法在A（C）形式中并不适用，因为"超越概念，用变量'C'来替换某一概念—确定的词是没用的"，不只是已知概念F，每一个其他概念，都是一个概念C，要占有它，就要有通过适当的彻底归属过程得到的包含这一概念的命题态度。⑤不过在A（C）形式中的不适用不影响这种方案为真。

　　那么这是否意味着这种方案同在A（C）形式中适用的解释有竞争关系呢？

　　皮科克认为这种方案同在A（C）形式中适用的解释并不相斥，二者可以和谐共处。因为彻底归属过程中可理解性的限制条件正是概念占有条件所给出的限制条件，更详细地说，就是满足以下两个条件："（1）由占有条件得到的所有限制条件都被纳入彻底归属程序中。（2）在这一程序中再没有其他限制条件了。"⑥

① McDowell J. In defense of modesty//Taylor B. Michael Dummett: Contributions to Philosophy. Dordrecht: Nijhoff, 1987: 68.

② Peacocke C. A Study of Concepts. Cambridge: MIT Press, 1992: 34.

③ Peacocke C. A Study of Concepts. Cambridge: MIT Press, 1992: 35.

④ Peacocke C. A Study of Concepts. Cambridge: MIT Press, 1992: 36.

⑤ Peacocke C. A Study of Concepts. Cambridge: MIT Press, 1992: 36-37.

⑥ Peacocke C. A Study of Concepts. Cambridge: MIT Press, 1992: 37.

第一个条件大概对于任何可接受的彻底归属过程都可行，但是第二个条件却很容易被认为会导致不可理解性，而这种不可理解性又无法通过说明在命题态度内容中具有某一概念是什么来说明。这可能是不可理解性的本质使然。皮科克认为这两种方式只是从不同的角度来研究相同系统的限制条件，并没有矛盾。另外，彻底归属过程的观点对于某一概念占有的影响也要远远超过关于其正确归属的泛泛而谈。

只有当我们不对彻底解释者的本质或情况做实质性限制时，才能获得这两种方法预先设定的和谐，而这比对其有实质性限制的解释者理论同占有条件理论的结果和谐共处更值得怀疑，特别是这种解释—理论性的方法是被关于内容归属的主观主义所刺激和认可的。主观主义的内容归属方式是指限制内容合法分配在以种种方式对我们有可理解性的范围内。

这种形式的主观主义同由于我们智力能力的限制，存在我们永远无法掌握的概念，是不一致的。而根据概念占有方法的自然形成方式所决定，我们无法保证我们可以精通某一个概念。但这种不一致性并不是取消我们思考内容－涉及状态的方式的主观性，这是一种有限的主观性。

最后是皮科克的几个"免责声明"（disclaimer）。[1]第一，这一观点不是合理性的还原性解释。占有条件中，精通某一概念所要求的知识"最低限度的合理性"。第二，占有条件进行的个体化可能无法抓住某些概念的开放性。目前框架所允许的开放性是概念的开放性，这种开放性使更简化的开放性成为不可能，并且占有条件本身不是开放性的。我们无法一劳永逸地确定对占有条件所确定的语义值适用的法则与推论。我们只能说命题态度心理学的这些理想结构针对的是人们逻辑中的判断与有效性，但没有实际使用这些概念，我们甚至连由占有条件来确定这些理想结构所具体涉及的是什么都难以彻底确定。

二、占有条件与归属条件

归属条件一方面影响概念理论的充分条件，另一方面也有利于为这一理论的辩护提供许多结果。皮科克通过以下四个命题来介绍。它们看似正确，却相互不一致。为了表达确定，这里以"红色"为例。

（1）"红色"的以上占有条件（第一、第二节）是正确的。

（2）"x 相信 that 红色"这样的建构表达了同包含概念"红色"作为一个组成部分的结构化思想的命题态度关系。

---

[1] Peacocke C. A Study of Concepts. Cambridge：MIT Press，1992：39.

（3）对包含概念"红色"的思想有态度的某一思考者必须满足其占有条件。

（4）对于"红色"一词所覆盖的色谱界限有错误信念且真诚地提及某一对象"它是红色的"或"它不是红色的"人是被正确地描述为相信讨论的对象分别是红色的，或不是红色的。

如果有（4）的情况，那么从（2）中得到的（3）同（4）是矛盾的。从（1）到（4）既要求满足已知的占有条件，又要求违背它，因而它们是不一致的。而不一致的原因并非"红色"这一概念的占有条件，尽管这一条件是颇具争议的。但无论正确的条件是什么，也还是会出现同样的问题。

比较激进的办法是反驳（2）。不过皮科克既不赞成反驳（2），也不赞成反驳（4），他认为应该反驳前提（3）。因为占有条件同归属条件是不同的。占有条件所指出的是"完全精通某一特定概念所需的东西"，而归属条件指的是使以"x 相信 that 红色"形式出现的某事物为真的条件，归属条件比占有条件要弱。这一归属成真的充分条件如下：

a. 主体真诚地想要假定包含"红色"一词（或它的某种翻译）且以"红色"形式出现的某一句子的存在；

b. 他对于它所具有的某种指称具有某些最小的知识（比如它是一个颜色词）；

c. 他在对这一词的使用中顺从他的语言社群中的其他成员。

这些要求都非常重要，并且有某一顺从 - 依赖性归属的这些充分条件，以"x 相信 that 红色"形式出现的陈述可以在没有满足概念"红色"的占有条件时为真。①

这个例子中，"概念理论足够解释仅存在于完全理解某词（或他所能习得的任何近义词）的人的认知可能性模式"，但这并不表明存在某一表达式所表达的概念以我们这里讨论的"概念"的含义的可能性，我们只能说，存在对表达式的完全理解这样的东西，但这种"理解包含的不过是知道该表达式的指称物是其指称物而已"。而关于某一占有条件理论所必须解释的认知可能性或不可能性的事实范围，其限制条件则是，"在这样或那样的情况下，仅当在这一语言中存在由替换'A'的表达式以及讨论中完全理解这一表达式的思考者所表达的概念时，that A 对于某一主体才是提供信息的（不提供信息的）"。②

由此，皮科克得到两个结论。首先，他对于"概念"的用法并不是希弗含义中的"概念"的重复。其次，概念并不总是有占有条件。

---

① Peacocke C. A Study of Concepts. Cambridge：MIT Press，1992：30.

② Peacocke C. A Study of Concepts. Cambridge：MIT Press，1992：32.

皮科克并不认为顺从－依赖性归属是不可或缺的。当然这并不妨碍只有顺从－依赖性归属为真的个人成为"关于表达式指称对象的信息的可靠收集者和传达者"，因为我们在描述这样的个人的心理状态时，总归是要求助于这种归属的，否则我们总是不清楚其思考的特质方式。[①]这种归属如果在某一语言社群中最初并不存在，我们也会由于相同的原因希望它出现。因为新加入社群的成员会在使用社群的表达式时发生这种顺从，而他们的态度也需要被做非顺从－依赖性归属的他人描述，如果没有这种顺从－依赖性归属，这些信息的传达都会枯竭。

三、概念与指称

皮科克是支持概念、其指称的属性以及属性的外延的三分的。如果概念是由占有条件所个体化的，那么"占有条件同世界一起决定语义值"[②]。因而关于概念的语义值是如何由占有条件所决定的理论就是"决定理论"（determination theory）。比如连词占有条件的决定理论会说明"作为连词语义值的真值函数，是使占有条件中所提及的形式转换在对其构成部分 p 与 q 的所有赋值下保真的函数"[③]。在此，皮科克对比了自己同威尔弗雷德·塞拉斯（Wilfrid Sellars）在意义与内容的观点上的不同。塞拉斯将真与某种形式的可论断性（assertibility）对等，"'真'即表示在语义上是可论断性的（'S-可论断性'），并且真的种类同语义法则的种类相对应"，从而，在逻辑与数学命题中，"S-可论断性即表示可证性"[④]。但是他的观点并未清楚说明是否为无法证实的命题提供空间。而实际上，通过自然数的全称量化的例子就可以知道，尽管这是无法证实的，却可以使这一量词为真。

虽然皮科克给出的决定理论的两个例子都是适合实体论观点的，但决定理论并非只是实体论者的需求，其他理论者也是需要的，只是在此皮科克主要从实体论者的角度出发进行论述。这样，我们会期望在概念的决定理论与占有条件之间的关系会有某种一般形式，比如在上面的连词与全称量词这两个例子中，就是由决定理论分配语义值，使得概念占有条件中所涉及的信念－形成的做法正确，即能得到真的信念。如果上述说法准确的话，我们便得到了语义值、概

① Peacocke C. A Study of Concepts. Cambridge：MIT Press，1992：33.

② Peacocke C. A Study of Concepts. Cambridge：MIT Press，1992：16.

③ Peacocke C. A Study of Concepts. Cambridge：MIT Press，1992：18.

④ Sellars W. Science and Metaphysics：Variantions on Kantian Themes. London：Routledge，1968：101，115.

念占有、正确性三者之间的一个关系。

另外，每个概念都应该有决定理论的这一要求在三方面发挥着调节作用。满足某一概念的占有条件就相当于知道作为某一概念语义值的某事物（其指称）是什么。达米特则认为掌握含义应该等同于知道某事物成为其语义值条件。无论是哪种认同，都需要的基础是，承认占有条件同世界一起决定指称。而一旦我们给出正确的决定理论，所需的证明就得到了。不过这种形式并不预设人们要先掌握某一概念，再探讨某物作为其语义值是什么，按照当前的观点，这种掌握是存在于知道其为语义值是什么中的。讨论中的这一概念在某种呈现形式下，要么就是完全不为某一主体所知，要么就只被已经占有此概念的主体所知。有人认为满足某一概念的占有条件只是部分地知道作为某一概念语义值的某事物是什么，皮科克不赞成这一观点，比如在之前的连词的例子中，并没有什么额外的东西可以再加到知道占有条件所需的知识上了，满足这一占有条件已经足够掌握连词了，因而不需要为这一概念的占有再给出更强的概念。而"知道某事物成为某一概念的指称是什么的概念的应用要远远超过非结构化的概念"，比如它可以在任意复合概念中使用，某物作为某一复合体的语义值是什么依赖于正确类别的实体作为其各组成部分的语义值的条件。①

无论概念是否复合，皮科克所青睐的是这样的"识别（the identification）：占有概念就是知道某事物成为其语义值是什么"②。完整想法的语义值是什么？这是一个理论问题。

按照皮科克目前所论述的来看，他所预设的是，判断与信念都有真值，正因为与它们的关系，指称在目前的概念理论中也有作用。但是史蒂芬·施蒂希（Stephen Stich）质疑信念与指称之间的基础联系，他的书中关于这个问题的章节就叫做："我们是否真的在意我们的信念是否为真？"③这里，皮科克也尽量在概念理论的范围之内来讨论他的观点同施蒂希的差别之处。④其应用仅依赖某心理表征的非语义属性的解释规则可以在可解释的与不可解释的之中统一应用。

皮科克的概念占有理论为之后的研究留下了宝贵资源，也留下了许多疑问，而对于这两方面都存在挑战。对于资源的挑战是，怎样利用概念内容理论来解释概念内容理论所关心的现象，而对于问题的挑战则是关于概念的本体论地位、占有条件理论在同占有条件的经验理论关系中作用的定位，以及皮科克所讨论

---

① Peacocke C. A Study of Concepts. Cambridge：MIT Press，1992：22.

② Peacocke C. A Study of Concepts. Cambridge：MIT Press，1992：23.

③ Stich S. The Fragmentation of Reason. Cambridge：MIT Press，1990：101-127.

④ Peacocke C. A Study of Concepts. Cambridge：MIT Press，1992：25.

的限制条件在有问题的概念中是如何被满足的。

第五节 知觉概念——个案分析

知觉概念被视为最有可能不依赖其他概念的概念元素，概念理论首当其冲需要解释这种在概念上基础性的集合本质与可能性。其中牵涉到几个子问题，比如：知觉概念所表征的内容本质是什么？我们所掌握的观察性概念同这些知觉内容如何关联？我们如何明确表达观察性概念的占有条件？皮科克主要讨论两种表征内容，可以利用它们对这一问题进行解释。

一、情境内容

皮科克要讨论的是涉及空间类型的内容，它是表征内容中最为基础的类型，其中，其他类型都会以各种方式预设这一类型内容的存在。[①]在这一模型中，内容的正确性就被转化为了实例化（instantiation）："给出讨论中的表征内容的空间类型的感知者周围的真实世界所进行的实例化。"[②]

要进一步详述这些空间类型，主要有两个步骤。首先，要确定起源与轴（origin and axes）。起源与轴不是真实世界的一个确切地点或方向集合，而是由某些相互关联的属性所标注，正是这些标注帮助限制我们所确定的空间类型的实例。使用这些标注来给出经验的部分内容并非纯粹注释性的或传统的。其次，要具体说明填充起源周围空间的方法。通过这样的方法，我们可以了解经验者的知觉敏锐度。其中，敏锐度越高，就越能同与表征内容正确性相符实例的空间填充方式限制相应。这里并没有要求具体说明填充空间方式中使用的概念装置必须是知觉者自己使用的概念装置，因为空间类型自身并非通过概念增强：它很适合作为非概念内容形式的一个组成部分。

皮科克总结说，空间类型是"定位表面、特征以及其余同这种标注的起源与轴相关东西的方式"，皮科克称之为一种"情境"（scenario），而不同模态下的经验的情境内容不应提前预设为完全分离的。[③]在弄清楚这种表征内容是什么

---

① Peacocke C. A Study of Concepts. Cambridge：MIT Press，1992：61.

② Peacocke C. A Study of Concepts. Cambridge：MIT Press，1992：62.

③ Peacocke C. A Study of Concepts. Cambridge：MIT Press，1992：64.

之后，皮科克关注的是这种表征内容的正确性条件。这里皮科克引入"情景"（scene）这一概念来指"经验发生时，知觉者周围世界的容量，其中，真实世界的起源与轴依据这一情境中的标注来确定"，当情景落入构成情境的定位表面与其他的方式之中时，经验的内容是正确的。①

对于经验，给出彻底地可评价为正确或不正确的表征内容的概念，而不仅仅是相对于某一分配或其他的正确或不正确，是很重要的。皮科克将这里知觉经验的内容同语言哲学中的话语内容相类比，借用了伯奇的观点，并将这种彻底可评价的内容等同于"确定位置的情境"（a positioned scenario），它包括"一个情境，加上（1）对落入这些标注中的世界真实方向与地点的情境的标注的轴与起源的分配，以及（2）分配的时间"①。皮科克认为，如果当情境依据所分配的方向被确定了位置时，在其所分配地点的情景落入所分配时间的情境，那么由确定位置的情境所给出的内容是正确的。这种正确性条件的要求为可能的其他形式的知觉经验施加了约束。另外，这一确定位置的情境实际上就是内容本身，它不是内容的心理表征，具有已知确定位置情境内容的心理表征同内容是多对一的关系。②关于心理表征，皮科克还将自己的观点同马尔（Marr）的 2 1/2-D 简图相比较，认为后者仅仅具有视觉为中心的坐标，并不包括光照条件，而自己的理论给出的是一个自然的理论框架。对于心理表征存在的认同并不需要通过这种简图作为临时的中介，这里的关键是承认至少部分内容是由位置确定的情境所给出的心理表征，而非是否同时具有其他内容。当然，某些其他内容的识别依靠它们同情境 - 涉及的内容之间的关系本质，但这也不会要求马尔简图中的属性作为中介。另外，"在这些情境 - 涉及的内容与表征可能占有的其他内容之间，某些系统关联是有效的"。③

恰恰是因为知觉经验具有正确性条件，可以使其自身就对概念内容的真进行排除或要求，因而我们在感知世界的过程中总是会认识到带有某一已知概念内容的判断是否正确。概念内容是由它们同知觉经验的关系部分决定的，而情境是固定概念内容的一个具有前景的资源，因为它是一种空间类型，空间类型不由思考者概念占有所需的条件所个体化，这样，使用这一概念的非概念内容理论才有可能"以一种非循环的方式确立概念家族的层级"。④

皮科克认为他所使用的确定位置的情境的概念既可以为完全的知觉经验给

① Peacocke C. A Study of Concepts. Cambridge：MIT Press，1992：64.

② Peacocke C. A Study of Concepts. Cambridge：MIT Press，1992：65.

③ Peacocke C. A Study of Concepts. Cambridge：MIT Press，1992：66.

④ Peacocke C. A Study of Concepts. Cambridge：MIT Press，1992：67.

出内容，也可以为幻觉经验（hallucinatory experience）给出内容，只不过后者需要通过同前者的关系来阐明。甚至可以说幻觉经验表征的是一个情境中的情景之一，尽管这种情景并不真实存在。情境解释既没有使认识论问题更复杂，也没有解决这一问题。

从以上内容可以得到的论点是，经验的客观内容部分是由其确定位置的情境所给出的。这一论点有以下三种结果。

第一，经验的内容总是比经验者通过使用其占有概念所能够形成的要更精细。只有同经验的真实性相符的空间填充方式才会被纳入情境之中。经验内容所包含的是空间类型本身，而非对这种类型的描述，概念只是用来对情境进行描述的，或者说，概念只是"将情境挑选出来的众多方式中的一种"，它"并非经验表征内容的组成部分，也无须被经验者占有"。因此，帮助描述人们经验世界方式（即情境）的特征的普通语言（ordinary-language）"最多只是局部的（partial）"[1]。第二，知觉经验所占有的内容类型有模拟的特征，并且是无单位的。第三，这种情境的解释为经验的模态内容提供了可能性，它允许不同感官模态中经验的内容出现重叠。由于这种重叠的经验可以表征某种切实的存在，比如某人以某个角度伸开手臂所划入手臂范围的表面，对于这一表面的判断就可以不用"在更高一层的概念——涉及层面依赖任何同一性信念"[2]。

另外，皮科克还指出，为了支持表征内容的纯粹命题解释，即便是在这样原始的基础上，仍有两种想法支持涉及情境的解释不能被免除的主张，这里的"纯粹命题解释"是指"将表征内容等同于一个集合的命题，其中这些命题的组成部分无论直接或间接均不涉及情境"[3]。

如果没有寄生在使用情境来适当处理的某事物之上，这种纯粹命题解释是无法实现的。纯粹命题理论者用了"假设你身处英国早秋的田野中，看到某一地区有雾"的例子，显然通过命题来明确视觉经验的部分视觉表征是不充分的，纯粹命题理论者会辩解说把感知地区的方式纳入命题理论中，这时情境解释的支持者会认为这些"方式"正是其解释最基本的例子。而纯粹命题理论者对此的回应是，这一罗素式命题还应加入包含自我为中心的方向连词。情境理论者则认为有两种方式会使这种添加也不充分。第一种是对于与某人自身有关的方向可以不需要意识到此人是这一方向的标的物就可以实现，命题主义理论者需

---

① Peacocke C. A Study of Concepts. Cambridge：MIT Press，1992：67-68.

② Peacocke C. A Study of Concepts. Cambridge：MIT Press，1992：69.

③ Peacocke C. A Study of Concepts. Cambridge：MIT Press，1992：70.

要更强的说明，而在这种更强说明中，将某事物视为具有自我为中心的空间属性即将其视为同自己处于某一关系中，其中包含在给出视觉经验内容时的第一人称思考方式的使用。而恰恰相反，皮科克所提出的第二个思考是关于纯粹命题解释使第一人称思考方式的充分解释成为不可能的思考。

"纯粹命题主义者认为，命题内容穷尽经验的非概念表征内容"，然而这一观点同我们接受的两个规则是不相容的。[①] 第一个是"埃文斯的论点"，即当某一主体接受感知的表面意义时，他准备基于他的感知做出"非推断性的、合适的第一人称空间判断，这对于其运用第一人称思考是最基本的"[②]。另一个就是第一章的依赖规则，它的应用也是第一人称的。

如果某一概念掌握的解释不加以进一步说明而提及同带有需要第一人称概念占有（其中，应该阐明这一概念占有）内容的知觉状态的关系，那么这种解释就是循环性的。既不承认经验也不承认思考在第一人称思考方式的个体化中的优先的"不优先"观点也解决不了上面的问题。以上对于第一人称思考适用的观点对于索引词概念 here 也都适用。

虽然上面谈到的都是纯粹命题方式的问题，但是对于"不可能的"（impossible）对象的经验，这种理论也有它的优越性。"不可能的"对象指的是像"不可能的"描述或"不可能的"三维对象的经验。[③] 无法用情境理论来解释是因为这些"不可能的"对象是无法对感知者周围的区域进行填充的。这种"不可能的"对象同盲点中的主体不同，因而不能对其置之不理；同时，也不能将这种情况限制在已知的关注点之内。"不可能的"对象的经验根本就不应该在情境内容层面的描述中出现。

二、原型命题内容

除了确定位置的情境之外，是否还有其他的非概念表征内容可以影响概念的个体化呢？皮科克主要探讨了部分知觉－形状的概念（partially perceptual-shape concept），即可观察形状概念，如正方形的、立方体的、菱形的及圆柱体的等。这里以正方形的概念为例，占有这一概念的必要条件是什么？

有人认为是思考者必须认为这一对象是正方形的现在时描述性想法是原始有说服力的（primitively compelling），但这一必要条件实际上并不是必需的，从

---

① Peacocke C. A Study of Concepts. Cambridge：MIT Press，1992：71.

② Evans G. The Varieties of Reference. Oxford：Oxford University Press，1982：237-281.

③ Gregory R. The Intelligent Eye. London：Weidenfeld and Nicolson，1970：55.

马赫（Mach）对正方形与菱形比较的例子中就可以看出，他举例说思考者并不必须认为菱形方向上的地砖是正方形的想法是原始有说服力的，但只要他的经验是真实不虚的，地砖所明显占据的空间就是正方形的。[①] 这个例子并不是说明情境同正方形与菱形的区别无关，而是说情境不能这么简单运用，正如史蒂芬·帕尔默（Stephen Palmer）所说，"如果语境正确，人们甚至可以天真地认为呈 45° 角的正方形是一个正方形，而不是规则的菱形"[②]。

直觉告诉我们，正方形与菱形的区别主要在于我们如何感知对称性，因而又有这样的结论，即除此之外，还应要求感知关于两边的对称性，但是这样一来，还是没有达到在非概念内容层面上区别这两种形状的目的，因为我们是用另一个概念"对称性"来解释概念"正方形"。[③] 皮科克为避免对于概念"正方形的"与"菱形的"区别的解释失败而提供了原型命题内容，他把二者的区别看做是"两种知觉的原型命题内容之间的区别"，无论哪种形式的对称性都是"在原型命题内容层面的限制"。[④]

如果我们不需要对"对称性"的概念进行占有就可以直觉具有对称性的某事物，我们如何理解这样的知觉，如何掌握其本质？皮科克提出，知觉经验有除确定位置的情境之外的第二层非概念表征内容，皮科克称之为原型命题（protoproposition），原型命题有真假，可能是"一个或若干个体、属性或关系"。这里，皮科克使用的是"原型命题"而非"原型思想"是"因为原型命题包含对象、属性以及关系，而不是关于它们的概念"，它记录普通人类视觉经验的表征内容，这一表征内容包括如正方形的（square）、曲线的、平行的、等距的、相同形状的以及相对称的属性与关系（这里的这些属性与关系是不同于前面的概念的，因而用大写字母表示），也因此，个体化某些概念内容时提及这一层面的表征内容是没有直接循环的。

原型命题在记忆、识别以及主体对于其世界认知地图的构建中有重要作用。原型命题内容"不由确定位置情境内容决定"，因为确定位置情境内容相同的两个事物有可能原型命题内容并不相同。[⑤] 原型命题内容层面可以更好地描述"不可能的"对象和图形的经验。

同给出概念占有条件一样，在解释形成包含这一概念的信念的正确性与合

① Mach E. The Analysis of Sensations. Chicago：Open Court，1914：106.
② Palmer S. The psychology of perceptual organization：a transformational approach//Beck J，Hope B，Rosenfeld A. Human and Machine Vision. New York：Academic Press，1983：301.
③ Peacocke C. A Study of Concepts. Cambridge：MIT Press，1992：76-77.
④ Peacocke C. A Study of Concepts. Cambridge：MIT Press，1992：79.
⑤ Peacocke C. A Study of Concepts. Cambridge：MIT Press，1992：78.

理性的时候，也不需要诉诸概念表征内容。比如对 p 的接受与对 q 的接受共同且规范地证明对于连接词 p 与 q 的接受，但连接词的概念并不需要在 p 或 q 中出现。其中的非概念原型命题内容会涉及许多经验，它们是某一思考者形成关于其所占有概念的信念的好理由，这是与这些信念所需的条件为真所密切相关的，这种正确性（correctness）条件是关于世界的，它不依赖于关于这一概念的属性的"任何辅助或附属的经验性信息"。①

但是对于皮科克所提出的原型命题有这样的反对意见，即既然我们所说的原型命题内容是一种概念内容形式，那么便不需要假定非概念原型命题内容这一层面了。

皮科克区分了三个问题：第一，他所提出的例子能否要求对于原型命题内容的承认通过具有如直的或相对称的概念这样的谓语组成部分的非指示性概念内容（nonindexical conceptual content）获得？第二，这些例子能否通过指示性概念内容所获得？第三，如果对于第一或第二个问题的答案是肯定的，那么非概念原型命题内容层面是否多余？

"某一主体不用以非指示的方式使某一属性或关系概念化就可以知觉它"的例子就是对第一个问题的否定。②除此之外，还有听觉经验、对语言的知觉的例子都是对其的否定。相对而言，第二个问题显得更有前景一些，的确是有这种精细的知觉摹状词，当然也有一定的问题，为了避免这些问题，菲尔德提出了部分外延（partial denotation）的概念。其实对于这一问题，是有可行情况的，尽管它是否正确还有待进一步讨论，皮科克认为，不能因为有这样的前提，即"表征内容不同而其各自概念表征内容相同的两种经验不存在"，就得到结论说，"非概念表征内容是多余的"，这种前提是否为真暂且不论，只要知觉指示词概念（perceptual-demonstrative concepts）的哲学解释中需要非概念表征内容，这一结论就为假。

一模一样的形状是可以用两种不同的方式所知觉的，与之相连的同样形式的知觉指示词就变成了辨认出相同形状的两个不同概念，那么这个指示词概念而不是另一个进入某一主体经验的表征内容中是什么意思呢？皮科克认为需要用非概念原型命题内容来解释这个问题，此时知觉到的是不同的属性与关系，同样，也是这些不同构成了这两个指示词概念占有条件之间的不同。对这种说法的反对意见是，"直的"相同内容既可以进入某些经验的表征内容，又可以进入基于这些经验的判断"那是直的"。直觉形状概念是非模态

---

① Peacocke C. A Study of Concepts. Cambridge: MIT Press, 1992: 80.

② Peacocke C. A Study of Concepts. Cambridge: MIT Press, 1992: 82.

的，皮科克同意埃文斯的看法，即还是有单一的概念能力（single conceptual capacity）存在，它是在思考者判断某事物为正方形时，同时对于视觉经验与触觉经验的回应。并且，按照他的想法，是不可能仅仅因为某一特定主体能够在某一模态中（而不是另一模态中）将事物经验为 F，就否认某一特定概念 F 的非模态性的。①

这里的讨论是同承认经验具有概念内容相一致的，这同埃文斯②以及柯林·麦金（Collin McGinn）③书中的观点相左。"这种循环性当内容包含概念的心理状态是知觉经验并不比它是判断或信念时少多少"，这里可对比皮科克在《感觉与内容》一书中对此问题的讨论，尽管当时的讨论并不尽如人意。④

综上所述，可以得到这样的结论，即真正例示 A（C）形式的占有条件仅仅是无法提及经验的概念表征内容（尽管相信这一形式的人仍然会承认经验的确具有概念表征内容），它只是发展同 A（C）形式相一致的解释的一种方式，而不是唯一方式。尽管构成解释的方向目前是"从经验到概念占有"的，但是从反向进行的因果解释也是很重要的。⑤也正因为如此，对于本质上使经验具有概念内容的是什么的问题显得更加紧迫。

此外，还涉及非概念内容的自主性问题。埃文斯的一些文章表明他是支持这种自主性的，但它也"不是强制性的"⑥。即便是处于最原始层面的情境内容，也存在反对这种自主性的强有力论据。情境内容是空间表征内容，它包含的"不仅仅是对于模拟模式更高阶属性的敏感性"⑦。

对于历时地点的识别要求具有情境内容的状态影响主体周围世界的认知地图的构建。而这种识别需要参加空间推理的能力，它涉及主体搭建同其在其周围世界的位置相一致的表征，这里的一致性指的是"既服从认知地图所要求的在其中定位特征的方式又对于确定位置的情境的正确性充分的"空间填充方式。⑧为此，我们必须解释清楚推理中的作用同这些内容正确性（真）条件之间的关系，即提供一种决定理论。

真正的空间推理必须能够解释思考者行动的空间属性。尽管人类能够控制

① Peacocke C. A Study of Concepts. Cambridge：MIT Press，1992：86.
② Evans G. The Varieties of Reference. Oxford：Oxford University Press，1982.
③ McGinn C. Mental Content. Oxford：Blackwell，1989：62.
④ Peacocke C. A Study of Concepts. Cambridge：MIT Press，1992：88.
⑤ Peacocke C. A Study of Concepts. Cambridge：MIT Press，1992：89.
⑥ Evans G. The Varieties of Reference. Oxford：Oxford University Press，1982：124，158.
⑦ Peacocke C. A Study of Concepts. Cambridge：MIT Press，1992：90.
⑧ Peacocke C. A Study of Concepts. Cambridge：MIT Press，1992：91.

比我们所能解释的行动范围更广的空间属性，但情境内容在人的行动中更深远的作用对于其内容涉及的解释是非常关键的。

皮科克描述这种作用特点的方式不同于布莱恩·奥肖内西（Brian O'Shaughnessy）的"潜意向性行动"（the subintentional act），奥肖内西认为关于我们"身体极限"的位置的知识是"非概念的"且"非命题性的"①，在潜意向性状态与感觉之间有结构性的平行，这是皮科克所反对的。皮科克认为"概念内容的缺失并不代表所有真正内容的缺乏"，皮科克认为当命题态度具有部分被情境内容个体化的概念构成部分时，它可以发挥在知觉与行动之间的"媒介作用"，这种作用是因为具有标的（身体的）轴的情境内容成为可能的，它更为完整地解释了皮科克在其早期论著中所提及的"在知觉的非概念内容与身体行动之间的连结"。②知觉与行动之间依靠两个连结，即意识知觉指示词与知觉基础的知识可得性之间的联系，以及方向识别自我中心的模式同主体"基本"行动之间的连结。

那么，是什么赋予潜意向状态或尝试某一非概念内容而非其他呢？这部分与情境中轴的标的有关。某一已知主体的两种指示（尝试）如果仅在它们"现在的"组成部分的指称上不同，它们就是同类型的。这是确定指称框架的"恒常标准"。③

皮科克讨论的情境与原型命题内容都是非概念表征内容的形式，它们是讨论知觉与指示词概念的占有条件中所必须提及的，对于它们的讨论可以帮助我们解释这些基本概念非循环占有条件的可能性，并对知觉、行动及主体对于其环境的表征之间的关系作出解释。这里皮科克还提及非概念表征内容的类型与认知科学中问题的一些联系，并对比涉及罗杰·谢泊德（Roger Shepard）④及安妮·特瑞斯曼（Anne Treisman）⑤的讨论。他认为，如果目前的讨论正确的话，接下来应该做的是建立一个关于这些表征内容是如何被心理表征的理论。可参考泰伊关于内容类型同认为心理图像是已解释的、符号填充的序列的理论之间

① O'Shaughnessy B. The Will（2）. Cambridge：Cambridge University Press，1980：64.

② Peacocke C. A Study of Concepts. Cambridge：MIT Press，1992：93.

③ Peacocke C. A Study of Concepts. Cambridge：MIT Press，1992：96.

④ Shepard R. Psychological complementarity//Perceptual Organization. Kubovy M，Pomerantz J. Hillsdale：Lawrence Erlbaum Associates，1981：279-342.

⑤ Treisman A，Gelade G. A feature-integration theory of attention. Cognitive Psychology，1980，（12）：97-136.

Treisman A，Schmidt H. Illusory conjunctions in the perception of objects. Cognitive Psychology，1982，（14）：107-141.

的关系，^①与麦金所讨论的心理模型（mental model）^②。

第六节 概念理论与概念占有的心理理论的关系

概念理论与概念占有的心理理论的关系也是关于内容、意义与理解的本质的，它"同人类心理的广义力学与计算解释的观点相一致"。^③

有人认为概念的哲学与心理学理论应该是相互独立的，两者的目标不用借助对方的结果来实现，皮科克反对这样的观点，他认为二者之间有这样的一种关系，他称之为"简单说明"（simple account），即当一个思考者占有某一特定概念时，一个充分的心理学理论必须解释其满足概念占有条件的原因。^④在这一简单说明中，心理学的目标涉及哲学理论所关注的概念的占有条件，因而两者并非相互独立。这种方法为心理学所提供的方向是为每种类型的思考者以及这种类型思考者所占有的每个概念，提供该思考者满足这一概念占有条件的亚人解释，目前来讲这是一个交叉学科的项目，需要哲学提供充分的占有条件才能完成。

对于意义、内容以及理解之间的关系，维特根斯坦的论点看似并不认同可以为思考者占有某一概念提供心理学解释，但是皮科克认为，在核心问题上，其观点同简单说明是一致的，即"需要涉及在条件占有中，原始地有说服力的东西，我们如何'自然地进行下去'"^⑤。只不过维特根斯坦的一部分论点之间是相互独立的，所以如果说它们全部同简单说明是一致的显然说不通。

皮科克在此谈到了其与简单说明相一致的论点，也说到了二者所相冲突的论点，其中，维特根斯坦不愿意对心理学概念进行因果解释，这进一步加深了他对于占有条件解释的拒斥，如他所说，他认为"用法从意义中而来，正如行为从性格中而来一样"。^⑥在皮科克看来，维特根斯坦对于理解与概念掌握的虚

① Tye M. The Imagery Debate. Cambridge：MIT Press，1991：90-102.

② McGinn C. Mental Content. Oxford：Blackwell，1989.

③ Peacocke C. A Study of Concepts. Cambridge：MIT Press，1992：177.

④ Peacocke C. A Study of Concepts. Cambridge：MIT Press，1992：177.

⑤ Peacocke C. A Study of Concepts. Cambridge：MIT Press，1992：190.

⑥ Wittgenstein L. Remarks on the Foundations of Mathematics. 3rd ed. von Wright G，Rhees R，Anscombe G E M（eds.）. Anscombe G E M（trans.）. Oxford：Blackwell，1978：102.

构、回归解释的否定已经被纳入考虑范围内，这从皮科克认为占有条件可以提及原始地有说服力的东西就可以看出，同时，也不代表皮科克认可证实主义，他与维特根斯坦的分歧仅仅在于接下来的认可观点（ratification thesis）及相关论点，从而也为概念内容恢复了一定的客观性。①

---

① Peacocke C. A Study of Concepts. Cambridge：MIT Press，1992：197.

第三章

内容的个体化与构念理论

第一节 指称条件与概念占有

皮科克在思考过去的概念时，想从证明主义（justificationist）与其他意义的概念作用理论中找到解决方案，因为与其相对立的真值条件理论所提出的可行性方案都是关于其他领域概念的，他发现证明主义或意义的概念作用理论给出了指称的特殊作用，这种特殊作用对许多概念，特别是某些有争议的心理概念都适用。皮科克明确指出，指称与真在理解的本质与概念占有中具有解释性的作用。

对于一些概念，其特性可以由包含指称与真的占有条件所充分解释，这种概念特定的（concept-specific）方法可以解释概念本质。在这里，理解就相当于概念占有，它本身就是心理状态，皮科克也正是想利用这种特定的理解理论来更好地理解心理概念、心理与非心理世界之间的关系，以及这些关系如何影响心理的本质与思考心理事件、状态与事物的方式的本质。相对于这些解释的哲学地位，他更关注的是对于这些事实的正确解释。

虽然，皮科克的这种概念特定方法对其待解释物及其解释的先天性是保持中立的，但这些解释体现的是他理性主义的立场，因此，这种解释性资源同先天地位的解释当然是有一定关系的，只是他对于理解事实解释的概念占有、对于支持包含概念的判断的原因都不要求任何先天立场。

另外，皮科克还表示他在这种概念特定方法上的观点是对弗雷格由成真条件对含义概念进行个体化的进一步研究与应用，他的这些想法是由弗雷格的乌尔－概念（ur-idea）所产生的，即某一含义是由某事物是其指称的基本条件所个体化的。只要我们接受乌尔－概念，那么具有特定含义的任何事物都是可以追溯其含义的本质的，而这一本质是由某事物成为其指称的条件所给出的。

皮科克认为，赋权、意义、内容及理解的内部关系是相互关联的，只有理解了这样的关联才能在哲学意义上理解它们中的每一个。

皮科克将自己的理论同证明主义（justificationist）和实用主义（pragmatist）都做了比较。证明主义的主要支持者是达米特，他主要关注输入的部分，认为非经典证据也是可以确定由其组成部分以及句法结构决定含义的句子的；而皮科克所关注的是导致判断的是什么。而作为实用主义的代表皮尔斯则是并未避免证明主义的问题，尽管他关注的是结果的意义，但他并没能解释对于假设自身的理解。

在论证了自己对证明主义以及实用主义的反对观点之后，皮科克提出了由对观察性概念的实在论解释着手，因为概念在知觉经验的基础上得到应用也是其本质的一部分，并且他分别处理了两种应用的情况：一是在对此概念例现知觉基础上的观察性概念；二是在不涉及此概念例现知觉但仍作出包含概念的判断。[①]

在这一问题上，皮科克同证明主义的代表人物达米特有激烈的交锋。证明主义是达米特作为一种反实在论而提出的，他在"过去的现实（The Reality of the Past）"一文中曾提到，在他看来，关于过去的陈述是反实在论的最大难题。按照达米特对于证明主义的解释，他认为证明主义者并不是唯我论者，甚至也不是现象论者，认为现实并不仅仅是由我们的经验组成的。因而证明主义者接受外部世界的存在，这一外部世界是他自己与其他人、其他动物所共有的。另外，证明主义者在区别主体与客体时，认为主体间性是客观的（同实在论者相同），但语言陈述的意义或思想内容是由对此陈述断言或其内容是此思想的内容的证明，而非陈述或思想为真所必须包含的条件（实在论）所给出的，这种差别是有关真的概念的差别。证明主义是不承认真假二价性的，它认为并不需要证明对已知陈述的断言或否定，因此陈述既非真又非假。

证明主义同实在论的区别在于，语言意义是如何给出的，因此它同真的关系，特别是在否定其真假二价时，是不同的。经验论述同数学的有效决定过程也是不同的。二者之间的差别并不是说经验知识是从心灵依赖的知觉所产生的而数学知识不是，而是由于大部分数学证据是间接的，它们提供了构建直接或

---

① Peacocke C. Truly Understood. Oxford: Oxford University Press, 2008.

经典证据的有效方式，因而数学知识不会因为某一证据存在而增加。相反，断言经验陈述的间接证明是无法为直接证明的存在提供办法的，它只是为具有这种必要观察的人提供假设这种直接证明的基础，然而构成直接证据的才是给出意义的，能够用来报告观察的经验陈述的直接证明通常可能是观察者的真实或可能观察。而观察本身并不需要用反事实来进行解释，它只是一些物理刺激的结合。如果是这样，那么皮科克所认为的证明主义者站不住脚的三条指摘就是莫须有的。经验陈述和数学表述是不同的，前者的正当断言通常是建立在或然性基础上的。当陈述可能是决定性证明时，或然性证据并非断言的直接证明，因而也不是决定其意义的，因此也就不会有皮科克所说的循环论证。当然，并不排除有既非对观察的报告又非对决定性证明的承认的经验陈述，那么只可能在归纳或诱导的基础上对它们进行断言，这可能会成为其意义的特征，但这是不可行的。皮科克显然是否认任何超越一切可能证明的陈述的存在，然而从实在论角度证实这一点是非常困难的，它需要证明我们无法弄清楚陈述为真是什么，然而实在论者对真的概念是含糊不清的。[①]

达米特承认，至少在一点上，他与皮科克是一致的，即真、意义、假、断言、证明与证据的概念是相辅相成的，对它们之中每一个的分析都不能独立于对它们之间关系的分析之外。[②]

在关于过去或关于空间上的远方的经验陈述中，我们应该用什么来作为断言这一陈述的直接证明呢？皮科克认为不能使用对已获得事态或已发生时间的在那时那地的实际观察，因为这没有保持同数学知识的类比。达米特认为，在数学与经验的陈述之间是存在相异性（disanalogy）的。在数学知识中，有效的间接证据为我们提供了构建经典证据的有效方法，而非皮科克所说的直接确定经典证据的存在，对这种陈述断言的直接证据无论是什么，我们都不能说对其的间接证明为我们提供了是这种直接证明存在的方式。因为这种陈述是关于外部世界的，其特征不由我们的意志为转移，所以经验陈述的间接证明同其直接证明的关系与间接数学证据同经典证据之间的关系是不同的。

达米特指出，实际上，他认为自己与皮科克在一个问题上是统一的，即认为证明主义者在类型一、二、三中可观察事态陈述的直接证明的解释并无可持续性。只是，皮科克将这一点看做是对证明主义的驳斥，因为他认为这三种类型穷尽了证明主义者的全部解释选择；然而达米特指出自己所提供的解释是不同于皮科克所提出的所有解释的。

① Dummett M. The Justificationist's Response to a Realistic. Mind, New Series, 2005, 455: 671.
② Dummett M. The Justificationist's Response to a Realistic. Mind, New Series, 2005, 455: 672.

　　同样，达米特也对皮科克的实在论提出了质疑，他认为皮科克和其他许多实在论者一样，尽管他支持内容的真值条件理论，但他并没有解释真究竟是什么。虽然达米特和皮科克一样认为这种解释应该包含在内容的整体理论之中，但他认为在这一理论之中，还应该表明某一陈述或命题为真意味着什么。是否可以用同意其陈述成真条件的说者的语言实践来解释真呢？这倒也不像作为实在论者的皮科克所支持的观点，那么真又是什么呢？

　　当然，皮科克也对达米特的上述观点作出了回应，他指出即便按照达米特的澄清，证明主义解释仍然存在问题，即如果我们可以在可观察属性的未被观察例现条件理解中写入在已被观察情况中也有同样的可能证据，那么我们为何还要将同一性关系应用于证据而非其为证据的东西呢？ ①

　　皮科克认为他的实在论需要解释的问题是将成真与指称条件同作出判断的原因相关联的假设是如何普遍可能的。在对证明主义与实用主义的解释进行驳斥之后，皮科克开始进行实在论的解释，他认为"概念的应用可以基于知觉经验是它们本质的一部分"。② 因此他首先思考的是基于概念例现的知觉的观察性概念的应用，以及涉及概念的判断，其中概念并不包括作出判断情况例现的知觉。在前一种情况中，皮科克比较了观察的观念（conception of observation）以及观察性概念（observational concept），他认为"作为观察的观察观念比观察以及作出关于世界的观察性概念的能力要更为复杂，且不由后者所蕴涵"③。如果这种观点正确的话，那么实在论所得到的则是一个普遍性的、与具体领域无关的结论，继而变成：理解理论中必须提及超出心理状态有意识的进一步条件。这种进一步条件存在的要求也的确在对理解作出同一性解释可行的许多领域实现了。因此，实在论者的任务变成了在不同的领域解释这一要求。

　　那么证据（evidence）是如何同真相关的呢？皮科克的解释是当某事物是某一假设的证据时，有对它为什么是假设的证据的解释，这一解释"部分源自这一假设意义的本质，另外还利用经验信息"④，而对于这一解释是什么，皮科克采用的是内容与理解的真值条件构念来解释的。

　　然后，他提出了理解理论，即概念占有理论中真的三种不同级别的涉入度，这三种级别同真与指称的关系紧密度依次递增。其中，级别 0 即真与指称在证明条件（justification-conditions）中完全没有牵涉，吉尔伯特·哈曼（Gilbert

① Peacocke C. Truly Understood. Oxford：Oxford University Press，2008：26.
② Peacocke C. Truly Understood. Oxford：Oxford University Press，2008：28.
③ Peacocke C. Truly Understood. Oxford：Oxford University Press，2008：30.
④ Peacocke C. Truly Understood. Oxford：Oxford University Press，2008：35.

Harman）、罗伯特·布兰登（Robert Brandom）等纯粹概念作用理论者持这样的观点，他们通常是关于真与指称的冗余理论家或最低纲领主义者。而级别 1 则是根据内容个体化的证明条件来判断，使仅接受真实内容的目标更进一步，这是概念与完全意向性概念理论的一个首要、实质性约束，也是皮科克在自己的《概念的研究》中的观点。级别 2 则认为某些内容同指称与真之间有解不开的联系。伯纳德·威廉姆（Bernard William）说明了以上分级的好处。①

概念的指称（准则）（norm）同对其作出判断的原因之间是什么关系呢？皮科克指出，前者对后者有极其重要的影响，通过指称，我们可以更多地了解原因，从而揭示认识论的现象。皮科克的这种观点是两种观点的结合，即弗雷格所认为的某一概念的实质（essence）是由使某事物成为其指称的基本条件所给出的；以及某一已知概念的特殊原因或准则是有其本质所决定的。因此，"对于每一个概念来讲，都有某种条件给出它的指称，并且由于该条件给出此概念的实质，这一条件可以解释任何由其本质派生的东西，包括其特色的准则或理由"。②而皮科克正是在寻找这一结论成为可能的条件。

第二节 内隐构念的本质

在《概念的研究》一书中，皮科克将一些逻辑公理和原始法则描述为"原始地有说服力的"（primitively compelling），它们是关于我们如何理性地接受不遵循我们已经接受的新规则的。③但问题是，这样的解释并没有详述为什么对它们的接受是合理的，这样就说它们是非推断性的未免太过武断，虽然解释说这是基于思考者的理解可以说明理解在接受中的解释性作用，但却并未说清楚理解的本质，未说明"基于"在此相当于什么，未说明接受是怎样合理的。

因此，皮科克提出了一个新的概念，即内隐构念（implicit conception），它是占有一已知概念所必需的一种默会知识状态。关于默会知识（tacit knowledge），虽然已有许多哲学家涉及这一领域，如乔姆斯基④和马丁·戴维斯

---

① Williams B. Truth and Truthfulness: An Essay in Genealogy. Princeton: Princeton University Press, 2002.

② Peacocke C. Truly Understood. Oxford: Oxford University Press, 2008: 55.

③ Peacocke C. A Study of Concepts. Cambridge: MIT Press, 1992: 6.

④ Chomsky N. Rules and Representations. New York: Columbia University Press, 1980.
   Chomsky N. Knowledge of Language: Its Nature, Origin and Use. New York: Praeger, 1986.

（Martin Davies）^①等，但论述并不详尽。

如果只是说占有某一概念包含具有某一内隐构念显然是有问题的，皮科克的内隐构念理论主要研究的是内隐构念内容详细说明概念指称的情况子集，它们包含实体论解释中的同一性组成部分（identity-component），包含需要诉诸基本指称规则的默会知识的情况，也包含在某些主要心理概念掌握中所涉及的同一性组成部分。

为此，皮科克举了一个原始逻辑公理的例子，即 A →（A 或 B），某一普通思考者在对这种原始逻辑公理的理解过程中发生了什么呢？

首先，该公理是原始的，并非从其他公理或法则派生的，也就不是直接的推论结果。其次，也不是对包含新引进符号规约的接受。再次，也不是思考者对自己先前使用的回忆。另外，也不能说是从真值表中推断得到的。这有两个原因，第一，思考者在学会真值表之前就可以思考并理性理解这些法则的有效性了。第二，如果运用真值表的话，我们同样要考虑对其的理性接受，这本身也就是我们想要解释的现象。

这一解释认可了思考者理解基础的能力的解释优先权，这一能力"优先于一般逻辑规则或真值表的外显知识的具备"，也是"思考者能够占有并实施，且的确通常在做的"。^②由此可得"思考者对连接词'或'的理解包含（甚至也许是等同于）其对内隐构念的占有，这一构念具有如下内容：以'A 或 B'为形式的任何句子当且仅当 A 为真或 B 为真时为真"。"在思想层面同样得到：某一思考者对替换概念的掌握包含（也许是等同于）其对具有内容以 A 或 B 形式出现的思想（内容）当且仅当 A 为真或 B 为真时为真的内隐构念的占有"。^③以上便是对于原始公理及法则的非推论的理性的接受的描述。

内隐构念对替换的评价并非通过外显的内容推论得到，而是直接解释其特定的语义评价样式，由此可以衍生得知，"正是影响模拟练习中的思考的内隐构念最终导致对于包含替换的原始公理及推论法则的接受"^④。

对此描述，仍有以下几点需要澄清。

第一，这种描述并不是为古典主义与构成主义对逻辑常量解释的争论提供

---

① Davis M. Meaning, Quantification, Necessity: Themes in Philosophical Logic. London: Routledge and Kegan Paul, 1981: Chapters 3 & 4.

　　Davis M. Tacit knowledge and semantic theory: can a five per cent difference matter? Mind, 1987,(96): 441-462.

② Peacocke C. A Study of Concepts. Cambridge: MIT Press, 1992: 115.

③ Peacocke C. A Study of Concepts. Cambridge: MIT Press, 1992: 116.

④ Peacocke C. A Study of Concepts. Cambridge: MIT Press, 1992: 117.

解决方案，这只是一个普通的思考者在利用普通的、真实世界的理解时，在任何情况中都会涉及的想象中的模拟，这对于以上两方均是常见的，要解决二者的争论则要从其他角度考虑。

第二，这种理性接受的方式是不可靠的。其中的很多环节都并不能保证正确，但只要这个过程正确执行了，"得到的逻辑法则中的相信就是先天的"，[①] 这时无论是知觉状态还是任何对世界的因果的感性发现均无法在这一理性接受中起到证明作用。

第三，有许多人会提出，模拟与现实中的知识是不同的，二者无法相互转换。但是，"如果思考者在想象的模拟中能够利用这些会意的状态（knowledgeable states），那么反之它也是在真实世界中获得知识的方式"。[②]因此这些条件不仅是关于在模拟中思考者相信的是什么，还是关于在模拟中什么为真的。另外，思考者要将在现实世界中准备转换的带入到假设情况中，这就使第一人称因素无法在非感觉的、假定的想象中简单地消失。

第四，有一些新维特根斯坦主义者怀疑由模拟得到的东西的客观性。其实，"当且仅当思考者对于现实世界中新情况的反应中存在客观性，模拟的结果就会有客观性"。[③]

相对来讲，替换连词是一个比较容易由内隐构念得到替换所特有的规则的例子，在特定情况中也比较容易使内隐构念的内容外显。但许多例子要做到以上两步却很难，其中最惊人的就是莱布尼茨和牛顿对于序列极限这一概念的处理。

尽管我们不能否认这两位数学家对于序列极限的概念的理解以及他们可以用"极限"一词来描述某一命题态度，甚至可以说他们两个人在判断一系列比率极限时都有这样的内隐构念。但莱布尼茨只提及无限接近的值，牛顿也只用到了"极限值"（limiting value）和"临界比值"（ultimate ratios）这样的概念，而非一个稳固的解释。而直到 19 世纪中期才有一个完全清楚、没有问题的关于序列极限的解释，即 ε-δ 定义。

这个例子同时是对内隐构念无法用于对社群内对某一概念掌握更多人的顺从（deference）来解释的说明。这个例子用弗雷格的话说就是在解释没有"精准地掌握"（sharply grasped）的概念中包含什么，同时这一概念之中并不包含社会性元素。弗雷格的《算术基础》第一节中也提到："函数、连贯性、极限以及

① ②　Peacocke C. A Study of Concepts. Cambridge：MIT Press，1992：118.

③　Peacocke C. A Study of Concepts. Cambridge：MIT Press，1992：119.

无限大的概念都是需要更精准定义的。"①

使某人概念的内隐构念外显并非易事，它需要由实例中建立解释的能力，首先要选择正确的分类，然后是要理解全部种类的情况，因此即便是说清楚自己的内隐构念，也要先说清楚是什么影响自己做出包含这一概念的判断，这是一种有意识的努力，并非被动地让内隐构念的内容由亚人层面飘进意识层面的随波逐流。

也正由于它的难度，外显的内隐构念并非总是正确的，但这并不能说明思考者就没有内容正确的内隐构念。

内隐构念所关联的概念与表达式范围有多大呢？可以说逻辑的、数学的概念、定义、道德、政治思想、某些观察性概念都在此内。

使内隐构念外显有几大好处。首先是关于普遍性的。其次是可能"为这一概念的合法性做完全的辩护"。再次是"可以帮助建立'命题有效性的界限'（弗雷格《算术基础》S1）"。最后是可以为分类提供阐述原理使得更有力地为正当性进行辩护。

如果某人有一内隐构念，那么此人与内隐构念的内容之间就有一种心理关系，而这种心理关系并非我们所熟悉的隐性的或虚拟的信念。它们之间的差别其实是认知价值与正确的外显定义之间的差别，无论在是否具有外在主义特征的情况中，这种差别都适用。同时，这是平常适用含义与正确分类实例能力之间的差别，从而也是日常使用的含义与更为理论化的定义之间的差别。②

对于隐性的与虚拟的信念的使用是需要有些实质性的限制的，无论二者范围跨度多大，至少内隐构念是与隐性信念不同的。

当然，要阐述内隐构念这一概念，首先必须要面对的问题就是其本体论地位问题，内隐构念是否存在？是否有存在的必要？皮科克总结了三种主张紧缩主义的观点，并通过与这三种观点的交锋来讨论这一问题并阐述自己的观点。

第一种紧缩解读是认为内隐构念是"思考者实际推论与分类倾向的简单的反向投射"，认为是对已经理解这些表达的人的这种倾向的总结，但却并未解释或证明什么。"理解是由特定推论与分类倾向所构成的，而并非它们的基础。"③皮科克对这一种观点的回应是，首先，他认为"一个人对表达式的理解要超过对他所遇到的或是预计会想起的所有规则的自然总结"④。其中的例子

---

① Peacocke C. A Study of Concepts. Cambridge: MIT Press, 1992: 121.
② Peacocke C. A Study of Concepts. Cambridge: MIT Press, 1992: 124.
③ Peacocke C. Truly Understood. Oxford: Oxford University Press, 2008: 126.
④ Peacocke C. Truly Understood. Oxford: Oxford University Press, 2008: 125.

是一阶方法的非标准模型。按照普通人对"整数"的理解，他们能够将"整数"视为非标准模型。但是这一非标准模型其实是有例外的规则的。但是即便普通人并不知道这样的例外，仍能正确处理这一模型，这并不仅仅是约定或对不确定性的解决。即便持紧缩观点的人用反事实的方法来证明他们的观点，皮科克仍然认为这种方法无济于事，因为它所提供的只是一种识别，而非解释。

另外，这种紧缩解读者对于分类概念的反事实分析的弱点几乎是无处不在。比如我们还得区分思考者是事先就获得了这样的理解，还是在满足反事实的前提过程中得到的，这"与我们将理解同将满足反事实作为原始成分的东西相等同是不相符的"[①]。皮科克认为是某人对内隐构念的占有解释了反事实，其中内隐构念的内容基本利用的是带有限制条款的原始递归，而在这样的对内隐构念的陈述中，未出现有限性、二级属性或是算术归纳的推理，也排除了非标准模式的情况。[②]这里皮科克的观点同菲尔德是不同的，后者还是运用了有限性的概念[③]，而皮科克认为原始递归在解释上是比有限性概念更为基础的。同时，皮科克这一观点还应该指出在原始递归中"情态动词'can'自身是无法用不受内隐构念支配的算术术语来解释的"，还应说明"为什么模态方法比自然数的二阶特征更受欢迎"[②]。这仿佛进一步鼓励紧缩解读者认为思考者的理解"无非就是其对于带有限制条件的原始递归的外线陈述作为正确的接受的意愿"，那么紧缩解读者便还应处理思考者愿意将之作为错误的接受的情况。

除此之外，相对于神秘主义的观点，第一种紧缩解读是不承认超越性的知识的，但这并不表明皮科克的观点就是承认超越可知的，相反，皮科克的观点还强调内隐构念在包含概念的判断中的解释作用，不过对于超越性的拒斥并不算是对紧缩观点的支持。

其次，皮科克对紧缩观点者提出了这样一个问题，即他们如何详细说明他们所谓的内隐构念作为其总结的推论倾向？而事实上，"任何一个老的推论倾向都是无法被囊括其中的"[④]。"普通的逻辑推论是理性的过渡。它们不是在思想中瞬间支配并接管思考者的理性自我的过渡，有如盲目地跃入黑暗之中。"[⑤]在这一

① Peacocke C. Truly Understood. Oxford：Oxford University Press，2008：125.
② Peacocke C. Truly Understood. Oxford：Oxford University Press，2008：127.
③ Field H. The a prioricity of logic. Proceedings of the Aristotelian Society，1996，（96）：359-379.
④ Peacocke C. Truly Understood. Oxford：Oxford University Press，2008：129.
⑤ Brewer B. Compulsion by reason. Proceedings of the Aristotelian Society Supplementary Volume，1995，（69）：237-253.

点上皮科克是认同布鲁尔（B. Brewer）的。所以皮科克对紧缩观点者提出的问题是，他们又会如何解释思考者对于原始公理与推论法则的理性接受呢？按照紧缩观点者的思路，他们想必会说这是由于"这些由逻辑词汇表达的公理和法则对于真值函数或是高阶函数明显是正确的"，皮科克认为它们当然是正确的，但却不符合紧缩观点者的需要。原因有二。其一是他们最好是能说明为什么它们是同逻辑表达式相关联的正确的真值函数或高阶函数。予以分配无法预先给出，只能与表达式的理解过程有关，这么一来，内隐构念支持者就可以坚持说"语义分配的正确可能是因为它们刚好抓住了表达式对内隐构念内容中理解该表达式的人所给出的真值的贡献"①。其二是表达式的语义值（即真值函数或高阶函数）正确与对某一规则的理性接受是两回事，要想把二者联系起来至少需要表明这一语义值是思考者所知道的东西。紧缩观点者可能会说"某一逻辑常量的语义值是作为使思考者以特殊的原始方式乐于接受的公理与规则保值的东西而简单固定的"，这种解释也是皮科克早年所采取的观点。按照这种解释，语义值的正确与否取决于思考者的接受，这样的解释在皮科克看来并不是"理性的、非盲目的"，这种思考者依赖性的观点所涉及的是思考者如何想到（strike）这一规则，而非对其进行判断，而有效性并不由这种"想到"所构成或保证，只有当思考者将这一规则付诸理性思考之后，才有可能接受它。皮科克认为"我们具有有效性的构念，相应地，便具有理性接受逻辑规则所需的构念，这使普通（非元语言的）规则的有效性的思考者依赖性处理不正确"②。

第二种紧缩观点认为"你诉诸内隐构念所解释的所有东西都可以用非实时的推论倾向（inferential dispositions）来解释"③。

皮科克认为这种倾向不能作为人们对于规则理性接受的解释，相反，对于规则的理解是理解转换的有效性的理性解释的一部分，并且皮科克怀疑这样的解释对于替换是否同样适用。

据此，紧缩观点者可能会略微调整其观点，说"只要考虑涉及自身包含真假述谓的元语言转换的概念作用就足够说明其观点了"。皮科克认为这一观点即便是进入了元语言层面，也仍然不敌内隐构念理论，这种元语言转换刚好是具有这一内容的内隐构念的显示，紧缩观点者可能又会反驳说，"所谓的说明项仅仅是对需要说明的东西的一个概述"，皮科克认为这种解释是"做出了具体的承诺"，承诺之一便是"解释这一转换的是其具有某一形式"④。

---

① Peacocke C. Truly Understood. Oxford：Oxford University Press，2008：129.

②③ Peacocke C. Truly Understood. Oxford：Oxford University Press，2008：130.

④ Peacocke C. Truly Understood. Oxford：Oxford University Press，2008：131-132.

接着，皮科克还借用"椅子"的例子说明，他认为统一的一套推断图式接受是不存在的，因为每位思考者在推断中各有所长，唯一相同的是"他们都具有对替换的相同的核心理解以及其对成真条件作用的相同内隐构念"[①]。

另外，皮科克还借鉴了心灵与语言哲学中心理状态不是个体地同一种显示相连的情况，指出"这种具有按照常规本来并不只与一种特殊显示相连的解释力的特征在理解逻辑表达式的状态中、在具有有语义内容内隐构念中也存在"[②]。

第三种紧缩主义观点则认为完全不需要内隐构念，认为只要将可理解性最大化（maximize intelligibility）就够了。"最大化可理解性"（maximizing intelligibility）是从艺术术语中借来的，皮科克怀疑它是否真的如紧缩主义者所说，同内隐构念相矛盾？对牛顿与莱布尼茨具有序列界限的概念的解释，可以看做是正确地回答了关于序列与斜率的问题，这显然不是宇宙巧合。皮科克认为："如果将理解最大化的表达式的解释不能体现其应用在某一情况中的原因，那么我承认这一巧合是正当的。"但是，即便是在最普通的"椅子"的例子中，这一"巧合"也出现了：思考者知道在所有事物落入"椅子"这一概念时正确地运用这一表达式，并且如果扩展到反事实的情况中来证明按照紧缩主义者的观点，也只能是徒增神秘感。相反，如果把它们的定义看做是内隐构念的内容，则不会出现这种"巧合"了。[③]

"后来的理论不一定总能说清楚在之前大家所无法彻底理解的概念，有些后来的理论发展也只是通过解答不确定性而对早期理论的提炼和精确。"有些构念的正确性是需要一个实例一个实例地逐一检查才得到的。"内隐构念的拥趸只需要认同并非所有的理论发展都解答不确定性就可以了。"[③]

正如前面所说，如果只是简单地说在某些情况中，占有某一概念包括具有内隐构念，会留下许多问题，内隐构念是有不同类型的。如果我们承认内隐构念的存在，那么这对于概念作用理论有什么影响呢？皮科克认为，内隐构念的存在至少在某些情况中，同某一表达式或概念对于其意义或同一性的作用，是一致的。皮科克之前已经强调过内隐构念在解释某些判断时的作用。"存在思考者确实愿意为之做出判断（当然，通常是理性的）的一类情况，其中的概念包含某些逻辑转换、某些感知，那么概念作用就会对概念的个体化有影响。"[④]

① Peacocke C. Truly Understood. Oxford：Oxford University Press，2008：132.

② Peacocke C. Truly Understood. Oxford：Oxford University Press，2008：133.

③ Peacocke C. Truly Understood. Oxford：Oxford University Press，2008：134.

④ Peacocke C. Truly Understood. Oxford：Oxford University Press，2008：134.

"如果说占有某一概念也在于占有具有某一内容的内隐构念，那么具有这一内隐构念就解释了这一概念的概念作用的某一方面"，"这一解释性关系在某些情况中是先天的"。"内隐构念的内容与其结果之间有先天联系，但并不表明内隐构念没有解释力"，某些情况正是以它们与它们所能解释的东西先天地联系在一起的方式而被个体化的。说某一思考者对概念的使用是由其内隐构念的占有来解释的，表明我们认可了对某一判断的解释暗含了思考者对概念识别的能力。[①]

纯粹个人层面的概念作用理论（purely personal-level conceptual-role theories）"将意义与内容限制于像思考（thought）、接受（acceptance）及行动（action）这样的个人层面现象中表达式或概念的作用的概念作用理论"，对此理论的干扰则是对于包含已知概念的新规则的理性的、正当的接受，这里的"新"体现为"这些规则不由立刻接受占有某一概念所必需的那些规则（如果存在的话）产生"，皮科克认为这种新规则现象同纯粹个人层面的概念作用理论是决定性的对立，就像某人对于从未遇到过的句子的理解同不按照成分进行的意义理论之间的决定性对立一样。这样的例子比比皆是，我们甚至不用去看原始公理这样的例子，就看看定义就可以了，比如人们在使用"椅子"这个概念时，"椅子"的定义并不由他们在占有这一概念时所必须立刻做出的判断中得到。[②]

另外，皮科克还举了否定这一概念作为新规则现象的例子。按照纯粹个人层面的概念作用理论，是什么发挥了传统否定的意义－决定作用呢？秉承这一理论者可能会把可观察语句的否定断言条件纳入其中，但仅仅这样还不够，因为无论内容是否是可观察的，否定应该是在所有情况下都成立才可以。因而他可能会想要加入"否定的经典逻辑推论原则"。然而"这种经典逻辑推论原则的正确性看起来也是由对否定的先天理解的理性思考得来的"，这一先天理解正是对只有在句子不为真时带有"……情况不是这样"前缀的句子才为真的内隐构念的占有，因此可以得到"对原则正确性的理解依赖于对成真条件的贡献的先天理解"，它"同样地也应用于某人在某一不可兼容关系中引入逻辑规则或引入使用'被标记'有'是'或'非'的斯迈利－拉姆菲特（Smiley-Rumfitt）语句的规则时所给出的否定规则中"[②]。这种依赖性并不是对逻辑研究的处理的质疑，而是暗示这些处理并不能立刻转化为对理解逻辑常量的解释。

皮科克认为，在否定的这个例子中，其实对相关内隐构念的占有并没有引

① Peacocke C. Truly Understood. Oxford: Oxford University Press, 2008: 135.
② Smiley T. Rejection. Analysis, 1996, 56: 1-9; Rumfitt I. "Yes" and "no". Mind, 2000, 109: 781-823.

入任何新的东西，知道成真条件，也就知道成伪条件，如皮特·吉齐（Peter Geach）所说，要知道一个句子的成真条件实际就是知道其为真与其为假的状态之间的界限在哪里 ①，因此，与否定相联系的内隐构念所连接的是带有已理解的成伪条件的否定表达式。

对于常量的理解与对于包含常量的法则的接受之间的关系的思考并不是在批判逻辑学，而是说这种关系并非简单的存在于对于这些法则的接受中的理解的关系。按照现在的观点，为逻辑常量给出一个正确的理解理论与为常量给出一个合理的逻辑不只是目标不同，同时也需要借助不同的资源。

就像功能主义区分分析的功能主义与心理功能主义一样，皮科克认为概念作用理论也不全是纯粹个人层面的概念作用理论，还有心理的概念作用理论（psycho-conceptual-role theory），它就"要求思考者个人层面的概念应用应该用亚人的表征状态（subpersonal representational states）（可看作皮科克所称的内隐构念的实现）来解释"，而新规则现象只是对纯粹个人层面的概念作用理论的挑战。②

而概念作用理论者也并不完全忽略新规则现象的存在，只是他们在这方面的努力在皮科克看来并不能完全解决这一问题。他们提出的方法之一是说新规则"是由在概念作用中被提及的老规则以比由结果关系（consequence-relation）更为不直接的方式所确定的"，这一观点同皮科克早期的观点类似，比如皮科克之前说这种新规则的正确性是由最强语义分配获得的，而又是概念作用中所提及的引入法则使这种最强语义分配生效的，这样即便"或-剔除"（or-elimination）不是立刻就被理解"或"的人发现，也可以解释其自然推演法则。③

但是这一策略至少有三个未解决的问题：首先，这一策略并没有一个对于普通思考者的可靠描述，普通人并不清楚到底什么是最强语义分配。其次，在某些情况中，思考者需要弄清楚所有推论法则，如上面所述的否定的例子，这样一来，便没有了操作的初始材料。最后，也是最基本的，即没有给出这一要求的原理的阐述，因为它是无法在思考内容与语义值的归属紧度时找到的，即便是要通过思考进度来寻找，在目前的条件下，也只能是将使引入法则生效的全部分配作为语义分配，而要选出最强的实际上就是要走到推论所能证明的"圈"之外。

一旦我们弄清楚了内隐构念所能解释的现象的全部范围，纯粹个人层面的

---

① Geach P. Logic Matters. Oxford：Blackwell，1972.

② Peacocke C. Truly Understood. Oxford：Oxford University Press，2008：137.

③ Peacocke C. Truly Understood. Oxford：Oxford University Press，2008：138.

概念作用理论便无法完全决定意义，也无法完全个体化概念了。首先，新规则现象反映了已经在思考中运用，但仍需要其普通使用者的理论思考才能"精确掌握"其本质的那些确定含义的某些方面，这是与弗雷格的观点相一致的。其次，新规则现象是只能按照真与指称用内容来解释的思考的特征的一个好例子。

在批判作为理解与概念占有的组成理论的纯粹概念作用理论时，皮科克并不是在承诺意义可以超出某一表达式个人层面概念作用的全部正确范围。同样地，在自然科学中的关于理论假定数量级持实体论观点者也不应该断言事实一定会超越可观察的结果，当然，相反，也不能说关于理论假定数量级的陈述就可以还原为可能观察的陈述。正确的概念作用概念是概念作用理论者无法彻底清楚解释的，有时候，只能用内隐构念加上关于其对成真条件的影响的内容来解释。①

"如果不是所有的概念作用都能确定意义，那么就不奇怪对成真条件的影响在理解中也有用"，所以，根据皮科克一直所证明的观点，"理解中内隐构念的内容是由明确说明对成真（或满足）条件影响的法则所给出的"。因而"对成真条件没有影响的概念作用，按照我所支持的观点，就可能并不存在确切说明对成真条件的影响的内隐构念"②。

这里讨论了内隐构念（的内容）、成真条件、理解以及概念作用之间的关系。即对成真条件的影响给出内隐构念的内容，从而确定意义。对成真条件没有影响的概念作用不确定内隐构念，也无法确定意义。

第三节　构念理论的评价

关于用内隐构念来解释概念的占有有很多疑问。这里主要通过质疑声音最多的两个问题来探讨内隐构念。第一个问题是，诉诸内隐构念的解释是一个怎样的心理解释？第二个问题是，在解释概念占有或表达式理解时，是否应该涉及内隐构念？

第一个问题，诉诸内隐构念的解释是一个怎样的心理解释？

首先，它是一种内容－涉及状态的解释，其涉及的内容就是内隐构念的内容。因而即便内隐构念与判断均在亚人的句法状态下实现，这一解释也不是句

---

① Peacocke C. Truly Understood. Oxford：Oxford University Press，2008：139.

② Peacocke C. Truly Understood. Oxford：Oxford University Press，2008：140.

法状态的解释。在这种情况下，内隐构念对于判断的解释有影响。"在不同的亚人表征系统、不同的心理'符号'中实现内容的人之间，内容－涉及构念的解释可以是相同的。"①这里皮科克用了椅子的例子来详细说明这一观点。诉诸内隐构念解释的过程是：在感知情况中，首先是通过感知系统获得信息，连同背景信息一起，在亚人层面，同概念占有中所涉及的内隐构念的内容相结合，通过以上的信息体对对象进行估算，然后这些又用来某一对象落入这一概念中的判断。无论是在类似上面这种感知情况，还是非感知情况中，当然可以"走捷径"，即不用在所有分类中即时使用内隐构念的全部内容（正如苏珊·凯里所强调的，说某一概念具有定义并不是说定义的组成部分在计算上是初始的，也不是说它们在发展上是优先的），内隐构念的内容也不一定总是以定义的形式出现，通常只是通过详细说明原型以及所要求的同这些原型的亲疏度来给出构念的范围。

内隐构念的内容中当然也不乏错误的内容，但其中"存在一个核心的情况，在这个核心的范围之内的内隐构念的内容有希望是正确的"。并且据此在核心范围内所作出的判断也是正确的，在一系列反事实情况中也是如此。"如果我们接受这样的内容或解释理论，那么我们便可以预期解释那些判断中概念的应用的任何内隐构念基本是正确的。如果内隐构念不是基本正确，那么这些判断也就不是基本正确。"②

在接受诉诸内隐构念的解释是内容－涉及的解释之后，也有许多疑惑，其中之一就是内隐构念的内容在亚人层面的心理表征是内隐的还是外显的？在序列界限的例子中，这一内隐构念的内容是外显的，而在其他例子中，内隐构念的内容当然也可以是内隐的，对于已知思考者，究竟使用哪种表征，这是一个经验主义的问题。

无论是用哪种方法，都需要满足一个限制条件，即"思考者可能知道对于其只知道它的内隐构念的某一概念有效的某些一般规则"。"虽然对于这些规则的严谨证明需要利用对这一内隐构念的外显陈述，但是即便不外显地了解这一内隐构念，还是可以了解这些规则。"这一点不仅仅在如"椅子"这样的简单例子中适用，同样适用于一些道德与政治例子。③在此，皮科克又提及菲利普·约翰逊－莱尔德（Philip Johnson-Laird）的《心理模型》一书，并将自己所论述的利用内隐构念进行解释的本质同此书中有名的推论的心理学理论相比较，得出

---

① Peacocke C. Truly Understood. Oxford: Oxford University Press, 2008: 141.

② Peacocke C. Truly Understood. Oxford: Oxford University Press, 2008: 142.

③ Peacocke C. Truly Understood. Oxford: Oxford University Press, 2008: 142-143.

的结论是，二者有两点相同。第一，"逻辑原则的正确性需要由思考者在对这些规则所蕴涵的表达式先前理解的基础上计算出来"。第二，"这种先前的理解是以对于真值条件的影响的知识形式出现的"。但两人的观点也有不同之处，约翰逊－莱尔德否认"心理逻辑"（mental logic）的存在，认为在解释外显逻辑推论时不需要心理推理形式。①

皮科克认为，推论有两层，一层是个人层面的，另一层则是亚人层面的。在亚人层面的例子是"椅子"，这里约翰逊－莱尔德可能会说是使用的心理模型，然而我们并不清楚建构与对心理模型起作用的过程是否同系统为各种推论规则编码的方式相同，的确，在思维语言中推论规则并不需要外显表征（或许约翰逊－莱尔德想要说的也正是这一层面的意思），但不需要外显表征并不等于不存在包含这些规则内容的这样的心理状态，而这些内容恰恰就是内隐构念的内容。②

对利用内隐构念解释理解的这两种反对意见，皮科克是这样回应的。一个是关于 A（C）形式的，即关于概念的非循环的限制条件。皮科克在此所支持的内隐构念观点违反了 A（C）形式的要求，即已知概念 F 在解释对此概念的占有时不起作用，并且放弃了对概念占有哲学阐述的限制条件。对此，皮科克表示自己暂时无法给出一个可以回避这一问题的合理解释。但是，这种违反却又是无可非议的，因为正是由于概念 F 在这一解释中的介入，才使得思考者能够借助自己对于概念 F 的掌握，在模拟中估算具有涉及 F 内隐构念的人在某一已知信息状态下会想什么、做什么，然后评估关于这一概念占有的主张。也因此，这种未遵循 A（C）形式的陈述并非无意义，人们正是以这种方式评价关于内隐构念的各种主张。这种方式主要强调模拟，虽然最终也能得到理论信念，但要同由理论性进行推论的估算方式相区别。由于篇幅限制，这里皮科克并未全面讨论违背 A（C）形式的所有问题，比如对内隐构念内容归属的限制条件、亚人层面内隐构念解释的本质问题等，但在他的其他文献③中有重点介绍。另外，皮科克指出，"提供违背 A（C）形式的内隐构念同个体化概念 F 的遵循 A（C）的概念作用的存在是一致的"。④有些 A（C）形式支持者可能会提出这样一个设想方案："我们先使用自己已有的对否定、替换等目标概念的理解找出其特有的推论和过渡模式，这些模式中包括目标概念以及与之在过渡中相互作用的其他概

---

① Johnson-Laird P. Mental Models. Cambridge：Harvard University Press，1983：131.

② Peacocke C. Truly Understood. Oxford：Oxford University Press，2008：142.

③ Peacocke C. Content，computation and externalism. Mind and Language，1994，9：303-335.

④ Peacocke C. Truly Understood. Oxford：Oxford University Press，2008：145.

念。然后我们获得这一过渡模式的总体，并认为它就是目标概念所特有的，因为这个整体使它合理化。通过用一个变量来替代对这一总体的详述中目标概念的指涉，我们就不能获得可以例示 A（C）形式的东西吗？"①

对于这一点，皮科克做出了三点回应。

第一，A（C）形式是一种解释概念占有的形式，应该区分占有目标概念所必须承认的规则与合理持有的正确规则（也许甚至是先天可知的），包含某一概念的有些规则是思考者可以理性认可但在占有该概念时不必须承认的。"对于正确定义或规则的忽略或是拒斥是与对已定义概念的占有相一致的"。

第二，即使我们可以跳过循环论证来详细说明某一概念占有者持有这些规则的情况，还是有很多问题这种方案是解释不了的。比如这个概念是如何使过渡模式的总体合理的？究竟是概念占有的哪一部分使对于新规则的接受合理化？如果是内隐构念，我们可以回答说新规则的正确性源自内隐构念的内容，且内隐构念会通过模拟的结果来影响人们理性接受哪些规则。而 A（C）形式就不行。

第三，这种过渡模式的总体在任何情况下都是开放式的，它对于同其他概念之间的有效相互影响都没有界限，而使这种开放式的总体统一起来的，在皮科克看来，只有一个东西，即内隐构念，通过将所有的过渡看作是内隐构念内容占有的结果的方式来获得这一类开放式的过渡，这种获得方式同 A（C）形式是不一致的。②

另一个则是同晚期维特根斯坦关于意义与理解的论述有关。皮科克的观点与之在以下几点中有不同。

首先，"某人对某一表达式的理解无法超过他所能够解释的"③。皮科克的观点与此相反，例如在"椅子"、序列的界限的例子中，一些思考者对于它们的理解要超出他们所能表达的。

其次，"一旦你掌握了某一法则，路线便已经为你描绘出来了"④。这是维特根斯坦所反对的观点，不过皮科克所说的内隐构念并不属于这类法则。

最后，对于晚期的维特根斯坦来说，法则应用的解释是令人非常厌恶的事。对于思考者所理解的表达式的应用，皮科克承认的是内容－涉及的亚人层面的

①　Peacocke C. Truly Understood. Oxford：Oxford University Press，2008：146.

②　Peacocke C. Truly Understood. Oxford：Oxford University Press，2008：147-148.

③　Wittgenstein L. Philosophical Investigations. Oxford：Blackwell，1958：SS209ff.

④　Wittgenstein L. Remarks on the Foundations of Mathematics. 3rd ed.Anscombe G E M.（trans.）. Oxford：Blackwell，1978：Ⅵ，S31.

计算解释，虽然维特根斯坦否认理由说明层面的解释或心理学解释的可能，但皮科克认为将这两种解释与亚人层面的解释画等号是不对的，并且他也没有在维特根斯坦的观点中找到任何有力地反对亚人层面解释的论证。[①]

同样，内隐构念同维特根斯坦的法则－遵循观点也有许多惊人的相似点。

比如这里所理解的内隐构念的存在同维特根斯坦所说的法则－遵循不涉及有意识地参考任何东西是相容的，就像赖特所说的，"法则－遵循的基本内部认识不存在"[②]。

除此之外，甚至还有绝对的一致性，而不仅仅是相容性。比如，维特根斯坦认为理解与正确应用之间不仅仅是偶然的关系[③]，而皮科克所说的内隐构念将落入某表达式的某条件作为其内容，所以将某内容归属于某内隐构念的规则可以保证与这一内隐构念相连的内隐构念应用于满足其内容中条件的事物，从而我们可以得到内隐构念的占有与概念的正确应用之间不仅仅是偶然的关系。这是同维特根斯坦的观点相一致的。所以，在皮科克的内隐构念与维特根斯坦的法则－遵循之间并没有完全的不同。[④]

皮科克的结论是，如果一个人同意维特根斯坦关于法则－遵循的上述观点而又反对其关于理解的外延与解释的观点，那么我们可以说法则－遵循现象与理解与应用之间的非偶然关系的正确，但并不能说明维特根斯坦关于理解的解释是正确的。

此外，仍然有许多哲学家提出了对于皮科克的概念理论的疑问，主要集中于作为这一理论基础和核心的内隐构念上。

斯蒂芬·希弗就明确提出了他对于内隐构念的几点疑问。[⑤]他所理解的皮科克的观点中，内隐构念至少做两件事情：一是解释新原则现象；二是构成某一思考者的概念的内隐构念既个体化这一概念又解释这一思考者对这一概念的占有。即内隐构念可以在普遍意义上解释大部分概念并解释一些比较特殊的概念，然而内隐构念是否真的能够做到这些呢？如果能，又是怎么做到的？

希弗列举了五个具体的疑问。第一，如果构成概念"椅子"基础的内隐构念内容是以定义形式表达的命题，那么内隐构念如何在其自身也使用这一概念

---

① Peacocke C. Truly Understood. Oxford：Oxford University Press，2008：148.

② Wright C. Wittgenstein's rule—following considerations and the central project of theoretical linguistics// George A. Reflections on Chomsky. Oxford：Blackwell，1989：244.

③ Wittgenstein L. Remarks on the Foundations of Mathematics. 3rd ed. Anscombe G E M.（trans.）. Oxford： Blackwell，1978：VII，S26：328.

④ Peacocke C. Truly Understood. Oxford：Oxford University Press，2008：149.

⑤ Schiffer S. Doubts about implicit conceptions. Philosophical Issues，1998，9：89-91.

时解释我对概念椅子的占有？对于这一问题，皮科克的回答可能是说在个人层面的这一占有是真实的，但在亚人层面却不尽然。但是希弗提出，如果概念在亚人层面占有的解释都不需要内隐构念，那在个人层面还需要吗？第二，皮科克的这种解释方法有还原论的倾向。"椅子"一词的使用需要其定义内容的内隐构念来解释，而在定义中又需要椅子各个部分的内隐构念，以此类推，这让人联想到逻辑原子论，这样的回归是没有尽头的。第三，以内隐构念为基础的概念是否都是可定义的呢？按照皮科克的观点，答案无疑是肯定的。但是显然有些概念是无法定义的，所以皮科克是错的。第四，虽然皮科克也补充说明，有些概念并非以内隐构念为基础，对于这些概念，可以用新规则来解释。可是如果连新规则都不需要内隐构念来解释了，其他还有什么需要呢？用内隐构念来解释概念的意义何在？第五，是关于内隐构念的源头以及其正当性的证明。显然内隐构念不是先天固有的。我们如何获得？它如果是生物遗传的知识，那么我们对它的习得应该是通过某种可靠的知识生成机制的，而这一机制却并不需要内隐构念，那么这又是令人奇怪的地方。

乔治·雷伊也对内隐构念的"全能性"表示怀疑，他认为虽然即便是蒯因，也没有"为经验知识或先天知识提出一个可靠的解释"，但至少是对皮科克思路的一个挑战，即"究竟是什么使某物成为占有或理解条件，从而是分析性的，以及什么使之成为先天知识的恰当基础"①。

皮科克在他的很多文章中都表示他将建立作为理性主义基础的一种具体的概念理论，使思考者对某种思想内容的理解成为先天知识的基础，甚至是对莱布尼茨观点的支持，即"某些公理的明见性是以它们所蕴含的词的理解为基础的"。雷伊将审视将内隐构念作为先天知识基础的前景，讨论内隐构念能否等同于概念的占有条件，如果不能，那么皮科克应该说明为什么我们可以将语义模拟（semantic simulation）的过程视为为传统意义上的先天知识提供基础。②

艾瑞克·马戈利斯（Eric Margolis）则认为皮科克在内隐构念这一概念中，有几个问题阐述不够清楚。首先，"内隐构念是否应该是其所联系的概念的构成要素"③。皮科克的解读类似概念作用语义学的观点，认为是构成要素。而马戈利斯认为不必须是，并且有理由否认内隐构念与概念之间的构成关系，因而需要解释他所称的被放弃规则现象（phenomenon of abandoned principles）。

---

① Rey G. What implicit conceptions are unlikely to do. Philosophical Issues, 1998, 9（3）: 94.

② Rey G. What implicit conceptions are unlikely to do. Philosophical Issues, 1998, 9（3）: 96.

③ Margolis E. Implicit conceptions and the phenomenon of abandoned principles. Philosophical Issues, 1998, 9: 105.

按照皮科克的说法，提出内隐构念的动机之一是拒斥某些概念作用理论，但在马戈利斯看来，皮科克对内隐构念的承诺基本可视作等同于某种概念作用语义学，这一矛盾的解决方案则是对个人层面与心理层面的概念作用的区分。内隐构念是不包括个人层面的推断的，但却涉及在心理层面的概念作用理论中比较常见的推断。

马戈利斯认为皮科克的概念作用语义学与布洛克的"更为标准的心理层面的概念作用理论"的唯一不同之处在于"像'椅子'这些概念的概念作用的一个重要部分是比较难以达到的"。①但皮科克仍然未说清楚内隐构念到底是否是其所联系的概念的构成要素，因而无法将其与概念作用语义学相比较。马戈利斯在本书中是按照他所理解的皮科克将内隐构念视为概念的构成要素来反对的。

另外，皮科克认为内隐构念主要做两件事：其一是解释人们做出某一概念在已知情况下适用的判断，因为正是帮助人们判断某事物落入某一概念范围的内隐构念的内容连结了内隐构念与它所联系的概念；其二是解释新规则现象。尽管这两件事之间是有联系的，但马戈利斯的关注点在于第一件事，即这一有待解释的东西是否促成内隐构念与它所联系的概念之间的构成关系。马戈利斯的回答是并不必须。

首先，是心理学中的原型理论的一种变异向皮科克的模型提出了异议。这一原型理论在对某事物落入某一概念范围的判断是利用列举某一概念的所有特征，与该事物进行对照，最终得出的判断。它们的差别在于，皮科克认为内隐构念提供的是"概念的构成定义"，而原型理论中概念的任何一个特征"在概念应用中都并不是必要的"。当然或许有人会争辩说，原型结构可能会作为一个整体成为概念的构成要素，所以这种替换并不彻底。②

其次，比较彻底的是信息基础语义学，它与上述两种观点不同的是，它认为"概念内容根本不由其同内容性状态的关系所（形而上学地）决定"，"在作出某事物是否落入某一概念范围的判断中所运用的推理关系也不是概念内容的构成要素，对于内容重要的是适当的心理－世界关系存在"。因而，"内隐的内容性状态是作出某一概念应用判断的原因，但其内容却并非这一概念的构成要素"，这种内容性状态，我们可以称之为"构念"（conception），只是我们可以认可它的存在，也可以说它不容易解释，但所有这些并不能说明它必须是概念

---

① Margolis E. Implicit conceptions and the phenomenon of abandoned principles. Philosophical Issues，1998，9：107.

② Margolis E. Implicit conceptions and the phenomenon of abandoned principles. Philosophical Issues，1998，9：108.

的构成要素。^①

最后，皮科克并没有明确说明究竟什么是椅子的内隐构念，但从他的文章中可以得出结论，椅子是有内隐构念的，它结合了椅子的用途和设计特点等信息，我们需要关注的是皮科克对于在判断某事物是否是椅子的过程中内隐构念如何同其他信息合并在一起的评述。这里马戈利斯要讨论的，可以说是皮科克新规则现象的某种反面，被放弃规则现象，即某人如何理性地拒斥其曾经作为某一概念构成要素的某一规则的。

对于被放弃规则现象，当然可以用内隐构念来解释，但是我们也可以看看其他模型。比如原型理论就有对某一规则拒斥的一种自然解释。心理学家认为尽管人们通常无法明确某一概念的定义，却总是一厢情愿地认为概念是有定义的，因而人们很容易会将原型中较为中心、显著的特点误解为某一概念起决定作用的特点，而在不合规则的例子中，人们会发现这些之前认为起决定作用的特点并不适用了，因而就会"撤销他们最初的定义"。然而原型理论在这里同样是不彻底的，比如在涉及在某一单一特点框架下的单一规则时，这一规则会被放弃，但"人们应该是不能理性放弃一整组特点的"。同样地，依赖内隐构念的模型对这种情况也是鞭长莫及的："如果某一内隐构念是判断某一概念的原因，那么人们就不能理性放弃这一内隐构念所规定的规则"。^②

在这一点上，IBS 模型同样是较为彻底的，它"容许对全部构念的拒斥"，^③因而包含了全部被放弃规则现象，大体上讲，IBS 模型是允许一个人在不同时间具有推理处置不同的非常相同的概念的。马戈利斯在这里强调了被放弃现象的稳固性，"在充分巧妙的安排与理论动机之下，根深蒂固的原则竟然受到了修正的影响"，"本来可能看似明显的概念真理（conceptual truth）通常在认识上却为偶然的"^④，比如普特南举的假如猫是火星来客的例子，或是在我们目前的三维或四维空间中看事物与在多维空间中看事物是不同的例子等。

以上这些都是为了说明被放弃规则的现象是很重要的，并且"这一现象最好用这样的一种模型来解释，其中作为涉及某一概念判断的原因的内容性状态

① Margolis E. Implicit conceptions and the phenomenon of abandoned principles. Philosophical Issues, 1998, 9: 109-110.

② Margolis E. Implicit conceptions and the phenomenon of abandoned principles. Philosophical Issues, 1998, 9: 111-112.

③ Margolis E. Implicit conceptions and the phenomenon of abandoned principles. Philosophical Issues, 1998, 9: 112.

④ Margolis E. Implicit conceptions and the phenomenon of abandoned principles. Philosophical Issues, 1998, 9: 111.

不是这一状态的构成要素"①。

因此马戈利斯得到的结论是，内隐构念的存在与作用都有待说明：内隐构念的确存在，但其只是作为概念应用判断原因的隐含性的内容性状态，它们无法明确概念的定义，并且也不必须是其概念的构成要素，被放弃的规则现象正说明了这一点。

皮科克对他所谓的内隐构念的描述肯定了一小套内容性状态在使理性行为可识别中的重要性。皮科克的理论是理性主义传统的，是与理解的本质有关的，他的内隐构念的概念是用来解释涉及概念行为的非直接推理但理性的模式的。由于我们将思考者的实践视为具有某种特定的表征内容，从而我们能够认识到内隐构念，它们在思考者做什么上是内隐的。约瑟法·托里比奥（Josefa Toribio）的观点则是："即便在个人层面，某些推理规则也是使思考者产生可靠的区别反应过程的基础，并且随后为我们指出诸如内隐构念的想法的方向。""实际的推理过程是包含在理解基础的能力中的，这些能力支持我们将个人层面的内隐构念归属于思考者。""皮科克的内隐构念并不妨碍对个人层面概念作用理论的接受，因为实际的推理表达，即概念作用，就是内隐构念本身。"②

对于内隐构念是什么、不是什么，托里比奥总结了内隐构念的几个主要的正面和反面的特点。正面特点主要是：（1）是理解基础的能力；（2）是涉及内容的状态；（3）具有解释作用与证明作用；（4）可以在不影响内隐内容正确性的情况下，包含带有错误的外显特征的概念；（5）基本同关于特定情况的判断相联系；（6）是合法性无法得到辩护的概念。③

反面特点："（1）内隐构念不是思考者只对表达式具有部分理解的概念，思考者在对表达式的使用上不会遵从社群中对其理解更佳的人的用法；（2）内隐构念不是隐性的或虚拟的信念；（3）它们不是推理倾向；（4）内隐构念不是维特根斯坦含义中的法则；（5）对包含已知概念的新规则的理性、正当接受排除了内隐构念可以用其概念作用在个人层面被描述的想法。"①

另外，他还加入了两点提醒：首先，内隐构念并非只是在核心案例中正确运用概念的倾向，和皮科克一样，托里比奥认为"通过常规反应区别倾向的运

① Margolis E. Implicit conceptions and the phenomenon of abandoned principles. Philosophical Issues，1998，9：113.

② Toribio J. The implicit conception of implicit conceptions：reply to Christopher Peacocke. Philosophical Issues，1998，9：115.

③ Toribio J. The implicit conception of implicit conceptions：reply to Christopher Peacocke. Philosophical Issues，1998，9：116.

用，将特定刺激分类为一种实例可能是概念运用的必要条件，但不是充分条件"。其次，"为使思考者视为皮科克所描述的内隐构念，他不需要推理证明他的观点、接受或认可。实际推论过程是包含在支撑我们对内隐构念的思考者归属的理解基础能力中的这一观点——即便是在个人层面——并不意味着推理过程为思考者发挥证明作用，而只是为了理论者可以进行这样的归属"①。

最终，托里比奥提出了内隐构念的内隐构念：如果要将可靠的区别反应作为对内隐概念内容的表达，根据对概念的占有而行为的思考者必须对这一概念在推理中的作用有所掌握，否则内隐构念就根本不能以理解基础的能力为特征。因为"做一位思考者（而非仅是行为者）就是被牵涉进具有标准维度的有结构的活动网中。理性思考者所进行的思想的运动——按照皮科克所偏爱的说法——不需要涉及推论。但某一实际的推论却的确是包含在对这种非推论习得知识的标准效力的掌控中的。这一实际推论正是使思考者从表达比如像'这是一把椅子'这样的语句中变为接受那里有一把椅子的承诺的"②。

托里比奥认为"推论承诺恰恰是思考者内隐构念的概念作用"，而皮科克是反对将思考者对包含已知概念的理性的、论证的接受作为对个人层面内隐构念的概念作用的解释的。③在皮科克的论述举例中，他说"与对否定的理解联系在一起的内隐构念简单地同与已经理解的错误条件联系在一起的否定表达式相连接"④，而这一连接的本质是什么呢？托里比奥认为皮科克所谈到的连接（link）是具有推论特征的，他认可皮科克所说的思想的运动不能作为思考者对逻辑推理原则外显的推论结果，但他的观点是"对传统否定中意义决定作用的理解及其作为知识的一种潜在体现，在其未被思考者从理性实践（特别是那些包含所涉及的连接词，如否定的实践）所体现的内隐知识中内隐地推论出来时，是无法正确地归属于思考者的"。因而，在援引否定的内隐构念时，"的确需要诉诸在另一种意义上推断性的表达式的特点，这种意义甚至会影响我们对不包含否定的主张的真值条件的理解"⑤。

---

①　Toribio J. The implicit conception of implicit conceptions: reply to Christopher Peacocke. Philosophical Issues, 1998, 9: 117.

②　Toribio J. The implicit conception of implicit conceptions: reply to Christopher Peacocke. Philosophical Issues, 1998, 9: 118.

③　Toribio J. The implicit conception of implicit conceptions: reply to Christopher Peacocke. Philosophical Issues, 1998, 9: 118.

④　Peacocke C. Truly Understood. Oxford: Oxford University Press, 2008: 20.

⑤　Toribio J. The implicit conception of implicit conceptions: reply to Christopher Peacocke. Philosophical Issues, 1998, 9: 119.

托里比奥认为自己的观点类似皮科克在其早期文章中体现但又渐渐破坏的观点，皮科克主要提出三个问题：首先，这一策略对"普通的"思考者不奏效；其次，缺乏初始材料；最后，并未替其必要条件本身提供论据。

据此，托里比奥的解释是：首先，"思考者在涉及否定的理性行为中运用实际推论能力并不用等同于掌握逻辑运算，而仅仅是对句子的惯常理解"。[①]其次，"思考者必须弄清楚某一概念所特有的所有推理规则并不适用于否定这一概念"，因为"一部分推理在理解这一主张时就已经出现并已在其他可以被称为理性的非语言行为中体现"，另外，托里比奥"十分怀疑是否真的有所有推论规则都需要由思考者弄清楚这样的情况"。[④]最后，提供了论据，即"这些理解基础的能力需要为其正确使用的情况以及其使用的适当结果进行解释"。

托里比奥的核心论点是"皮科克所说的一切都不妨碍个人层面的概念作用理论。因而也很难辨知内隐构念的概念作用特征——个人层面与亚人层面的——与皮科克目前所为之辩护的特征之间残留的深层差别。但是，当然，差别难以分辨的原因也可能正是我所具有的仍然只是内隐构念的内隐构念"[②]。

第四节　内容个体化

皮科克认为，他所提出的方案中，并不是利用"每一个内容都具有典型理由或正则承诺"，就算是在有的情况中，也需要处理"这种理由或承诺的一般形式是什么？"以及"这种一般形式同我们一直在使用的内容概念的关系是什么？"这样的问题。[③]这里可以从判断态度入手。判断态度在内容说明中处于"中心位置"，因为真是内在于判断的，但并不内在于其他态度，"真是判断的目标之一"，无论是实在论还是非实在论，在这一点上是统一的，尽管在使这一目标有意义的具体条件上有分歧。另外，判断不是唯一目标为真的态度，它处于从猜想到确信的光谱上，整个光谱都以此为目标，只是证据标准各不相同。皮科克所说的使已知内容为真所需的是内在于内容的，即"它是组成内容同一性的东西"，从而对已知内

---

① Toribio J. The implicit conception of implicit conceptions: reply to Christopher Peacocke. Philosophical Issues, 1998, 9: 120.

② Toribio J. The implicit conception of implicit conceptions: reply to Christopher Peacocke. Philosophical Issues, 1998, 9: 121.

③ Peacocke C. Thoughts: An Essay on Content. Oxford: Basil Blackwell, 1986: 45.

容的判断可以帮助我们了解这一内容自身的本质，同时也"引入了典型理由和承诺"：内容 that p 的正则承诺就是在组成成分上要求思考者判断非 p 并由于其无效而这么做（"该承诺在此特征上不能取消"）；内容 that p 的典型理由则是在组成成分上要求思考者判断 that p 并由于其有效而这么做。[1] 这些标准是归因性的，因为如果失败，思考者则不能被归因判断此内容的能力；也是原因导向的，因为它们被置于判断原因的框架下。当然这些标准后面会更加精细化。

接下来的问题是成真条件内在于内容是如何同接受条件的内容理论相一致的？会不会有成真条件的残余无法完全由接受条件来解释？果真如此，那么内容也不能通过接受条件来完全解释了。因此这正是皮科克的猜测，这也是想要用通过接受条件决定内容给出内容的统一理论的理论者所必须支持的观点。

皮科克用一个四元集合来给出某一特定内容的正则承诺图解形式，在其中，我们所关注的是内容接受以及思考者是否在心理状态中，而非真或心理状态本身。这个表征正则承诺的四元集合为：如果内容未被拒绝，那么如果（i）某些内容为真，且（ii）该思考者在某种特定的心理状态中，那么（iii）某些其他的内容为真，且（iv）该思考者处于某种特定的心理状态。当然这个四元集合中的"（i）和（iii）不能通过额外加入这些内容中相信的心理状态来并入（ii）和（iv）"，这就混淆了承诺与思考者所显示的他的库存中想法的承诺了，后者"包括了接受和相信"，而"前者具体说明中的心理状态对于仅仅关于思考者自己心理状态的内容是正确的：对于其周围世界的内容则不正确"。这是否与皮科克在他之前所提及的知觉经验相矛盾呢？答案当然是否定的，因为在这些例子中，皮科克强调"已知想法整个家族的承诺蕴涵环境条件"，因而"这种说明并非不值得考虑"。[2] 同样，这一四元组还可以用来说明典型理由，所以在之后对此理论正式的说法中，可能需要有标记来区分四元集合实在具体说明理由还是承诺。这一说明允许已知内容的正则联系（canonical links）包含多集合的心理状态和内容，因此，"概念依照图式理论的限制条件被应用，组成了对已知想法中概念的占有"。这对于信念、需求概念的应用都不是问题，只是这种理论结构需要进一步细化，人们可能会考虑这些正则联系的表征是否"正当地有约束性"。[3] 比如对于某些事物的行为基础的思考方式，只有这些连结有效，我们才能使某人在其意向性内容中应用这些行动的思考方式的可能性有意义，当然它们并非皮科克关注的主题。

---

[1] Peacocke C. Thoughts: An Essay on Content. Oxford: Basil Blackwell, 1986: 47.

[2] Peacocke C. Thoughts: An Essay on Content. Oxford: Basil Blackwell, 1986: 48-49.

[3] Peacocke C. Thoughts: An Essay on Content. Oxford: Basil Blackwell, 1986: 49.

皮科克认为已知内容正则联系的具体要求应该是先天的描述性理论，而非经验的，也不是思想的亚人语言中语句的亚人确认行为的描述性理论，它所列出的规范都是供人们遵循的。可以区分一下引入规范性思考的几个点，主要是同理性或理由有关的：（1）在内容解释中，对一内容的掌握会涉及给出是否判断此内容原因的东西是什么；（2）对真的解释中，普特南的观点，即"真不过是在充分好的认识论条件下的理性接受"①；（3）知识理论中，认识论地位有时会转化成内容的规范性方面以及它们同相信者的关系。

对于个体化某一个概念的正则联系，我们应该有独特性（uniqueneess）与完整性（completeness）的要求，前者是使"该内容是唯一具有上述基本原因或承诺的"，后者则是说"它外显地或内隐地包括思想的正则联系的每一个方面"，而"完整性暗含独特性"，另外还有合成性的要求，"每个组成部分都会对其所在的内容的正则联系做出一致的贡献"②。

理论家们会想要详细说明思考者可以绝对无误地说出它们有效与否的典型理由与承诺，这样的理论者采用的是一种内向型方法（inward-looking method），典型理由与承诺"不应涉及知觉、知识与记忆"等主体不一定能准确说清楚自己是否存在于其中的状态，而"应该涉及主体的经验、意识信念与表面记忆"，尽管这种内向型理论者允许典型理由与承诺满足的归纳不确定性存在，但这种不确定性总是包含说出它们有效与否的某一条件，因此合适的情况只是"等待合适的时间的问题"③。然而这种内向型方法仍然有无法解决的问题，即便以上都不是问题，如果一个人不感知任何事物，他的任何知觉判断努力也都不会有任何真的结果，用弗雷格的概念来说，"这里，在没有弗雷格所引用的决定内容的那种正则联系满足的差别情况下，有真值的差别"④。对于内向型理论者来讲，他们可以轻易就为自己内容的正则联系加个预设条件"主体在感知（或记忆）"，但这样的话，这一预设的内容就不会按照其遵循的原则被解释了，甚至他根本不会去解释其内容。即便预设条件不需要是某人自己可以想象的，但却是我们能够想象的，因而仍是内向型理论者所并未解释的内容。

对于原始的内容与概念，外向型方法可能更有前途。内向型方法所面临的问题并不对外向型方法有影响：由于外向型方法旨在说明同外部对象及其属性

---

① Putnam H. Philosophical Papers（3）：Realism and Reason. Cambridge：Cambridge University Press，1983：231.

② Peacocke C. Thoughts：An Essay on Content. Oxford：Basil Blackwell，1986：51-52.

③ Peacocke C. Thoughts：An Essay on Content. Oxford：Basil Blackwell，1986：52.

④ Peacocke C. Thoughts：An Essay on Content. Oxford：Basil Blackwell，1986：53.

的关系，"如果主体在努力想'那只猫是黑色的'时想要成功指称外部物体，它并不同外部对象有任意可行外向型解释所要求的任何关系"，因此主体判断中有许多并不为真也并不意外了。[①] 内向型理论者可能会问思考者判断或行动如何可能表明归因于外向型解释内容的特征？在这一情况的本质中，这些难道不会超出，直到归纳不确定性，思考者绝对无误证实的东西吗？这个问题是可以解释的，思考者并非通过他对绝对无误可知的条件的反应表明不内在于他的内容，但他对非内在内容的掌握却仍可以部分地由关于他同他所在环境的非内在关系条件来表明。对于外向型理论者所承认的内容中特别的客观性指称的不可表示性（unmanifestability），这里并不存在问题。内向型理论者在提出这一表示挑战时是非常底气不足的，因为他不能提供还原的内容。

另外，皮科克还比较了两种不同的正则联系之间的区别，是理由与承诺之间差别比较的捷径。"这里，正则理由内嵌意向的概念"，但并不能就此得到意向在概念上要比信念更为基础，因为我们描述的正则理由与承诺的概念同在正则联系的具体说明中所使用的概念是一致的。在一些情况中，可能并不需要理解作为其正则联系的内容，而这并不对所有正则联系都适用。[②] 皮科克还为这些相区别的概念做了标签，如有人不通过具有已知想法中所有概念就可以具有构成正则联系中内容的所有概念，那么这一思想就有较低级（lower-level）正则联系，在表征理由或承诺的四元组中，它涉及所有四个元素，比如知觉经验的命题表征内容，有时会称这种内容为正则联系的"内容原料"（content ingredients），一思想若没有较低级的正则联系，便有同级（same-level）正则联系，而这两个层次联系之间差别的问题是个体化内容的正则联系是否必须是较低级的，如果是必须的，则是强还原论的形式，而皮科克是反对这种强还原论的，他也不认为仅在基础情况中，正则联系是同级的。局部整体论的最典型特征是"存在具有这种属性的一个概念家族：包含每个概念的思想具有内容原料包含家族中其他概念的同级正则联系"[③]。有些人提出，用较低级正则联系来解释内容，很容易进入无限循环，因而反对这种方法，而皮科克认为，尽管内容是无限多的，但对于已知思考者，这些思想只会有有限多的原始组成部分，如果一内容的正则联系是由其他内容的简单持有给出，那么它们可能是较低级的，但是如果正则联系是依照知觉经验所给出的，那么它们不需要是较低级的。因此在最基本层面是关于"涉及思考者环境中被感知事物的可观察属性的内容的"，它们

① Peacocke C. Thoughts: An Essay on Content. Oxford: Basil Blackwell, 1986: 54.
② Peacocke C. Thoughts: An Essay on Content. Oxford: Basil Blackwell, 1986: 56.
③ Peacocke C. Thoughts: An Essay on Content. Oxford: Basil Blackwell, 1986: 57.

是可以同级的。①但这又涉及了标准不一致的矛盾，如何一方面接受一三项的较低级要求而又拒斥二四项呢？首先要回答这样的问题，即我们如何确认像"那个块状物是立方体"一样的知觉呈现对象想法的正则承诺被满足了呢？这需要一系列不得不由经验证实的非观察性假设，皮科克给出了思考的理论者对于这些假设的描述，然而问题的关键是，不思考的感知者竟然也可以像有意识检测这些假设的理论者一样对同样的证据有敏感性，因此我们可以得到，在它们所做的所有这些简单的判断之下，肯定有"基础层面的非理性感觉动作与记忆技能，它们的存在是内容这一基本层面使用的基础"②。

关于内容等级（hierarchy of contents）问题，皮科克认为"对于具有正则联系的一类思想，我们可以在类型的大偏序（grand partial ordering）中提及其位置"，另外，还需要"概念的在上（aboveness）概念"③。对于具有相同的正则联系的内容，我们说它们证据等效（evidentially equivalent），然而它们却是不同的。它们的正则联系个体化具有如此联系的内容的论点是如何与之相一致呢？是否需要从同正则联系思想不同的什么东西入手呢？不，但可以从"已知概念起作用的一系列思想的正则联系"入手。③

由上可得，"对于概念 φ 和概念 Ψ 的非同一性，其充分条件是有某一概念 C 使思想 C（φ）与 C（Ψ）并不证据等效"。④但将这一点转化为标准并非不可能，我们应该同时定义一整组已知层面的概念的同一性，且不将这一层面任何概念的个体化视为理所应当。因此在这一框架内，如果结果思想在较低层面有相同的典型证据，我们仍可以说，尽管合并在一起，但概念或呈现模式是一样的。这一标准就支持了这样的观点，即概念的不同依赖于一些思想或其他正则联系的不同。如果要彻底解释这一问题，"使映射成为同一性映射的这一标准应该结合内容归因的其他约束条件一起应用"，特别是要同《感觉与内容》一书中的紧密性约束（Tightness Constraint）同时使用。⑤

因此，承认接受条件的内容理论者在诉诸典型理由与承诺时，会在两种不同的精细度上区分内容，这里应该同路易斯在其一般语义学中所提出的观点作比较。⑥粗制的内容，由于被想象为我们前面所说的四元组，是由典型理由与承诺的相同性所个体化的；而精细的内容是由组成成分与结合模式的相同性所个

---

① Peacocke C. Thoughts：An Essay on Content. Oxford：Basil Blackwell, 1986：58.

② Peacocke C. Thoughts：An Essay on Content. Oxford：Basil Blackwell, 1986：59.

③ Peacocke C. Thoughts：An Essay on Content. Oxford：Basil Blackwell, 1986：60.

④ Peacocke C. Thoughts：An Essay on Content. Oxford：Basil Blackwell, 1986：61.

⑤ Peacocke C. Thoughts：An Essay on Content. Oxford：Basil Blackwell, 1986：62.

⑥ Lewis D. General Semantics，Philosophical Papers（1）. Oxford：Oxford University Press, 1983：200-201.

体化的，其中组成成分的同一性按照上述方法受到约束。精细的区分不依赖于超出规范性接受条件理论者合法资源的概念。

　　通过正则联系或接受条件来解释的内容理论是可以解释弗雷格解释中的任何思想的，"每个内容都被看做是有结构的"，它同达米特所说的思想分析（相对于分解）相一致："这就是把握思想时以某种方式所必须把握的结构。"① 皮科克认为，先天地来讲，就没有只把握思想而不把握其结构的余地，我们的问题是，处理作为思想的组成部分，这些组成部分（呈现方式）还有什么作用？虽然存在其对象不是完整的命题内容的心理状态，我们仍可以使它们有意义，这是因为这些状态的系统连接是同确实具有将其对象作为完整思想的状态相连的。因此，皮科克指出，"思想是有结构的实体"，与此同时，"呈现模式的本质要由其作为可能思想组成部分的作用来给出"。③ 在皮科克所论述的接受条件理论中，某一思想具有某一组成部分就是其同其他思想与心理状态具有某种关系：对于具有正则联系的思想，关系是在包含这一组成部分的这一类型思想的典型理由与承诺中给出的。这些关系具有两个特征。第一，它们内在于思想，并对思想的个体化产生影响。第二，作为典型理由与承诺的模式，它们是只有思想可以有的关系。"构成的说法只是一种解码多少有些复杂的典型理由与承诺（最终又个体化这一思想）模式的内在特征的生动方式。"②

---

① Peacocke C. Thoughts: An Essay on Content. Oxford: Basil Blackwell, 1986: 63.
② Peacocke C. Thoughts: An Essay on Content. Oxford: Basil Blackwell, 1986: 64.

第四章

外在主义

第一节　外在主义的发展

意向性的心理状态，或者说具有内容的心理状态，是具有特定心理内容的特定心理类型的心理状态。在对心理内容的本体论地位作出肯定回答之后，又有一系列的问题需要进一步回答，即被从本体论上承诺的内容有什么本质，以何种形式存在，以及存在的条件是什么。外在主义与内在主义争论的焦点在于：外在主义是否能够拓展到属于并不要求有真实内容的心理类型的心理状态。如果具有心理类型 T 与内容 C 的心理状态纯粹随附于主体的内在属性，那么这一心理状态就是符合内在主义的，其心理内容就是"窄的"（narrow）；相反，这一心理状态就是符合外在主义的，其心理内容就是"宽的"（wide or broad）。由于心理解释被认为是因果性且以内容为基础的，因此这个问题通常被看做是关于心理表征的核心问题。同样，在具有内容的心理状态中，有时会进行涉名的（de dicto）与涉物的（de re）区别。涉物的心理状态在英语中一般是由 of 或者 about 引出的，比如 Jane believes of（about）the tea in her cup that it is refreshing，通常都直接是外在主义的，因为相信 x 具有某一属性明显要求 x 的存在，而 x 通常是生物体外在环境中的某一客体或种类。而涉名的心理状态在英语中一般由 that 从句来表示，比如 "Jane believes that the tea in her cup is refreshing"，而这是饱受争议的。

另外，一个生物体的外部属性与内部属性之间也存在着差别。许多坚持外在主义的论者认为内在属性是生物体的物理属性，其中，生物体的例现并不依赖其身体与大脑界限之外例现的任何属性。然而，法卡斯（Farkas）指出，这可能会排除掉反物理主义的内在主义者的可能性[1]，他与威廉姆森（T. Williamson）都认为内在主义可以作为心理内容随附于依赖环境的现象状态的原则[2]，甚至还有论者认为在内外部属性之间根本不存在正确的分类认识，从而得出结论，在外在主义的真相上都是伪问题。[3]

一、外在主义的经典论点

大部分有名的外在主义论点都是利用了思想实验，其中物理属性一致的个体被嵌入不同的社会或自然环境，但信念与思想仍然只为一个个体而非另一个所具有，这表明一些心理内容是不随附于内在事实的，因此外在主义是可靠的。

这些思想实验许多是受到语义外在主义讨论的启发，语义外在主义认为，我们使用的一些词语的意义与指称并不仅仅由我们给它们关联的想法或我们的内部身体状态所决定，那么这些意义与指称又是什么决定的呢？克里普克认为部分是由"外部因果与历史因素"决定的。[4] 而普特南更是用了孪生地球的思想实验来说明这一观点。假设 1750 年在离地球很远的地方有一个孪生星球，除了水（H_2O）这种物质以外，它上面的所有事物都和地球一样。这种孪生星球的水具有同地球水不同的化合物 XYZ，而 XYZ 的宏观属性同地球水是一样的。但1750 年，无论是在地球还是孪生星球，没有人能区别水与 XYZ，那么在地球上的个体使用"水"这个字时，指的是 H_2O 而非 XYZ，尽管他并不清楚水就是H_2O，外在主义者认为这并不影响他在使用"水"这个字时指称的是 H_2O，如果他说"这是水"的时候指的是 XYZ 的样本，那他肯定是说谎了。同样，孪生星球上的个体在使用"水"这个字时，他指的肯定是 XYZ，而非 H_2O。[5]

这一思想实验同样可以扩展到心理内容中，[6] 当地球上的个体在1750年前说"水可以解渴"时，他是在表达自己的信念水可以解渴，这一信念当且仅当水

① Farkas K. What is externalism？ Philosophical Studies，2003，（3）：187-208.
② Williamson T. Knowledge and Its Limits. Oxford：Oxford University Press，2000.
③ Gertler B. Understanding the internalism-externalism debate：what is the boundary of the thinker？ Philosophical Perspectives，2012，（26）：51-75.
④ Kripke S. Naming and Necessity. Oxford：Blackwell，1972.
⑤ Putnam H. The Meaning of Meaning，Philosophical Papers，Vol. Ⅱ：Mind，Language，and Reality. Cambridge：Cambridge University Press，1975.
⑥ McGinn C. Charity，interpretation，and belief. Journal of Philosophy，1977，（74）：521-535.

可以解渴时为真。而在物理属性上与之同一的孪生地球上的个体，我们的直觉告诉我们，他并不相信水能解渴，因为他只见过孪生地球上的水，没见过也没听说过地球上的水，因此他在说"水可以解渴"的时候，其实表示的是孪生地球上的水可以解渴的信念，这一信念的成真条件是不同的。因此，这两个内在相同的个体具有不同的信念，从而我们可以得到，一些信念并不随附于内在事实，因此外在主义是可靠的。这种外在主义也被称作自然外在主义。相对于这种外在主义来讲，还有伯奇提出的社会外在主义（social externalism）。[①]他使用了一个社群语言使用的例子，得到的结论是心理内容部分依赖于公共语言实践（communal linguistic practice）。

二、对经典论点的回应

作为坚定的正统观念，外在主义近年来却不是大部分分析哲学家所接受或倾向的[②]，具体有两类特点：第一类是对思想实验本身所作的批判，比如保罗·博格西昂（Paul Boghossian）就构想了一个"干燥的地球（dry earth）"用孪生地球的思想实验来反驳外在主义[③]，然后西格尔（Segal）也由此提出了类似的论点[④]。还有一些哲学家根本拒斥思想实验在决定内容宽窄问题上的使用，比如卡明斯[⑤]，乔姆斯基[⑥]等。另外随着新"实验哲学"运动的兴起，还有对于外在主义思想实验的经验挑战，许多实验哲学家表示，外在主义知觉是一种文化局部产物[⑦]，如果真是这样，那么有可能会形成对于外在主义的一种新的经验批判。

第二类的批评主要是对不同的信念归因符合两个环境中物理上同一的主体这一直觉的不认同，无论在普特南还是伯奇的思想实验中，按照他们的描述，认为孪生星球上的副本就是地球上个体的一种或几乎都是同样的，等等，都是

① Burge T. Individualism and psychology. Philosophical Review，1986，（95）：3-45.
② Lau J，Deutsch M. Externalism About Mental Content. http：//plato.stanford.edu/archives/sum2014/entries/content-externalism [2014-12-1].
③ Boghossian P. What the externalist can know a priori. Proceedings of the Aristotelian Society，1997，（97）：161-175.
④ Segal G. A Slim Book about Narrow Content. Cambridge：MIT Press，2000.
⑤ Cummins R. Methodological Reflections on Belief in Radu Bogan Mind and Common Sense. Cambridge：Cambridge University Press，1991.
⑥ Chomsky N. Language and Nature. Mind，1995，（416）：1-59.
⑦ Weinberg J，Nicholas S，Stich S. Normativity and epistemic intuitions. Philosophical Topics，2001,（1-2）：429-459.

有可能的。①

第三类指摘虽然承认不同的信念归因符合物理属性同一的主体，但否认这就表明外在主义。语言内容与心理内容是有差别的，前者指的是信念归因中所嵌入的 that 从句的内容，而后者指的是行为的心理解释中产生的意向性心理状态的内容，因而前者无法把握后者。② 当外在主义的思想实验表明普通的信念归因对于外部事实敏感时，这并不能得出心理内容就是宽的。此外，还有福多对外在主义的驳斥，他也是对两种内容进行了区别，不过他区别的是意向性心理状态所具有的两种内容，他认为信念与思想是具有宽内容的，而意向性心理状态同时也具有不依赖于环境的窄内容。③

三、外在主义的范围

如上所述，即便是外在主义的经典论点，仍然存在着许多争议；即便我们接受普特南或伯奇的思想实验，也只能说部分心理状态是具有宽内容的，通常内容的目的论或因果信息理论对这些具有宽内容的心理状态是适用的。那么外在主义就有一个适用范围的问题。

首先，对于伯奇认为的心理内容依赖于公共语言实践的论点，洛尔认为这一论点仅适用于包含其他说者或社会共有语言观念的顺从概念，④ 尽管伯奇认为自己的论点适用于包含观察性与理论性的、自然与非自然种类的概念的任意想法，或"适用于公共类型的对象、属性或通过经验方式了解的事件的任意观念"。⑤ 在这一争论中，在外在主义可以应用于顺从概念的观点上，伯奇与洛尔是基本可以达成共识的；他们的分歧主要在于外在主义是否也适用于非顺从概念。

当然，也有论者支持所有心理内容都是宽的，比如戴维森，他用了"沼泽人"的思想实验从法理上证明这一点，他指出人们语言的意义基本依赖于"使人们所用的词语适当的对象与事件种类"，人们的思想也是这样。⑥ 依据推测，

---

① Crane T. All the difference in the world. The Philosophical Quarterly, 1991,（41）: 1-25.

② Loar B. Social content and psychological content//Grimm R H, Merrill D D. Contents of Thought. Arizona: The University of Arizona Press, 1988: 527-535.

③ Fodor J. Psychosemantics. Cambridge: MIT Press, 1987.

④ Loar B. Personal references//Villanueva E. Information, Semantics and Epistemology. Oxford: Basil Blackwell, 1990: 117-133.

⑤ Burge T. Individualism and psychology. Philosophical Review, 1986,（95）: 32.

⑥ Davidson D. Knowing one's own mind. Proceedings of the American Philosophical Association, 1987,（61）: 441-458.

我们大多会克制自己对沼泽人的思想归因，因为沼泽人缺乏具有正确因果历史的内部状态，然而因果要求适用于所有思想是如何可能却并没有说明的。戴维森还为自己被称为"超验外在主义"（transcendental externalism）的论点做了辩护，这一观点不同于其他依赖于具体外部对象或自然种类的因果关系的外在主义观点，它所包含的复杂因果关系是一种"三角关系"，其中还包括另一个生物体及与之所共有的环境，这种在社会及外部物理环境中都对思想有形而上学的必要性的观点是高度外在主义的。

另外，关于认知状态（比如信念与思想）的内容，克里普克支持他归因给维特根斯坦的"怀疑论论点"，它被看作另一种超验外在主义。克里普克指出，我们对任意语言表达式的使用都是有限的，因为我们对术语的应用是有限的，但术语的意义规定其正确应用的无限性，因为有许多应用新情况是我们所不曾遇到的。因此怀疑论者立刻会认为我们所使用术语的意义的理论有很多种。对于这样一种解读，关于我们有限的语言处置及认知能力的所有物理事实是不足以确定到底是哪种理论给出我们所表示的意义的，因此没有内在事实决定我们将之与术语相关联的意义。并且如果这一点有效，那么我们的思想与概念内容也是同样如此。意义与内容只有个体作为某一语言社群成员时，才能合理被归因于这一个体。一些论者认为这种观点过强，它甚至接近意义取消论了；另有一些论者指出这相当于把意义与内容的语义学事实还原于非语义学事实。

在怀疑论论点中，并没有强调主体是否有意识。另外还有一种外在主义认为它也符合有意识的心理状态，这也是当前的热点。一些论者认为，所有的意识心理状态都具有宽内容，并且这些意识状态的现象特征随附于它们的内容，比如泰伊[⑦]、德雷斯基[⑧]。当然，也有一些论者不这样认为[⑨]，甚至有许多人认为经验具有窄内容，且现象特征可以还原为窄内容[⑩]。

---

⑦　Tye M. Ten problems of consciousness: a representational theory of the phenomenal mind. Southern Journal of Philosophy, 1995, 43（4）: 531-543.

⑧　Dreske F. Naturalizing the Mind. Cambridge: MIT Press, 1995.

⑨　Block N. Inverted earth//Tomberlin. Philosophical Perspective. Atascadero: Ridgeview Press, 1990: 53-79.

⑩　Chalmers D. The representational character of experience//Leiter B. The Future for Philosophy. Oxford: Oxford University Press, 2005: 153-181.

第二节　外在主义解释的一般性观点

皮科克所说的外部个体化的心理状态或事件类型，是指"其特性至少部分依赖于其同主体之外事物的关系"，其中，这一状态的外部属性不仅限于它存在时所具有的属性，它与外部事物、属性或关系之间的关系也囊括其中。[1] 外部个体主义事关状态自身的特性，与思考这一状态的方式无关，因此，在这里，皮科克认为民间心理学所认同的内容涉及状态也应被视为外部个体化的。

皮科克是外在主义的支持者，因此，在他的内容理论中，首先是对外在主义解释可能性的说明。那么，外在主义状态是如何运作的呢？皮科克通过他的外在主义解释论点对心灵哲学所关注的几个问题的影响进行了讨论，比如：内容的目的论方法是否正确？亚人心理学的本质是什么？自我知识的解释如何通过外在主义解释说明？

皮科克认为经验内容分为概念内容与非概念内容，概念内容可以按照其占有条件进行个体化，而非概念内容却不能。[2] 所以皮科克外在主义解释的出发点是对知觉经验内容的每一种非概念组成部分的阐述，分析影响其特性的是什么关系性的解释或被解释事态，由此来回答"心理状态内容的组成部分是什么"这一普遍性问题。皮科克所提出的外在主义状态的一般性观点是："对于任意外在主义状态，在适当情况下，它可以解释外部对象或事件的关系属性或被其解释，那么它就构成这一外在主义状态的特性。"[3] 不过，他主要关注的是阐述关于外在主义状态的一般性观点本身，而非具体的阐述方式。

这样的外在主义解释是有来由的，那正是关系性属性的心理解释。某一行动或事件的一些关系属性可以由心理解释来说明，它们的范围很广，比如空间、时间、意义等（具体例子可参见所罗门等[4]）。许多哲学家认为这是意向性内容

---

① Peacocke C. Externalist explanation. Proceedings of the Aristotelian Society, New Series, 1993, 93: 203.

② Peacocke C. A Study of Concepts. Cambridge: MIT Press, 1992.

③ Peacocke C. Externalist explanation. Proceedings of the Aristotelian Society, New Series, 1993, 93: 205.

④ Soloman Y, Turvey M, Burton G. Perceiving extents of rods by wielding: haptic diagonalization and decomposition of the inertia tensor. Journal of Experimental Psychology: Human Perception and Performance, 1989, (15): 58-68.

的解释主义路径所带来的结果①，而伯奇②、皮科克③与霍恩斯比④都认为，已知意向性内容所成就的关系性通常是行动与其所发生环境之间的。皮科克对于某一行动关系属性的解释当然是基于这一点的进一步考虑，它是关于这些解释所证实的反事实本质的。

有很多人疑虑心理状态内容是否可以说明行为，因为心理状态内容本身就是外部决定的，而且，它不仅仅依赖于主体的大脑状态，而大脑状态足够解释行为，所以心理内容可能是附带性质的。如果上述关于外部状态的观点是正确的，那么这种担心就是基于对心理内容状态所解释东西的错误理解，尽管大脑状态与传输神经连结足够解释身体动作，但外部状态解释的是超出身体动作的关系性事实。在反事实中，关系性的因果是同外部状态相连的，正是这一点证实了外部状态在解释中的重要性，反事实的真同从不同大脑状态中得到非关系性描述的不同行为的真是一致的。

这样的一种观点可以同两种观点相比较，首先就是同不诉诸外在主义状态，但有适当补充的内在主义状态能够据此解释关系性真相的解释。那么我们在主体周围环境的选择性特征中添加什么作为这样的适当补充呢？比如想要指向花园里你认识的人的意向中，我们需要加入此人处于身体动作所指出的方向中的真相，但这一补充自身都不够充足，因为心理解释完全不需要解释主体指向这个方向的关系真相，即这一真相中的共存谓语的替换并未保持一系列状态所给出的真相解释。同样，用身体动作的环境关系描述来补充内在状态的具体说明也是行不通的。

因此，第二种观点是在内在主义状态中补充一些外部关系的具体说明，其中身体运动处于各种外部先决条件中。这样的补充仍然不能使内在主义状态像外部状态一样解释关系性真理，我们需要不停地添加更多的材料来抓住这些关系和反事实，这就出现了新的问题，即我们是否相当于加入充分的材料以确保主体根本就在外在主义状态中呢？

因此，对于这种适当补充的观点，要么不能充分说明主体，要么就不能作为外在主义状态的替换。⑤实际上，外在主义状态就是一种不同的解释，它随附于其自身中的解释资源。

---

① Davidson D. Inquiries into Truth and Interpretation. Oxford: Clarendon Press, 1984.

② Burge T. Individualism and psychology. The Philosophical Review, 1986, 95: 11.

③ Peacocke C. Demonstrative thought and psychological explanation. Synthese, 1981, (49): 187-217.

④ Hornsby J. Physicalist thinking and conceptions of behaviour//Pettit P, McDowel L J. Subject, Thought and Context. Oxford: Clarendon Press, 1986: 87-153.

⑤ Peacocke C. Externalist explanation. Proceedings of the Aristotelian Society, New Series, 1993, (93): 209.

外在主义状态的这种处理影响到心灵哲学中的一些扩展理论以及我们应该去建立理论的一些问题，皮科克认为有许多问题需要进一步的讨论。

比如外在主义解释组成内容－涉及心理状态的一般性观点，与意向性内容的目的论理论是什么关系？我们可以说任何意向性内容的目的论理论都是外在主义的观点，但可以反过来说所有外在主义观点都是目的论理论吗？皮科克认为："依据外在主义的一般论点，反倒是有发展解释（比如说）知觉内容的可行方式，这些方式清楚地说明在一些可能的情况下，一个状态表征错误却能给予选择优势，并在物种的自然选择中变得确定。"① 因此，"外在主义解释不一定是目的论的；并且，它可能比上面所展示的双重条件更加以输出为导向"②。

如果本书提出的观点正确，且亚人心理学的任务之一是"解释人类如何能够具有特定命题态度"的，那么"至少部分亚人心理学必须运用外部个体化的状态"②。比如本质上不涉及任何外部关系的亚人状态，它是永远无法仅凭自身就完全解释某人所处的涉及外部关系的状态的，解释这些关系的是"本质被部分外部个体化的某事物"。同样地，本书可以延伸为对于这样一种观点的支持，即"亚人计算的内容涉及特征是解释性的"，对于这一层面计算性解释的承认"并不是对于局部因果性的否认，也不是说某种'形式'限制必须由计算机制所满足"，但确实是否定了"只有在亚人心理学理论中合法地起作用的内容才是单一通过某种内部功能作用所个体化的"③。

本书所倡导的外在主义观点的核心是"构成性的"，即"使某事物成为具有某一特定意向性内容状态的东西是解释它或被它所解释的某些关系性状态"③。这里要将构成观点同模态观点相区分，二者的共同点是都认为意向性状态是同内部状态所分离的。而二者的区别是，强模态分离观点会认为"实现一种意向性状态的内部状态在不同的环境条件下，可能会实现不同的心理状态。"构成依赖性应该从模态依赖性相中脱离，这并不是一件耸人听闻的事情。④

上面的这种观点对于外在主义解释某人对自己外在主义状态的了解是一个挑战，这种挑战以最简单的形式表达就是"如果某一状态的个体化涉及其环境关系，那么一个人如何能够在不核实其环境关系的情况下知道他处于那种状态中？"⑤ 皮科克所支持的外在主义通过传承原则（a principle of inheritance）的

---

① Peacocke C. Externalist explanation. Proceedings of the Aristotelian Society, New Series, 1993,（93）: 224.

② Peacocke C. Externalist explanation. Proceedings of the Aristotelian Society, New Series, 1993,（93）: 225.

③ Peacocke C. Externalist explanation. Proceedings of the Aristotelian Society, New Series, 1993,（93）: 226.

④ Peacocke C. Externalist explanation. Proceedings of the Aristotelian Society, New Series, 1993,（93）: 227.

⑤ Peacocke C. Externalist explanation. Proceedings of the Aristotelian Society, New Series, 1993,（93）: 227.

帮助来解决这一问题，它指出"信念状态传承同经验自身所占有的涉及已知方向的关系事实相同的解释力"，"关于自我意识的令人满意的外在主义理论应该利用这些传承原则，当然令人满意的自我意识理论还应该有更多涉及"①。

皮科克心知问题的了解则距此更远，但至少，就目前的理论来看，外在主义理论承认对于他人的意向性状态是可以解释的。"他人意向性状态的可知性依赖于其同其周围世界关系的可知性。"②

第三节　无法进行心理解释的外在主义状态

上述论证并不能穷尽所有可以使用外在主义状态解释的情况，按照皮科克的思路，我们还需要对一些用外在主义状态无法进行心理解释的情况作出回应，看看它们是否同皮科克上面提到的想法相悖。同时，我们也可以通过皮科克对这些情况的分析进一步了解他的外在主义理论。

一、对于福多"窄内容"的回应

首先是福多的"窄内容的模态论证"，他把宽内容看作真值条件，而窄内容是一种映射或"函数"。如福多所言，"你的因果关系是你的偶然性联系的，而非概念性联系的函数"③。他的核心观点是，具有因果力状态的内容必须是窄内容，因为真正能够解释某一作用因果力的一定是这些因果力偶然相联的东西，而非包含这种因果力的任何概念性联系。如果具有水的想法与具有孪生地球水（twater）的想法之间的差别可以算作因果力的话，是因为有思考者行为的意向性属性差别这样的事实吗？答案是否定的，因为具有水的思想的人们产生水的行为是概念上必须的，而水的行为就是水的思想所产生的行为。从这个例子中，福多反驳了用行为属性作为区分水的思想与 twater 的思想之间差别的充分基础，但我们还是需要区分皮科克所强调的行为的关系属性与产生行为的意向性之间的区别，前者并没有纳入福多的讨论，因为在概念必然性上，具有水的思想的人并不必须产生包含同水的关系的行为。这实际上也是我们对于水的想法的理

---

① Peacocke C. Externalist explanation. Proceedings of the Aristotelian Society, New Series, 1993,（93）: 228.

② Peacocke C. Externalist explanation. Proceedings of the Aristotelian Society, New Series, 1993,（93）: 229.

③ Fodor J. A modal argument for narrow content. Journal of Philosophy, 1991, 88（1）: 19.

解的差别，是作为关于水的思想它是如此这般理解呢，还是作为涉名的水的思想（水是如此这般）来理解。对于福多，意向性可以决定行为的产生，而行为的关系属性不一定都是意向性的，意向性的因果力是偶然性的。

虽然皮科克对于福多的以上观点持反对态度，但福多推理的一些扩展却是适用于皮科克所支持的外在主义解释观点的，所以可以对福多的观点加以改变利用。

第一个改变是对"如果某一主体在包含水的正常环境内且具有水的思想，那么他就会（在其他适当态度面前）以与水相关的各种方式行为"这个条件句的①，只要它也是对于解释性关联的引用，就不能确定这一条件句是概念性事实，皮科克认为这一条件是具有必要性与先天地位的，这种先天地位并不影响我们引用能够因果地解释事实的事实。虽然这一地位并不表明解释的先天性也不表明行为的关系属性必须先天地具有心理解释，但有可能会要求在亚人心理中具有一些理论与经验的特征。

皮科克对福多观点的第二个改变来源于将其观点转换至另一个不同类型的例子，即内容包含感知指示词的想法。"某一思考者对于已知对象 x 的感知指示性呈现模式的占有，毫无疑问，将具有一些亚人心理学的阐述，但如果想要成为对于具有 x 的感知指示性呈现模式的完整解释的且足够特定的亚人层面阐述，这一阐述必将包含该思考者同对象 x 的关系"，即外在主义解释也要描述具有对象－依赖内容的指示词。②描述对象－依赖的多种方式中，比较受推崇的是意向性内容理论中随着理论者关于其他问题观点变化而变化的一种描述，其中之一是说内容依赖于其指称的对象之一，如果这一对象本身是内容的一个组成部分[加利福尼亚理念，特别是同卡普兰与阿尔莫格（Almog）相关]，另一种则是说内容依赖于它所指称的对象之一，如果内容的某一组成部分部分地由其（有可能是思考者）同这一特定对象的关系所个体化。这两种描述都导致这样的结果，即"如果对象不存在，那么内容也就不再会存在"，按照皮科克的框架，或许可以解释"对依赖于某一特定对象 x 的内容的哪些特定态度能够解释思考者同该特定对象 x 的特定关系"③，尽管可以消解对于福多的反对，但至少我们可以清楚本书中所列出的外在主义解释并不包含对于对象－依赖内容的描述。④

根据当前关于外在主义解释力的理念，重要的是所解释的关系是什么，而

---

① Peacocke C. Externalist explanation. Proceedings of the Aristotelian Society, New Series, 1993, (93): 211.

② Peacocke C. Externalist explanation. Proceedings of the Aristotelian Society, New Series, 1993, (93): 212.

③ Peacocke C. Demonstrative thought and psychological explanation. Synthese, 1981, 49 (2).

④ Peacocke C. Externalist explanation. Proceedings of the Aristotelian Society, New Series, 1993, (93): 213.

不是起作用的对象特性是什么，因为对思考者同特定对象关系事实的解释，正是对内容－类型的态度以及对于哪些对象是相关内容－类型组成部分的指称物具体说明的结合，因此关于外在主义状态的观点应该有两个部分：一是，在适当情况下，已知意向性内容－类型，有已知对象作为其组成部分的指称物，这一外在主义状态能够被关于这些对象的关系事实所解释或解释它们（已知这些对象是指称物），这构成了这一状态；二是内容－类型的个体化依赖于某人的环境关系的复合体，其中这个人的态度内容是包含这一复合体。当然外在主义的支持者会说感知的方式在构成上是"同感知的能力相连的"，从而能够解释行动的关系事实，如果这种观点正确，那么至少这里所提出的外在主义状态理念及其在解释中的特殊作用在对象－依赖内容的论证的可靠性上是公正的。①

二、对布洛克观点的反对

布洛克提出"二阶属性以及高阶属性，总体来讲，并不因果性地解释它们所被定义的效果"的原则②，它是否与皮科克的思路相冲突呢？首先，皮科克非常看重这一原则的正确性及其正确说明心理解释的结果，并将这一原则命名为"布洛克原则"。布洛克利用安眠药的例子来阐述这个原则，他认为解释吃了安眠药而瞌睡的是安眠药的化学属性，而不是布洛克称为 dormativity 属性的二阶属性，亦非 dormativity 的高阶属性。其次，"如果内容－涉及状态按照仅解释身体运动本身的内在状态理论来功能性地定义，那么布洛克原则同这种论点当然无法同时存在，即这些状态因果性地解释它们起决定作用的效果"。即便"将信念/需求心理学的整体论考虑进来"也无法消解这种矛盾。虽然"布洛克原则的动机自然而然地扩展至高阶状态被排除，由于它们因果性地解释其定义被一同接受的结果"，但皮科克认为，如果自己的论证正确，那么外部状态功能性描述的可能性已经被排除，因为"功能性描述仅仅量化内部状态"，而"支撑它的非功能性理论仅仅解释身体运动"。"外在主义状态同其他心理状态所共同解释的，是身体运动的关系属性"，③而关系属性的解释并非简单地在无关系性事件的解释上生硬地加上关系属性的描述，它同 dormativity 是本质的不同，而非程度的差异。因而，"在诉诸某一理论定义功能性状态时，以待解释物的方式所得到的，

---

① Peacocke C. Externalist explanation. Proceedings of the Aristotelian Society, New Series, 1993,（93）：214.

② Block N. Can the mind change the world？ //Boolos G. Meaning and Method：Essays in Honor of Hilary Putnam. Cambridge：Cambridge University Press, 1990：156-160.

③ Peacocke C. Externalist explanation. Proceedings of the Aristotelian Society, New Series, 1993, 93：215.

不会比给出定义的理论中得到的更多（只要因果解释可行，如果布洛克原则是正确的，你得到的甚至更少）"。①

以上仅仅是比较简单的情况，哈曼也曾指出，功能主义的范围很宽，还有许多环境 - 涉及的种类②，因此有人会说上面的讨论并没有排除某些环境导向的功能主义对于内部状态的定义，那么如果这样的定义存在，是否就可以说它们的解释力同布洛克的原则相兼容呢？有一些哲学家反对布洛克的原则，皮科克列举了三个理论选择，它们对于布洛克的原则分别持赞同、限制与保持中立的态度。

选择一是认为"外在主义状态确实具有实现它们的（非个体化的）状态，且这些实现状态可以说是解释了由意向性状态所特别（但仅仅是寄生地）解释的关系性事态"②，这一观点中，具有关系性待解释物状态的实现是非寄生意义上的，但同样，这一观点也太强，因而将亚人心理学的理念排除在外，皮科克认为对于命题态度心理学的外在主义状态的亚人解释完全可以是真正的良好的解释，如此的话，就不会信奉选择一了。

选择二是来自大卫·刘易斯（David Lewis）将为一个事件提供因果解释同为其因果历史提供一些信息画等号的理论，这一理论包含了一些对布洛克原则的限制，这是"由于 dormativity 定义中的存在量词，援引 dormativity 比解释所提供的信息要少，但援引外在主义意向性状态则提供更多信息"③。刘易斯的方法解释的简单来讲就是某特定事件的发生；对他来说，"因果历史就是被关系者是特定事件的关系性结构（由因果性相关联）"，因此皮科克认为，选择二无法解释不同的关系性待解释物具有不同解释这一事实。④作为解决皮科克提出问题的方法，这一选择的主要缺陷是"某一陈述可以不用识别产生它时在因果性上有效的潜在属性就可以给出关于因果历史的信息"，人们不会因为把意向性状态看做不如 dormativity 更具有解释性的说明而"得到安慰"，也不会满足于某一更为基础的解释，即"意向性内容对于某一其他不同种类的状态是非直接的、存在量化指针"。①

对于选择二的评价并不用对刘易斯自己的事件理论有什么承诺，因为他关于因果解释的观点是独立于这一理论的，如果将二者合并，那么我们有可能失

---

① Peacocke C. Externalist explanation. Proceedings of the Aristotelian Society, New Series, 1993, 93: 216.

② Harman G. Conceptual role semantics. Notre Dame Journal of Formal Logic, 1982, (23): 242-256.

③ Lewis D. Causal explanation//Lewis D. Philosophical Papers: Volume II. New York: Oxford University Press, 1986: 214.

④ Peacocke C. Externalist explanation. Proceedings of the Aristotelian Society, New Series, 1993, 93: 217.

去外在主义心理状态所特有的待解释物。但选择二的问题是事件是否是内在的，而内在属性必须是由一对完美复制品均占有或均不占有，这种要求对于外在主义的心理解释来说太强了。"解释一些非关系性的属性，然后简单的添加语境的、关系性的信息，并不是我们获得关于某关系性事实的完整心理解释的方法"，"如果外在主义心理解释的一个满意说明要按照事件的解释来给出，那么它必须识别外部事件"①。

选择三是皮科克所赞同的，它反对外在主义解释中所给出的描述引起布洛克原则范围内宽范围功能主义描述的观点。如果主体对于某一状态的占有"解释"其动作的事实，那么很自然地，我们会把"解释"（explain）看作对于内容（p 解释事实 q 的事实）起作用的操作者，那么命题态度的描述就是发生在"解释"的范围内的，所以 S 是心理状态中的变量，而不是实现状态的变量，所以他并不是适用于布洛克原则的高级功能性定义，他认为布洛克原则对于命题态度的解释应该被称作理论描述而非功能描述。从而，我们可以看出选择三的观点是"命题态度并不由这种实现状态的高阶定义所个体化"，它同选择一不相兼容，它也没有排斥亚人层面的解释。②

三、事件解释是否充分？

除上面的布洛克原则外，还有一种观点与皮科克的观点相对，此观点指出"关系性待解释物不需要被给予什么特殊的地方"，这样只要说明外在主义状态是如何简单解释事件的，就能描述它们是如何运作的。③

首先，这种观点要同最终承认心理内容不是解释性的观点相区别，按照德雷斯基的说法，"某一特定事件 a 的内容或意义可以通过一个学习机制解释 a 类型事件（或之一）引起其结果类型事件（或之一）的原因"，而后面这种观点是将事件的意义有效地同其结果的解释隔开了。④皮科克在此赞成福多④与布洛克⑤的观点，认为如果这一观点是这样的结果，那么"意义或内容均同特定结果的解释无关，任何外在主义状态也是如此"；同时，皮科克认为这种观点和丹尼

---

① Peacocke C. Externalist explanation. Proceedings of the Aristotelian Society, New Series, 1993, 93: 219.

② Peacocke C. Externalist explanation. Proceedings of the Aristotelian Society, New Series, 1993, 93: 220.

③ Peacocke C. Externalist explanation. Proceedings of the Aristotelian Society, New Series, 1993, 93: 220.

④ Fodor J. Reply to Dretske's "does meaning matter？" //Villanueva E. Information, Semantics and Epistemology. Oxford: Blackwell, 1990.

⑤ Block N. Can the mind change the world？ //Boolos G. Meaning and Method: Essays in Honor of Hilary Putnam. Cambridge: Cambridge University Press, 1990: 137-170.

特①认为的"当某一机体适应某一环境时，事件与状态的内容-涉及属性与它们的内部（'句法的'）属性实质上肯定总是现存的"观点并无二致。但"能解释行为的某一属性实际上肯定总是同第二个属性同时例现，这一事实并不足以使第二个属性能够解释行为"②。

这里所说的与皮科克自己观点相对的观点则是"直接给出某事物简单地解释某一事件的标准，然后论证外部状态符合给出的标准"。西格尔（Segal）与索伯（Sober）③发展了这类观点，并由迈克尔·泰伊在他的《意象争论》一书中应用，他首先阐明关系O通过具有微属性P产生E，然后论述他所阐述的关系在意象、适当的行动以及具有某一特定内容的微属性之间有效。④皮科克评论说，按照泰伊的策略，意象内容或许能以需要的方式因果性地有效，因为它是同脑外事物的各种关系所决定的，但意象内容随附于一个复杂微属性，它又蕴涵关于在头脑中发生什么的微属性，是在微观层面因果性有效的，因而它的问题就是"它同样可以用来建立直观地在因果性上无关的各种微属性的因果有效性"⑤。在泰伊的说明中，首先需要说明属性的因果有效性的定义，其次必须解释清楚"为什么内容-涉及属性要比类似的任意选出的附加属性P&R更有解释力"⑥。

这一问题由属性包络（property-inclusion）的要求而起，自然会有人问，为什么不能直接改变条件从而只要求P通过O导致E而随附于某一属性？西格尔与索伯的解决办法中，"它并不是通过表征的语义属性具有这样的效应的"①。所以，如果我们集中注意于使表征具有效应的属性，那么结合属性包络的要求就无法得到可行的定义；但如果我们不考虑它，那么"内容-涉及状态所随附的微属性就无法使某些大脑状态产生效果"⑦。

皮科克觉得或许可以通过改变定义更精细地划分待解释物来解决这个问题，并且把内容-涉及状态按照更适合某些待解释物来划分，而不能将内容-涉及状态所进行的解释"同化为仅对不包含内容的状态使用的模型"②。

① Dennett D. Ways of establishing harmony//Villaneuva E. Information, Semantics and Epistemology. Oxford: Blackwell, 1990: 5-17.

② Peacocke C. Externalist explanation. Proceedings of the Aristotelian Society, New Series, 1993, 93: 221.

③ Segal G, Sober E. The causal efficacy of content. Philosophical Studies, 1990, 63: 1-30.

④ Tye M. The imagery debate. Cambridge: MIT Press, 1991.

⑤ Peacocke C. Externalist explanation. Proceedings of the Aristotelian Society, New Series, 1993, 93: 222.

⑥ Peacocke C. Externalist explanation. Proceedings of the Aristotelian Society, New Series, 1993, 93: 223.

⑦ Peacocke C. Externalist explanation. Proceedings of the Aristotelian Society, New Series, 1993, 93: 224.

四、计算解释与外在主义

皮科克是赞成内容的外在主义观点的，尽管他认为任何这样的观点都会"加大计算的非语义概念源头与待解释的意向性状态之间的鸿沟"，他仍主张对外部个体化状态的本质进行阐述，既为意向性状态经验解释提出进一步的限制条件，也是为他所提出的新计算观念打基础①。

皮科克提出，"任意具有意向性内容的状态的特性，至少部分是由在适合情况下可以解释外部对象或事件的关系属性或可以被其解释的事实所构成"②。那么进一步来讲，对某人将要处于某一意向性状态的计算解释就是对具有解释事件关系属性的独特能力的某一状态的解释。皮科克的这一观点，是介于施蒂希的激进的怀疑主义与认为计算心理学是基于错误的观点之间的，施蒂希在对福多文章的回应中提到，"对计算模式的彻底接受蕴含对于心理表征理论的拒斥"③。

许多人认为，计算对于表征的语义属性是不敏感的，说到这个问题，经常被提起的就是福多的"作为认知心理学研究策略的方法论的唯我论"一文中的观点，他认为"计算过程既是符号的，又是形式化的"，形式运算并不必须是句法的，但"使句法运算成为一种形式运算的是，作为句法的就是不作为语义的一种方式"④。如果心理过程是形式化的，那么它们就没有环境表征的形式属性，因而也就没有语义属性，比如指称、真、意义等。这一观点并非福多一人所独有，大多数人都有类似的观点，他们认为计算是非语义性的，但这是有矛盾的，因为包含非语义状态的意向性状态的解释又会需要另一个非语义状态来解释，而如果一直是这样非语义状态下去，那么意向性属性又从何而来呢？"意向性状态具有意向性内容所需的非句法关系复合体的存在不是内部个体化的解释条件凭空生成的"⑤。非语义的计算解释，皮科克承认，"有预设的背景条件"，并且是一种包含内容的状态的预设。"句法无法决定语义的规则对于任意可看作内容的东西都适用"⑥。

皮科克给出了一个总体的限制条件，即"内容在亚人状态的正确归因是可以解释它们所解释的事件的关系（环境）属性的事实的，也是可以解释它们在

① Peacocke C. Content，computation and externalism. Philosophical Issues，1995，6：307.

② Peacocke C. Content，computation and externalism. Philosophical Issues，1995，6：308.

③ Stich S. Paying the price for methodological solipsism. Behavioral & Brain Science，1980，3（1）：97-98.

④ Fodor J. Methodological solipsism considered as a research strategy in cognitive psychology//Rosenthal D. The Nature of Mind. New York：Oxford University Press，1991：486.

⑤ Peacocke C. Content，computation and externalism. Philosophical Issues，1995，6：228.

⑥ Peacocke C. Content，computation and externalism. Philosophical Issues，1995，6：227.

各种反事实情况下将会解释的事件的关系属性的反事实的"[①]。个人计算的解释必然会进一步到亚人层面的讨论，亚人内容的外在主义属性是来自其归因同事件的关系属性的联系的。

皮科克在《含义与内容》一书中所提出的"紧密性限制条件"，简单地来讲，就是对于前面提到比由关系事实所能证明的更为精细的限制条件中一系列归因的拒斥。这一限制条件更像是"我们想要最大化可理解性而在亚人层面做的一个同个人层面原则的类比，而非我们想要最大化正确性的一种宽容原则"[④]。

对于内容－涉及的计算解释独特之处的关注，主要是对于如何具有这样的属性的关注，而具体来讲"某种机体如何能之于具有如此这般内容的状态中"这样形式的问题，则可以转化为关于这一机体关系状态的问题，并且不仅仅是知觉，"语言理解、信念、意向、欲望、情绪以及具有外在个体化内容的所有其他状态"，都是如此。[②]

有人提出了一种不一致性，即第一个内容－涉及状态是被过分外在主义个体化的，却不是被外部状态所解释的。那么，要么外部状态必须由外部状态来解释的原则不正确，要么在这种解释中的最早状态也应该被视为外部个体化的。[③]

而对于这一点的回应，皮科克指出，要预设机体的某种标准环境，这与戴维斯对内容的外在主义的辩护相似，其目的是为了解释机体在命题态度心理学的内容－涉及状态之下。[④]要归因给首个内容－涉及状态的正确的内容不仅取决于是什么环境条件引起了它，还依赖于"将其作为初始输入的其他过程的本质以及这些过程的环境影响"[⑤]。

大部分理论家所接受的观点是，只有当某一过程"具有真正的内容－涉及描述"时才是计算，尤其是丘奇兰德（Churchland）与谢诺沃斯基（Sejnowski）的描述，当物理系统的状态可以看成是对其他系统的表征状态时，"我们可以将物理系统看做计算系统，其中各状态之间的转换可以解释成表征之间的运算"[⑥]。皮科克认为，计算并"不是纯粹句法的"，其语义维度不是普通的定义上的"追

① Peacocke C. Content, computation and externalism. Philosophical Issues, 1995, 6: 232.

② Peacocke C. Content, computation and externalism. Philosophical Issues, 1995, 6: 235

③ Peacocke C. Content, computation and externalism. Philosophical Issues, 1995, 6: 236.

④ Davis M. Externality, psychological explanation and narrow content. Proceedings of the Aristotelian Society Supplementary Volume, 1986, 60: 263-283.

⑤ Peacocke C. Content, computation and externalism. Philosophical Issues, 1995, 6: 238.

⑥ Churchland P, Sejnowski T. Neural representation and neural computation//Tomberlin J. Philosophical Perspectives (4): Action Theory and Philosophy of Mind. Acascadero: Ridgeview. 1992: 62.

加"；另外，这些并"不能承诺描述的内容－涉及层面的客观性、非还原性以及解释意义"①。尽管丘奇兰德与谢诺沃斯基认为计算是"兴趣－相关的维度"②，但皮科克认为它应该是自然的，而非同兴趣相关的。③

皮科克的观点是支持计算解释到神经生理学解释的非还原性的，这种非还原性并不会与两种解释之间的依赖关系发生冲突。在什么情况下计算解释可以还原为神经生理学的解释呢？皮科克认为还需要增加两个条件。一是"对于将内容归因于计算状态的普遍规则的陈述"，二是"对于神经生理学解释中所提到的每个状态同相关环境关系的关系以及它们同其他相关状态之间关系的陈述"，这是依靠将计算内容归因到亚人状态的规则来进行的计算解释。④

皮科克把自己的观点同丹尼特相比较，首先提出了一个比较极端的关于个人层面的意向性状态内容同亚人状态内容之间关系的论点，即"独立宣言"（the Independence Claim），丹尼特对此是支持的，但皮科克对其持反对意见。

最后皮科克提出了三个之后可以发展的方向。一是将特定内容归因于亚人状态，二是对联结主义网络中的内容－涉及计算作用的进一步理解，三是内容－涉及计算解释与心理学的外部待解释物之间的关系。⑤

五、先天知识与外部个体化内容

外部个体化的内容观念在《理性的王国》中是否表明人们具有对自己所处环境的先天知识呢？但基尼斯弗（De Gaynesford）指出，如果真如皮科克所说，环境是内容的决定因素，"那么显然主体 A 知道 A 思考什么的方式与 A 知道主体 B 思考什么的方式并没有明显差别"⑥。而皮科克回应道，如果给出自我归因理由的一阶状态或事件是外部个体化的，那么二阶态度的内容也是。这个观点是彻底的外在主义观点，但它同时还包括 A 知道自己态度的方法并不是知道他人态度的方法，它并不要求思考者在知道自己的态度及其环境关系的内容之前就去调查它们，也不用否定第一人称与第三人称归因之间的不对称性。这就解决了但基尼斯弗所质疑的自我归因问题。

① Peacocke C. Content, computation and externalism. Philosophical Issues, 1995, 6: 239.
② Churchland P, Sejnowski T. Neural representation and neural computation//Tomberlin J . Philosophical Perspectives（4）: Action Theory and Philosophy of Mind. Acascadero: Ridgeview. 1992: 65.
③ Peacocke C. Content, computation and externalism. Philosophical Issues, 1995, 6: 240.
④ Peacocke C. Content, computation and externalism. Philosophical Issues, 1995, 6: 227-264.
⑤ Peacocke C. Content, computation and externalism. Philosophical Issues, 1995, 6: 253-254.
⑥ Gaynesford M. Spinning thread: on peacocke's moderate rationalism. Philosophical Books, 2006, 47: 119.

但是，基尼斯弗又提出了另一个问题，即如果我们思考具有环境决定的内容的思想，并且我们很熟悉外在主义的论点，也清楚某些思想是如此决定的，那么我们可能会先天地知道如果我们思考这些思想，那些特定的环境条件也会存在，而我们先天地知道我们在思考这些思想，所以我们也就先天地知道环境条件的存在。

在这里，皮科克使用了实例个体化（instance-individuation）来揭示这一关系的微弱，因为在《理性的王国》中时空概念都是实例个体化的。即便如但基尼斯弗所说的最大限度，即所有都是先天的，如果某人有空间命题态度，那么关于此人的环境可以先天地知道些什么呢？仅仅是如果此人恰当地同世界相连，包含其空间态度的一些内容会是正确的；而此人并不清楚这一点，那么这一论点就无法提供此人以关于其环境的实质性先天知识。当然，如果是前面这种情况，那么此人具有接受什么为真的先天、可行性赋权，然而这并不是其环境的先天知识。①

---

① Peacocke C. Entitlement, reasons and externalism. Philosophical Books, 2006, 47: 120-128.

第五章

整 体 论

第一节　各个领域的整体论

一般认为，"整体论"一词是 1926 年由施穆茨（Jan Smuts）在生物学语境下创立的，他对于这个词的界定是"整体是经过创造性进化而形成的大于部分之和的实在，关注这种整体的倾向就是整体论"[①]。之后，这一词出现在量子力学的解释中，作为原子论的对立面出现。20 世纪 30 年代后，整体论在自然科学领域也受到了一定程度的关注，这种关注带有强烈的哲学色彩，因此也可以说它是一种关于人类自身与世界的哲学观点。

尽管各个领域的整体论在关注问题、特征与形式上各有不同，但它们也有共同之处，比如共同的框架结构、类似的方法和原则，都承认有系统及其组成部分，"对于系统的每一组成部分来说，都有一个质的属性的家族"，"最后都走向了随附论和实在论"。[②]

整体论的基本范畴是整体、部分、属性等概念，它强调"事物内部的不可区分性（non-separability）"和"整体中的部分之间形而上学的依赖性"。[③]福多对整体论系统做了一般性的描述："如果有一系统 S，它有自己的构成部分。对于系统 S 来说，有质的、非析取属性的家族，正是这些属性使某物成了 S 的构

---

① Smuts J. Holism and Evolution. Gouldboro：Gestalt Journal Press，2013：5.
② 高新民. 意向性理论的当代发展. 北京：中国社会科学出版社，2008：433.
③ 高新民，张钰. 整体论及其在哲学中的发展. 世界哲学，2014，3：34.

成要素。S 是整体论性质的东西，当且仅当下面条件为那些作为它的构成要素的事物所满足，对于属于该属性家族的某些属性之例示来说，一事物在本体论上以一般的方式依赖于实际上存在的别的事物，正因为它与别的事物结合在一起，它才以这种方式得到排列，从而有系统 S。"①

从部分被决定的方向来看，整体论分为"从下到上的整体论"和"从上到下的整体论"；从整体论所涉及的对象看，整体论又有"确证整体论、认知整体论、心理整体论、生物学整体论、物理学整体论、社会整体论、方法论整体论、意义整体论等多种形式"②。

内在主义与外在主义的争论中所涉及的其实是意义的整体论问题，那么意义的整体论作为整体论的一种形式，与其他形式的整体论有什么关系？许多学者认为，意义整体论会威胁到意向心理学规律对意义的有效性，但如果可以对意义整体论做"多解释（many-interpretation）意义整体论"与"全解释（all-interpretation）语义整体论"的区分的话，雅各布指出，会威胁到心理学规律的可能性的是全解释整体论这种更为激进的意义整体论。

蒯因所坚持的不仅是确证整体论，也是意义整体论，他认为前者会导致后者。许多学者把意义整体论视为信念整体论。信念有意义、能被确证或证伪、能够有理或无理，因此它是具有整体论性质的东西。在蒯因看来，信念的意义在于它被确证的方式，当然，句子不能孤立地被确证，句子系统才有意义，因此蒯因说："有经验意义的单元是科学的整体。"③

戴维森的解释主义也可以看作意义整体论的一种形式，他认为意义是多因素决定的，比如语言、非语言的、信念的、信息的、行为的、外部环境等。他认为不能把心理事件还原为物理事物，也不能把意义、真之类的概念还原为纯物理主义概念，因为没有这种还原能使用的原始概念。心理状态、意义是统一体，只有在广泛的背景、视域之下才能得到说明。

第二节　意义的整体论

意义整体论认为，语言中所有词语的意义是相互依赖的。意义整体论通常

① Fodor J，LeporeE. Holism. Oxford：Blackwell，1992：15-16.
② 高新民. 意向性理论的当代发展. 北京：中国社会科学出版社，2008：434.
③ Quine W. Main trends in recent philosophy：two dogmas of empiricism. The Philosophical Review，1951，60：42.

是相对意义的原子论与意义的分子论（molecularism）提出的；前者认为每一个词语的意义都独立于其他每一个词语的意义，后者则认为某一词语的意义是同语言中其他词语的较小子集的意义相关联的，比如"杀死"是同"引起"与"死亡"相关联的，"如果……那么……"是同"非"与"或"相关联的。

这一观点常常会提及蒯因的观点"谈论个体陈述的经验内容是容易令人误解的"①，以及前面已经提到过的"有经验意义的单元是科学的整体"②。

同意义整体论相关联的相互依赖性总是被看作由同其使用相关联的每个词语的意义得到的，其中，这种"使用"被理解为：所有的信念都用它（其中的词语）来表达，或者是所有它参与其中的所有推断，它们被称为"信念聚焦的"与"推断聚焦的"描述使用基础整体论特点的两种方式，并且两者之间是可以互换的。

一、支持意义整体论的观点

对于意义整体论的支持主要分为直接的与间接的两种。直接的是实质提供意义是什么的实体性解释并论证意义整体论如何遵循这一解释。许多支持意义整体论的观点来自彻底的使用理论，即将意义等同于我们对它的使用的某些方面。比如亨佩尔（Hempel）、蒯因的确证意义整体论，布洛克、布兰登、菲尔德、哈曼以及塞拉斯等人所支持的推论作用意义整体论，布洛克与丘奇兰德所支持的作用属性意义整体论，以及比尔格拉米（Bilgrami）提出的信念意义整体论。这些观点中，意义的概念被精细划分，而驱动这一划分的原因是，"只有同我们的信念或我们所作的推论相连的、在整体上结构性的意义才能充分适用于心理学解释"③。

而间接的则是通过反驳其相反观点而达到对意义整体论的支持。由于意义的分子论是整体论最有前景的替代理论，许多分子论者长期以来都试图找到条理化的方式阻止将推论看作同意义相关的"扩散效应"，比如德维特和达米特，他们试图证明尽管意义同推论作用有关联，但只有一些推论构成意义。④然而，

① Quine W. Main trends in recent philosophy: two dogmas of empiricism. The Philosophical Review, 1951, （60）: 43.

② Quine W. Main trends in recent philosophy: two dogmas of empiricism. The Philosophical Review, 1951, （60）: 42.

③ Jackman H. Meaning Holism. http://plato.stanford.edu/archives/fall2014/entries/meaning-holism [2016-5-12].

④ Dummett M. Frege, Philosophy of Language, Cambridge: Harvard University Press, 1973.

许多人认为，分子论是原子论与整体论之间一个不稳定的点①，曾经有人认为意义构成性的与非意义构成性的推论或信念之间的界限基本是分析与综合之间的差别，然而在蒯因对其进行反驳之后②，这一论点就彻底孤立无援了。

尽管学者们在之后做过各种尝试，比如不做分析－综合的区分，或是对这一区分做其他版本的分析尝试，而避免直接划入意义整体论的目前比较热门的一种思路是只保持在语义学中的原子论。③原子语义学理论（atomistic semantic theories）通常是因果理论，主要有两种，回顾型的（backward looking）与前瞻型的（forward looking），当然整体论及原子论其他形式的批判性理论都主要是指出这两种因果理论的问题。回顾型因果理论是由克里普克与普特南所引发的，起初它更像是原子论语义学，这种论点是将确定每一个术语意义的决定因素限制于一系列初始使用经历，但它在各种反例中快速搁浅了，甚至最终在结构上越来越像分子论。前瞻型的因果理论主要展望使我们运用术语之于概念的，而非使我们形成概念的那些东西，比如"信息语义学"中所关注的理论，同时也会尝试建立原子论的语义学理论。原子论理论所认为的决定意义的适用类型通常是单一的应用，因为关于使用的更复杂的例子就会有将某一词语的意义与其他词语的使用相关联的风险。仅用这种简单的断言就承认正误使用区别的可能性是非常难的，这种原子论的倾向需要说者在特定语境中所具有的附带承诺，然而这种附带承诺恰恰会带来对原子论的偏离。④此外，这两种类型的因果理论在处理其支持者通常所关注的语言不同部分（而非类术语）时常常会出现问题，原子论者无法像整体论与分子论者一样采用一致的语义学理论来解释部分话语。因此，意义整体论者可以得到这样的结论，即关于意义的分子论与原子论都有比较严重的问题，但和直接论证所不同的是，这里只是排除了主要的几种替换，并不直接蕴涵对分子论与原子论的否定，这一跨越的实现需要加入意义决定因素到意义本身——对应的假设，而这种假设很有可能需要近似"直接"的论证了。

① Jackman, H. Meaning Holism. http://plato.stanford.edu/archives/fall2014/entries/meaning-holism [2016-6-12].

② Quine W V. Two dogmas of empiricism//Quine W V. From a Logical Point of View. Cambridge：Harvard University Press，1951：20-46.

③ Fodor J，Lepore E. Holism：A Shopper's Guide，Cambridge：Blackwell，1992.

④ Boghossian P. Naturalizing content//Loewer B，Rey G. Meaning in Mind：Fodor and His Critics. Oxford：Blackwell：65-85.

二、对意义整体论的质疑

当然，意义整体论并非完美。质疑者主要集中于三个问题：语义合成性、不稳定性与客观性。

意义整体论的第一个问题是同语言中假定的语义合成性之间的矛盾。[①]语义学倾向于将句子及复合词项的意义看多是其组成部分的函数，认为意义是合成性的；而意义整体论认为意义与推论作用是同一的，然而推论作用（或任何其他的整体论意义）并不是合成性的，因此意义不是推论作用的。[②]这与意义整体论的观点是有冲突的。他们举了这样一个例子，如果意义真的是推论作用的，那么"宠物鱼（pet fish）"的推论作用应该是由其组成部分"宠物"（pet）与"鱼"（fish）各自的推论作用得到的，然而显然我们无法从后面两者之一或两者的结合中得到"重量不足 3 克"的推论，尽管这一推论可以由"是一条宠物鱼"得到。整体论者对语义合成性的质疑是这样回应的。布洛克指出，只要我们可以说"如果它是一条宠物鱼，那么重量不足 3 克"是"是一条宠物鱼"的推论作用的话，它的意义就是推论作用的；即便是对这一意义的否定，也需要预设对整体论的否定，那么这种语义合成性也无法独立于整体论之外。[③]布兰登则从递归性方面对这一问题进行了回应，他认为即便复合表达式的意义无法单一地由其组成部分的意义所决定，那它至少复合式一级的表达式意义是由下一层面的表达式意义所决定的。[④]总体来讲，这两种对于语义合成性问题的回应都是认为，尽管意义整体论还是可以给出合成性的或递归性的语义论，只是略显艰难而已。当然，这又再度为意义整体论提出了另一个问题，即有人认为在原子论框架下为我们的语言提供语义论比在分子论或整体论中都要更富有成效。[⑤]

对意义整体论所提出质疑最多的就是关于其不稳定性方面的了。许多观点认为，意义整体论使意义"特殊而不稳定"[⑥]；并且事实上，不光是意义整体论的反对者，就连它的支持者也有这样的考虑，布洛克甚至将这一点写入其对于意

① Fodor J，Lepore E. The Compositionality Papers. New York：Oxford University Press，2002.
② Fodor J，Lepore E. Why meaning（probably）isn't conceptual role//Fodor J，Lepore E. The Compositionality Papers. New York：Oxford University Press，2002：9-26.
③ Block N. Holism，hyper-analyticity and hyper-compostionality. Philosophical Issues，1993，3：42.
④ Brandom R. Between Saying and Doing. New York：Oxford University Press，2008：135.
⑤ Stanley J. Philosophy of Language in the Twentieth Century，The Routledge Companion to Twentieth Century Philosophy. London：Routledge，2008：382-437.
⑥ Fodor J，Lepore E. Holism：A Shopper's Guide. Cambridge：Blackwell，1992.

义整体论的定义中①。他们指出，意义整体论将会消除意义的变化或不同与信念的变化或不同之间的差别。他们给出了许多情况作为佐证，比如改变主意、表示不同意、创造性推论②、语言学习③、交流、心理解释、怀疑眼神等。

同样，与之相对应，意义整体论的支持者也提出了许多解决的方法与视角，比如我们可以说我们并没有真正地改变主意、表示不同意与交流。另外，我们可以承认我们所表明意思的事物具有极度的相似性，而不是丝毫不差地相同，因为即便是对我们的同胞或我们自己之前所用的词项，我们也不能说意思就丝毫不差。此外，还有与这种诉诸相似性的方法类似的方法，即诉诸语境的语境主义方法保证，这种方法有时候也同相似性相互补充来确保意义整体论的可适用性。④

此外，说某一词语同时具有宽、窄内容也是意义整体论者应对质疑的方式之一。"宽的"意义通常按照像指称一样的原子论的东西被理解，而"窄的"意义则更接近于像推断作用的整体论的东西。布洛克指出，如果整体论只对于心理解释中使用的"窄的"意义适用，那么交流、异议及思想转变等都可以用"宽的"成真条件意义来解释。⑤同样，二因素论也可以帮助支撑窄内容中的相似性反应，如果窄内容可以具象化所有的"相同"推断，其中这些推断都按照具有相同的宽内容而被归类，这能使我们说我与我同事关于"猫"的窄内容是非常相似的，因为我们对于"猫"信念大部分有相同的成真条件。

当然，诉诸窄内容总是充满争议的，它在上述信念内容中看起来要比语言学意义中要更自然，但即便是在信念内容中，还是有许多论者质疑这种内容的一致性。⑥此外，即便有人接受两种内容的存在，仍然存在是什么使宽窄内容相结合的疑问。就像福多与莱波雷所问到的：为什么某事物不能既具有"水"的窄内容又同时指称数字4呢？⑦这对于弗雷格式解释中呈现模式决定指称的论点都是影响不大，但对于认为概念的识别过程与其指称毫无关系的理论来讲是疑点重重的，在后面这种理论中，帮助构建窄内容的心理因素同宽内容之间"仅

① Block N. An argument for holism. Proceedings of the Aristotelian Society, New Series, 1995: 151-169.

② Fodor J, Lepore E. Holism: A Shopper's Guide. Cambridge: Blackwell, 1992.

③ Dummett M. The Logical Basis of Metaphysics. Cambridge: Harvard University Press, 1991: 221.

④ Bilgrami A. Belief and Meaning. Cambridge: Blackwell, 1992.

⑤ Block N. Holism, hyper-analyticity and hyper-compostionality. Philosophical Issues, 1993, 3: 37-72.

⑥ McDowell J. Singular thought and the extent of inner space//Pettit P, McDowell J. Subject, Thought and Context. New York: Oxford Universtiy Press, 1986: 137-168.

⑦ Fodor J, Lepore E. Holism: A Shopper's Guide. Cambridge: Blackwell, 1992: 170.

仅相关联"而非帮助决定的关系。[①]

除此之外还有布兰登所提出的放松意义同其个体使用之间的关系的反个体主义主义（anti-individualism）以及对其规范性（normativity）的约束这两种方法。[②]

对于意义整体论的最后一种反对主义源于一种假设，其中，将意义同与其相关联的信念或推论的理论看上去可以使所有意义构成的（meaning-constitutive）信念或推论"在分析性上为真"。[③]反对者指出，意义的分子论者至少允许我们犯错误，因为他们认为我们大部分的信念并不是意义构成的；然而意义整体论却承诺我们所有的信念都为真，因为它们一起决定我们的意义，并且这里的信念为真不仅仅是"通过意义"而为真，而就是纯粹地为真。无论其中所涉及的真理是否为分析性的，至少看上去我们不应该把任意说者的所有信念都看作真。

对这种客观性或者分析性所提出疑问的回应有很多在对不稳定性的回应中已经提出。比如布洛克指出，由于"窄意义的决定性事实并不产生分析性"，因此这种分析性的质疑并不会困扰整体论者。[④]由于窄内容不具有真值，因此就没有成真条件，所以它们"甚至不是分析性的那种事物"[⑤]。此外，还有一种办法就是使用语境主义，其中某人的信念只有一部分同某一语境中词项的意义相关，因此此人的其他信念在这一语境中就可以被视为假。同样地，"反个体主义"与"规范性"的方法都可以运用在对客观性的回应中。

三、不同程度的意义整体论

对于各种整体论来讲，有这样一种全局整体论（global holism，GH）一般表述，即"（GH）某一表达式的意义在构成上依赖于其同语言中其他表达式之间的关系，其中这些关系可能需要考虑这些其他表达式的使用事实，比如它们同非语言世界、同行动以及同知觉之间的关系"。这是关于表达式具有特定意义是什么的构成性观点，它超出了为某一已知表达式具有某种意义的做出证据评判的问题，我们还需要考虑表达式所在句子的属性。但是，在两个方面，（GH）

---

① Margolis M, Laurence S. Concepts and cognitive science//Margolis E, Laurence S. Concepts: Core Readings. Cambridge: MIT Press, 1999: 64.

② Brandom R. Making It Explicit. Cambridge: Harvard University Press, 1994.

③ Burge T. Intellectual norms and the foundations of mind. The Journal of Philosophy, 1986, (33): 697-720.

④ Block N. Holism, hyper-analyticity and hyper-compostionality. Philosophical Issues, 1993, (3): 53.

⑤ Block N. Holism, hyper-analyticity and hyper-compostionality. Philosophical Issues, 1993, (3): 61.

是不明朗的，一是持全局整体论的学者对其同非语言世界的关系的强调是不同的；二是他们并不承诺他们可以"以非循环的方式明确已知表达式（如果它要具有意义的话）同所有其他表达式之间的关系"①。

全局整体论者认为，理解者在具体说明意义时意义可以使用理解条件（understanding-condition）的概念，这是不需要预设的。这里，理解条件是指"某人必须满足才能理解某一已知表达式的条件的外显陈述，并且这种陈述在任何情况下都不会认为讨论中表达式的理解或其表达概念的占有是理所应当的"②。从而，皮科克又归纳了一种更为大胆的全局整体论，即外显的全局整体论（global holism explicit，GHE）。当然这种外显的全局整体论本身就有多种形式，比如其中一种将确定含有已知表达式的句子的方法或从其中派生的方法看作典范的（canonical），这种整体论的理解条件中就带有这样的方法，因此被称为具有典范方法的全局整体论（GHEC）。这种观点的一个例子将之限制于数学语言中，将真同经典数学中承认的典范方法的可证性相等同，达米特称之为"纯粹的数学整体论"。在这个例子中，达米特抨击了整体论的一种极端形式，因为了解另一个人的表达式有时候是需要知道包含这一表达式的哪个句子是他视作为真的，而不能仅凭经典方法的直接证明。③当然，与此相对，还有极端形式的另外一面，即不承认任何方法为典范的（GHENC），比如有些全局整体论者认为我们只能有效地谈及意义的相似性，而不是意义的同一性。

皮科克曾指出，当占有条件作为概念个体化方式适应语音学意义时，外显的全局整体论就是全局整体论的天然公式化表述④，因为他主要关注的是其同全局整体论的循环性之间的关系。而那些不承认任何形式的全局整体论，却又接受理解条件外显表述可能性的学者，则提出语言的所有表达式之间有一种偏序关系，它使得在顺序中前面表达式意义的阐述不需要提及其同后面表达式的关系。当然，全局整体论者是不承认这样的顺序的，因此在其对意义的解释中讨论这样的循环性问题也是自然。比如达米特就认为，整体论的特点是"任何意义理论都无法避免地具有循环性的学说"⑤。而实际上，外显的全局整体论的规则

① Peacocke C. Holism//Hale B, Wright C. A Companion to the Philosophy of Language. Oxford: Blackwell, 1997: 227.
② Peacocke C. Holism//Hale B, Wright C. A Companion to the Philosophy of Language. Oxford: Blackwell, 1997: 228.
③ Dummett M. What is a theory of meaning? （Ⅰ）//Guttenplan S. Mind and Language. Oxford: Clarendon Press, 1975: 97-138.
④ Peacocke C. A Study of Concepts. Cambridge: MIT Press, 1992.
⑤ Dummett M. The Logical Basis of Metaphysics. Cambridge: Harvard University Press, 1991: 241.

指出，全局整体论给出特定表达式理解的非循环解释是不具有结构性障碍的。

蒯因不支持目前所提到的任何一种整体论，因为他总是承认一个层面的观察性词汇，对于它们来讲，以上所有论点都不正确，除非我们将目前所提到的表达式的讨论限制在语言的非观察性部分。至此可以看到，我们的整体论讨论进入了分程度的层面，对涉及表达式的限制越少，整体性就更强。这同样也是意义的概念作用理论所需要面对的问题，布洛克[①]、哈曼[②]及塞拉斯[③]等人都曾表示过类似的观点，在整体性越来越强的无任何限制的极端情况中，通常都会有表达式的严格的主体间同义关系是否得到满足的质疑。[④]

第三节　意义全局整体论的证明

在福多、莱波雷与自己的观点之间，皮科克认为主要结论是一致的，即他们都笃信意义的整体论。但是也有许多不同，比如具体论点不同，并且是对不同领域的探讨。他认为福多与莱波雷同自己的观点是互补的，而不能互换。他从几个方面阐述了自己的整体论观点：意义整体论是什么？杜亥姆－蒯因论点能否解释意义整体论？普特南的非规定性可修正性能否支撑意义整体论？戴维森的解释论与构成性的观点能否支持意义整体论？达米特的全局整体论及局部整体论是怎样的？他对于整体论的讨论方法主要是特定例子的分析与一般问题的探索相结合。

皮科克认为，即便意义整体论的一般论点并不具有足够的说服力，但局部整体论还是提出了许多关于具体例子以及这种整体论类型的有趣问题，仅仅是这些问题，整体论就是十分值得讨论的观点。[⑤]从上面可以看到，皮科克是支持意义整体论的观点的，甚至是外显的意义整体论的观点，只是在程度方面还需要进一步的讨论。因此，他首先做的是厘清已有的证明意义整体论的观点。

① Block N. Advertisement for a semantics for psychology//French P, Uehling T, Wettstein H . Midwest Studies in Philosophy X: Studies in the Philosophy of Mind. Minnesapolis: University of Minnesota Press, 1986: 615-678.

② Harman G. Conceptual role semantics. Notre Dame Journal of Formal Logic, 1982, (23): 242-256.

③ Sellars W. Meaning as functional classification. Syntheses, 1974, (27): 417-437.

④ Field H. Logic, meaning and conceptual role. Journal of Philosophy, 1977, (74): 347-375.

⑤ Peacocke C. Holism//Hale B, Wright C. A Companion to the Philosophy of Language. Oxford: Blackwell, 1997: 245.

一、杜亥姆－蒯因观点同意义整体论

皮科克首先考虑的是杜亥姆－蒯因论点是否可以为意义整体论提供证明，不过这个问题应该分为两个部分讨论，即这一论点是否为真？如果为真，它是如何证明意义整体论的？

在进入这两个部分各自的讨论之间，皮科克又将杜亥姆与蒯因的论点做了比较。首先，如蒯因所说，自己的论点"由杜亥姆有力地论证了"①，这也是将二者放在一起的原因。但是，二者有何差别？首先，杜亥姆的论点是针对物理学的假设的，而蒯因的论点并不局限于物理学的讨论。其次，在杜亥姆的解释中，同一组假设相矛盾或对其进行证明的，是实验，而蒯因认为并非实验结果，而是感觉经验。②而在蒯因之后的表述中，他所说到的感觉经验又让步于刺激，从而有了他所说的说者句子的刺激意义（stimulus-meaning），即一对有序的肯定及否定的刺激意义，因此，他的论点也就进一步变成了认为"关于外部世界的句子只可能是被集合地、而不可能是被逐一地分配的刺激意义"③。

就这种意义而言，只要可以按照刺激意义来阐述意义，蒯因论点是可以支撑意义整体论的。只是，刺激意义的特性对于意义的识别是远远不够的，具有不同感觉系统的生物体仍然可以意味同样的事物，另外，感觉系统也不需要彻底不同。因此，我们可以得到两个启发：第一，意义对于环境所提供的线索需要更强；第二，我们不能寄希望于通过单一地看要进入的信息来掌握某人理解意义的本质，更不能因此忽视人们对这一信息之后的使用，包括最终对其行动的影响。蒯因自己也承认，尽管许多情况下意义与刺激意义之间需要更明确的区分，但他仍然"在观察句的语言社群中、在其他句子的个体说者对于意义的理解中使用刺激意义"。④

那么杜亥姆论点是否暗含意义整体论的某种形式呢？皮科克用更为宽泛、外显的形式提出这一问题，话语的杜亥姆分支是不是辨别术语，从而其理解条件包含整个语言的所有其他术语呢？皮科克认为，对于这一问题，我们还是无

---

① Quine W. Two Dogmas of Empiricism//Quine W. From a Logical Point of View. Cambridge：Harvard University Press，1961：41.

② Quine W. Main trends in recent philosophy：two dogmas of empiricism. The Philosophical Review，1951，60（1）：20-43.

③ Peacocke C. Holism//Hale B，Wright C. A Companion to the Philosophy of Language. Oxford：Blackwell，1997：231.

④ Quine W. Reply to Hilary Putnam//Schilpp P. The Philosophy of W. V. Quine. La Salle：Open Court，1986：427-428.

法给出一个无限制的肯定回答。原因有二：第一，具有杜亥姆属性的话语区域是有一些例子的，但对这一现象最可行的解释并不包括关于其辨别术语意义的任何全局整体论。比如关于人们的意向性状态的话语及其所解释的行动，但任何特定行动仍然是由信念与欲望的无限多的组合所潜在解释的，相应地，"行动的发生也就只能确认或否认关于动作者心理状态的整套假设"，"确实，任何证据都可能同某些标准条件（知觉、推理或意向性行动所必需的）是否得到满足这样的问题相关；但这是证据的整体论，而非意义整体论"①。在意向性心理学中适用的论述在其他领域的话语中也同样适用，尽管这样每一部分的话语可能具有杜亥姆式的属性，但全局意义整体论的任何形式都不适用于整体的语言。

第二个原因更为根本，理论假设的意义为什么要通过可观察事态的结果来阐述呢？比如某一科学家可能会形成这样的假设，即"存在直径小于 0.000 001 毫米物质微粒，它们相互施加微弱的外力"，这一假设的可观察测试知识的获得需要通过推理及创造性思维，这种知识必须在理解假设之后，因此不能等同于理解。尽管这种理解假设的能力很快就可以获得，并且最终会将可观察的和在不同点的大小尺寸联系起来，并且可以给出对这种联系的本质的具体解释，只是表明这些联系的存在是一回事，而说这些假设的意义是根据它们的可观察结果给出的，又是另一回事了。从第二个原因来看，第一个原因甚至作出了过多的让步。可以作为证据的知识同理解句子是不能相互等同的。

二、可修正性观点同意义整体论

在整体论的讨论中，陈述的合理修正性（revisability）问题也引起许多论者的关注，在"经验主义的两个教条"中，蒯因指出"没有陈述对修正是具有免疫性的"②，普特南也强调了合理的、非规定性的修正性的重要性③。对于可修正性观点是否可以证明意义整体论，皮科克主要是从二者的关系以及修正性的两个不同来源来分析的。

---

① Peacocke C. Holism//Hale B，Wright C. A Companion to the Philosophy of Language. Oxford：Blackwell，1997：232.

② Quine W. Two dogmas of empiricism//From a Logical Point of View. Cambridge：Harvard University Press，1961：43.

③ Putnam H. Meaning holism//Hahn L，Schilpp P . The Philosophy of W. V. Quine. La Salle：Open Court，1986：406ff.

首先，他认为"意义整体论自身不意味着无限的可修正性"①，恰恰相反，承认特定典范方法的各种形式的意义整体论实际上是排除了无限的可修正性，因为按照这其中的观点，典范方法的适当使用是不具有可修正性的，同样，对于承认典范方法的更为有限的整体论形式也是这样。蒯因的后期思想是承认典范方法的，他对典范方法规则的认可是由"结果表（verdict table）"所保证的，并且这些规则是被看作具有"一种无危险的分析性"（an innocent kind of analyticity）的。②只有不区分典范与否的意义整体论形式才蕴涵无限的可修正性。然而这些意义整体论形式是否能够使对陈述的接受按照理由所要求的有意义呢？事实上，我们永远无法合理地修正以"如果p，那么p"形式出现的陈述，因此这些形式中的一些是要被排除在外的。

那么杜亥姆论点是否意味着某种可修正性，从而可以证明意义整体论呢？皮科克认为，如果前面的论述正确，那么杜亥姆论点同样无法表明可修正性。皮科克指出，杜亥姆论点并不能表明意义整体论，而如果这是正确的，那么杜亥姆论点当然不能表明用来表明意义整体论的东西。当然，他指出，杜亥姆话语领域中出现的可修正性种类是值得关注的，那就是"对某一特定数值的理论维度归因，当它被归属于特定时间的特定对象（或区域）时"，但是，尽管无碍于逻辑学的核心法则，这种特定对象理论维度归因的可修正性同时是与理论维度或属性一般特征陈述的不可修正性相一致的，而我们可以看到杜亥姆论点并未排除这种不可修正性的简单例子。③因此，杜亥姆论点在可修正性观点的说明方面仍然是不全面的。

可修正性的第二种来源首先可以用知觉指示词来举例说明。比如知觉指示词"那张桌子"（that table），思考者可以对"那张桌子是如此这般"形式的各种陈述的观点进行彻底修正，且不影响"那张桌子"的指称或含义，因为这种修正并未破坏得到这一对象的知觉指示思考方式的基础，即其存在，它是通过同其知觉状态的因果联系而存在的，即在知觉中以某种方式呈现给思考者。知觉指示词只是含义的众多因果联系中的一种。另一个例子则是基于识别的感觉，此外还有由例示作为信息档案的主要来源部分确定指称的因果联系。④普特南的

---

① Peacocke C. Holism//Hale B, Wright C. A Companion to the Philosophy of Language. Oxford: Blackwell, 1997: 233.

② Quine W. The Roots of Reference. La Salle: Pen Court, 1974.

③ Peacocke C. Holism//Hale B, Wright C. A Companion to the Philosophy of Language. Oxford: Blackwell, 1997: 234.

④ Wiggins D. Sameness and Substance. Oxford: Blackwell, 1980: 78-84.

许多关于可修正性的例子也都是围绕某一属性或维度的因果联系的思考方式。[①]然而皮科克认为，这种由因果联系的含义所促成的合理可修正性，并不能为他所论述的意义整体论提供证明，这种合理的可修正性仅仅同某些谓语相一致，它们的归属被修正为没有涉及全部语言的理解条件，并且这种理解条件也不可能预设对语言的其他部分的理解。

蒯因对整体论的论证及对广泛可修正性的坚持是与他对分析性的拒斥相连的，他将后者理解为"纯粹通过意义得到的"真，那么，如果我们反对整体论并承认比蒯因更为有限的可修正性，是否就是承诺这种真呢？皮科克认为不然。这种可能性是存疑的。

"伴随有限可修正性与典范方法的并非分析性，而是一种先天形式。"[②]无论真实世界如何，用典范方法包含表达式的方式分配给表达式的语义值通常是保真的，这同某一传统的先天形式是非常接近的，但并没有承诺纯粹通过意义得到的真，它仍然是通过非引述的成真条件的持有而为真的。同样，推断的典范形式也是保真的，因为对于每一例示来讲，如果其前提的成真条件得到满足，那么其结论的成真条件也就得到了满足。典范方法的识别以及意义整体论的拒斥并不要求在纯粹由习惯得到的真的可能性甚至是可理解性上同卡纳普站在一边的。[②]

三、解释主义、构成性观点同意义整体论

对于解释主义的讨论必然要谈到戴维森，在他的《真与意义》一文中，有他对意义的全局整体论的解读，他将某一表达式的意义理解为从其所在的句子整体中得到的抽象物。那么，按照皮科克的观点，我们首先应该区分这一信条的构成性的与认识论的不同版本。

相比较而言，构成性的信条版本是比较强的，它认为某一表达式具有特定意义是什么应该通过对其所在众多整句的各种属性所能抽象的东西的陈述来解释。然而这一信条并不是对所有情况使用的，比如测量某一对象质量的已知数字是什么，应该通过陈述这一数字编码某一地点的方式来解释，其中这一地点是对象在不涉及数字的物理关系系统中所具有的。尽管对抽象化物理量大小的

① Putnam H. Meaning holism//Hahn L，Schilpp P. The Philosophy of W. V. Quine. La Salle：Open Court，1986.

② Peacocke C. Holism//Hale B，Wright C. A Companion to the Philosophy of Language. Oxford：Blackwell，1997：235.

数值这样的构成性论点是非常有吸引力的，而我们基本上完全无法为某一对象具有不涉及此抽象的比如 5g 物质是什么提供构成性的解释，这一点同菲尔德所否定的是一致的，他称之为"重负荷的柏拉图主义"（heavy-duty Platonism）[①]。

对于意义抽象化的整体论的、构成性的观点实际上有两个密切相关的问题。一是句子属性与关系的不涉及意义（meaning-free）层面是否存在？戴维森对于彻底解释的早期论述中，对此问题有所表态，他认为彻底的解释者可得的证据的基本层面即认为某一句子为真，它是一种态度，且在不必知道句子是什么意思的情况下出现。这种限制条件在未对特定意义作出归因或假设的情况下陈述出来，主要是为了最大化真的信念甚至是可理解性，它仅仅使用了意向性概念，因此关于构成性抽象主义如何为真的解释并非不涉及意义的。另外，这种关于意义的构成性论者以及关于意义的概念作用理论者之间有一种联合，这就提出了第二个问题，即掌握各种特定概念包括什么？特别是埃文斯所关注的指示词、皮科克自己曾作为案例分析的逻辑概念与观察性概念的掌握涉及什么？这些解释并未注意到这些概念的全局概念作用，因此解释主义者可能会质疑如果想要穷尽个体化意义或概念的东西，这些解释是否完全正确。当然，这种质疑并不能帮解释主义者更靠近全局整体论，因为他们认为某一词语表达特定的观察性概念有赖于某人在特定知觉情况下使用表达式的可理解性，以及他从在其他情况下使用该表达式中所推断的东西。这样的质疑仅仅更关注其还原的特性而非其未做到全局整体论。[②]

而认识论的信条版本则认为在了解我们不理解的某一表达式意义时，包含这一表达式的任意句子的使用都可以给出相关的证据。那么这种宽松对于意义的全局整体论的证明是否更合适呢？答案也是否定的，这种证据是关于学习表达式具有非全局个体化的意义中的哪一个的。认识论版本仍然可以认为"解释可以回答理性可理解性的全局限制条件"，对于可理解性最大化的整体背景约束条件也是独立于意义的整体论之外的。另外，这个版本的抽象化论断表明，"仅当表达式能够同其他表达式相结合而形成完成句子时，表达式才具有语言学意义"，当然，尽管在这一点上并无争议，但也非对意义的全局整体论的证明，也同样不是对有限整体论的排除。

此外，在这一抽象化论断的构成性与认识论版本中，指称在解释完整句子成真条件中的作用是不同的，至少有这样三种观点。第一种是认为指称作用与

---

① Field H. Realism, Mathematics and Modality. Oxford: Blackwell, 1989: 186-193.

② Peacocke C. Holism//Hale B, Wright C. A Companion to the Philosophy of Language. Oxford: Blackwell, 1997: 237-238.

微观现象的物理解释中的微观属性或微观实体的作用完全相同的极端观点，第二种是关于亚句表达式的语义属性的工具主义观点，第三种则是皮科克所认同的介于前面两种极端观点之间的中间路线。皮科克指出，中间观点主要有这样两个特点值得特别关注，一是如果 a 表示巴黎，且假若它是高雅的地方，f 对任何事物都为真，那么 fa 为真当且仅当巴黎是高雅的地方。这样的含义是先天的。二是这种先天关联并没有排除某人的信息占有对其相应知识解释具有因果性影响的可能性。[①]

四、语义值与意义整体论

达米特描述整体论时这样说道："对于整体论者，我们不应该尝试得到关于我们语言运作方式的清晰观点，因为根本就不存在这样的清晰观点。我们具有的是约定与法则的随意集合，不存在约束我们选择它们或认为一个比另一个更适合我们应用的规则。"[②]但我们应该使任何一种语言都符合严谨的推敲，使得"将内容归因于语言表达式或句子的方法是系统性的，其中，使用这种方法的被接受的操作模式能够被证明，或最好是由证据被清楚地证明"。[③]由于这种证明的不可得性并未被写入整体论的初始陈述，并且有些整体论是认可个体句子内容的概念的，因此我们应该分别地去看哪些类型的整体论认为基于内容的证明是不可能的，哪些不这样认为。这里皮科克将意义整体论的担保（warranting）形式看作满足两个条件：一是这种形式的整体论承诺证明的存在，这种概念即某些断言可以由其意义部分地得到担保；二是证明的关系足够有力排除其他意义说明的合法性。如此，如果某一形式的整体论不满足以上两个条件，我们就可以称之为无担保的（warrant-free）整体论形式，而达米特也指出，正是这种无担保的整体论"裁决我们有权利采用我们选择的任何逻辑法则的论断"。[④]有担保的整体论对于我们实际的判断与推断实践是有可能保守的，也有可能是修正性的，这取决于这些事件是否符合这种形式的整体论所青睐的证明标准。因此我们的问题就变成了意义的有担保的整体论或者无担保的整体论是否站得住脚？无担保的整体论所面临的是不具有意义的表达式规则的存在问题，直观地来讲，这些规则中的东西无法显示出这些表达式对于包含它们的完整句内容的

---

① Peacocke C. Holism//Hale B，Wright C. A Companion to the Philosophy of Language. Oxford：Blackwell，1997：240.

② Dummett M. The Logical Basis of Metaphysics. Cambridge：Harvard University Press，1991：241.

③ Dummett M. The Logical Basis of Metaphysics. Cambridge：Harvard University Press，1991：241.

④ Dummett M. The Logical Basis of Metaphysics. Cambridge：Harvard University Press，1991：227.

影响。其中，最有名的是普赖尔（Prior）的关联词 tonk 的例子。[①]

皮科克也曾举过伪造的量词 Q（spurious quantifier Q）的例子，其中 Q 具有同存在量词相同的引入规则［由 A（t），人们可以推断 Q_xA（x），服从通常对变量的限制］，且不具有其他任何引入规则，并且同存在消去规则的类似物对其是无效的，那么知觉告诉我们，这些规则无法确定任何意义，那么 Q_xA（x）可能是什么意义呢？可能是可以由任何实例所推断的事物，然而却不能意指 A（x）的存在量词，否则消去规则就有效了，也不能意指替换包含这一存在量词的某一进一步的条件 p 的持有相类似的东西，否则又会有进一步的引入规则出现。这种认为 Q 不具有意义的观点是非常笼统且普遍的，因此对无论构成主义还是更为实在论的内容概念都适用。[②] 同样，达米特也曾经利用连接词"U"提出过类似的观点。[③] 这些伪造的连接词及运算符的问题很有可能出现在对其特性的具体说明之上，是这些具体说明使得它们无法具有语义值，而后者正影响着它们所在完整句的真值确定。这里正是有担保的整体论大肆宣传自己优势的好时机，因为这里的问题与整体论并无关系。

然而，有担保的整体论也需要面对两个关系密切的问题，皮科克将这两个问题称为多元素决定（overdetermination）问题与多元素区别（overdiscrimination）问题。[④] 前者的问题在于，其反对者可以轻易指出这一多因素规则的某一子集就可以构成其意义（引入与消去规则），是它们确定了语义值。而后者基本可以看成前者的另一面，因为在某人语言中，可以个体化表达式意义的规则越多，我们被从将意义等同于词汇量不同的人语言中表达式意义中排除的情况范围越大。因此，意义的多元素区别的结果就是，"全局整体论能够无可非议地应用担保观念（无担保概念甚至根本无法获得）的空间是非常有限的"[⑤]。

五、局部整体论及来源

皮科克认为，"通常某一事物（属性、关系）是部分地由其同其他事物的关

---

① Prior A. The runabout inference-ticket. Analysis, 1960,（21）: 38-39.

② Peacocke C. Proof and truth//Haldane J, Wright C. Reality: Representation and Projection. Oxford: Oxford University Press, 1993: 165-190.

③ Dummett M. The Logic Basis of Metaphysics. Cambridge: Harvard University Press, 1991: 288-290.

④ Peacocke C. Holism//Hale B, Wright C. A Companion to the Philosophy of Language. Oxford: Blackwell, 1997: 242.

⑤ Peacocke C. Holism//Hale B, Wright C. A Companion to the Philosophy of Language. Oxford: Blackwell, 1997: 243.

系所个体化的"[①]。他举了三个不同领域的例子来说明不提及其同其他事物的关系就无法说明某一事物是什么意思。第一个例子是不提及空间关系的网络就无法解释某一地点，第二个例子是不提到施力与运动变化就无法解释物理中的质量大小，第三个例子是具有某一语言学意义这一属性是部分地由同其相信某事物具有相同内容的属性之间的关系所个体化的。这三个论断起初都是对某一对象、属性或关系的个体化或构成性在指称层面，而非含义层面的讨论。说"起初"是因为，皮科克希望不排除在此基础上对含义层面做进一步的哲学讨论。

在这三个例子中，会出现对地点与空间关系表达式意义、质量与力的表达式以及意义与信念的表达式的局部整体论，它们都蕴涵于两个合理主张的结合之中。第一个是认为当某一事物（属性、关系）是某一词语的指称时，那么关于这一词语的使用，必定有某一事实是可以确定它（而非其他）就是这个词的指称的，这一事实就是"指称确定的事实（the reference-fixing fact）"。第二个则认为词语的指称确定事实包含语言使用者对讨论中的事物或属性同其他事物或属性之间构成性关系的初步理解。"如果这些主张正确，那么意义的局部整体论就是由属性与事物个体化层面的整体论派生来的。"[②]由此，我们可以得到，构成局部整体论的事物或属性表达式的理解包含对它们在能够解释空间事实、机械事实以及意向性行为事实的理论中作用的一定了解。

第四节　行动、空间与整体论解释

皮科克表示，他要论述的一个普遍解释结构使用了这样两个例子：①用其信念与愿望对主体行动进行的解释；②用其在空间框架的位置以及世界在此框架中在不同地点的方式进行的某人经验过程的解释。如果这一论述对于以上两个例子中具有相似性的解释结构均可行，那么它们各自领域的一些有争议的话题就可以按照在其他领域的类似情况是否合逻辑来判定了。他认为这一相似性至少可以影响三个问题，即"行动与空间案例中的'偏常'因果链"、"整体论

①　Peacocke C. Holism//Hale B，Wright C. A Companion to the Philosophy of Language. Oxford：Blackwell，1997：243.

②　Peacocke C. Holism//Hale B，Wright C. A Companion to the Philosophy of Language. Oxford：Blackwell，1997：244.

格局中的优先顺序"以及"意义理论中的整体论与非决定"。^①

　　皮科克从信念、欲望与行动的例子得出结论：在没有主体愿望时，没有一个行动是必须同信念占有相联系的。在欲望与行动之间也同样，即没有对于主体信念的预设，欲望也无法在任意类型的行动中被发出。随后皮科克又考虑了某地位置与经验的相应例子，得到了类似的结论，即没有对于在那一地点是什么样的预设，身处于这一地点的经验者无法感受经验。这里，经验者替换了前面的主体，在那一地点是什么样的替换了前面的态度内容，位置替换了信念。因此，行动是由信念与愿望共同决定的；关于世界的经验也是由空间中的位置与在此位置是什么样的所共同决定。^②

　　皮科克用了最为粗简的方式表达了这两个规则的不可还原性，他称之为行动与空间方案的"先天规则"（the a priori principles），并列出了其中有许多重要且密切相关的属性。第一条属性是它们是先天的，这里说的先天是指应用它们相应于这些规则所包含的不可还原谓语是掌握这些谓语的基本要素，皮科克解释，这并不是说使用这些规则就表明他们已经懂得这些规则了，而是说忽略这些规则就会无法应用这些规则或是在新应用中产生错误的回应。因此，正如皮科克所说，这一论点的重要性"在于它所排除的东西"^③。不过这里还包括了两点不承诺：一是"某人关于自己信念与愿望的知识只能是推论性的"；二是并没有表明"只有这些规则是掌握这些概念的基本要素"^④。第二条属性是尽管这些规则是先天的，但"它们也有解释地位"，这一解释在空间案例中是因果性的。"实际上，我们的语言只对用适当方式在以下规则描述中的事件具有词汇：行动案例中的'意向性'与空间案例中的'知觉经验'"。因而就有了先天规则所解释句子的 B- 真理（B-truths）与包含在先天规则前件中出现的不可还原谓语 E- 概念（E-concepts）的 E- 真理（E-truths）。^④

　　将行动与空间格局称为"整体论的"证据并不简单地是先天规则的呈现，因为在功能端也能找到这些先天规则；这一证据也不是同一对概念一起呈现的先天规则，不仅仅是一对。而在这些例子中，概念明显呈现出"二阶物理还原

---

① Peacocke C. Holistic explanation: an outline of a theory//Harrison R. Rational Action: Studies in Philosophy and Social Science. Cambridge: Cambridge University Press, 1979: 61.

② Peacocke C. Holistic explanation: an outline of a theory//Harrison R. Rational Action: Studies in Philosophy and Social Science. Cambridge: Cambridge University Press, 1979: 62.

③ Peacocke C. Holistic explanation: an outline of a theory//Harrison R. Rational Action: Studies in Philosophy and Social Science. Cambridge: Cambridge University Press, 1979: 63.

④ Peacocke C. Holistic explanation: an outline of a theory//Harrison R. Rational Action: Studies in Philosophy and Social Science. Cambridge: Cambridge University Press, 1979: 64.

性的特性"，因此，整体论的特性"应该是可以解释行动与空间格局 E- 概念的二阶不可还原性的东西"。这一特性是，"当我们将某一信念归属于某人时，这一归属（如果为真）就具有了我们对于此人在各种情况下会做什么的期望的各种结果与反馈；但它具有这些特定的结果仅仅是因为此人具有其他信念与愿望"。同样在空间案例中，我们能够对一个人会有什么样的经验过程有所期待也仅仅是因为我们具有在各种地点这是什么样的信念。目前在表述整体论的来源中所省略的是"对于 E- 概念应用中跨时限制的呈现"，在这两种例子中，皮科克确定了"整体上相连接的组成部分"（holistically connected components），它们之间的关系正是跨时限制所谈及的。地点之间的空间关系是这一地点本质的一部分并非偶然特性，某一态度也并非偶然地具有某一内容。①

他的这一观点得到像哈克一样的论者的支持，她指出，我们无法独立于其愿望之外通过其信念来解释理性主体的行动，同样，我们也无法独立于其所在的地点属性之外通过其位置解释观察者的知觉。这种"不可约性"（irreducibilities）是由两条先天规则的事实所解释的。当然，她表示，这一真理只是整体论解释的必要而非充分条件，其充分条件是"跨时的限制"（intertemporal restrictions）。②

这种整体论的解释同物理学中的有何不同呢？物理学整体论的本质中并不可能出现偏常的与非偏常的因果链的差异。这是同彻底阐释相关的，每一个方案中规则的先天与解释地位的调和会"通过事物状态中信念、愿望与知觉经验的实现的解释自然发生"；而从实现状态到方案的 B- 真理的不同解释路径可以"提供一种偏常与非偏常因果链之间差别的分析方式"。③

如果一个家族的概念不能还原至另一个，那么我们自然会提出这样的问题，即我们如何应用这些概念？在皮科克所阐述的这个整体论解释中，还原的不存在同其所称的准还原是相协调的，而后者是"不具有将整体论解释方案的 E- 概念具体应用于特定对象的先天知识的人可能懂得使用它们的真理的方式"，他还提出了三个条件来具体化这一准还原。实际上，戴维森指出，"保持某一句子为真的概念以及他使用清晰规则的彻底阐释过程"在方案的部分中的作用同准还

① Peacocke C. Holistic explanation: an outline of a theory//Harrison R. Rational Action: Studies in Philosophy and Social Science. Cambridge: Cambridge University Press, 1979: 64-65.
② Haack S. Review of holistic explanation: action, space, interpretation. The Philosophical Quarterly, 1981, (124): 273.
③ Peacocke C. Holistic explanation: an outline of a theory//Harrison R. Rational Action: Studies in Philosophy and Social Science. Cambridge: Cambridge University Press, 1979: 66.

原中的概念 Q 与方法 M 相似①。在拉姆齐的著名方法中也有相同的情况，即从主体偏好顺序进行主观可能性与使用的赋值方法。皮科克指出，整体论解释方案如何应用并不要求准还原的有效。并且，这里的概念 Q 同戴维森的保持句子为真的概念作用也不相同。不过对于准还原的反驳并不等于对我们获得这一方案的解释的反驳。

那么我们到底是如何应用这一空间方案的呢？很明显，任意序列的经验可以通过追溯空间中的路径产生，当然这是在严格受限的含义上，即我们对于任意序列的经验都可以设想赋予不同时间、地点的特性。但同样，这些序列的经验中的许多在其自身中"绝没有提供任何表明经验中的变化是来自经验者地点的变化而非客观世界中属性地点所发生的变化"，为了清楚显示经验如何可以给出区分的原因，皮科克还构建了一个简单的图形对其进行了解释。②这一解释的反对者认为，皮科克所提供的这种规则性经验理论之所以能有如此作用是因为他剥夺了经验者确立自己位置时可得到的两个来源，一是"可以意向性地移动自身的能力"，二是"在一个地点发现之前特性痕迹的能力"，因此不能说经验者需要依赖经验规则性的理论。皮科克的回应是，经验者移动自身的行为确实可以使他做这样的区分，但这却不是一个彻底独立的证据来源；在发现之前痕迹的情况中，这一问题更加凸显，因为经验者需要有其仍留在原地的预设。用皮科克的话说，"没有经验量化特性可以自己必然确保这一经验空间起源的任何事实"，这实际上就是前面所谈到的不可还原规则之一。③

经验者能够应用这一整体解释方案的第二个基本要素是他对于经验的记忆，包括经验的内容及顺序。在行动案例中，甚至是以言语类似的方式，这些观察也同样适用。只有经验地假设命题态度历时变化规律性的稳定才能提供区别的基础，因此，这里的情况又是"这一规则性并非已解释事实中的，而是使用方案 E- 概念的真理中的"。在记忆中也类似，不相信过去行为曾是某一特定种类，就无法将这一时间案例应用于某一生物，二者必须包含它所发生的顺序。④

接下来论述的是彻底阐释的应用，按照戴维森的说法，"我们可以在不懂得某一思考者用一个句子表明什么或这一句子表达他的什么信念的情况下，知道他认为此句子为真"，因此认为某一句子为真可以被认为起到了准还原中概念 Q

① Davidson D. Radical interpretation. Dialectica，1973，27：313-328.

② Peacocke C. Holistic explanation：an outline of a theory//Harrison R. Rational Action：Studies in Philosophy and Social Science. Cambridge：Cambridge University Press，1979：68.

③ ④ Peacocke C. Holistic explanation：an outline of a theory//Harrison R. Rational Action：Studies in Philosophy and Social Science. Cambridge：Cambridge University Press，1979：70.

的作用。① 皮科克并不反对这一点，但他认为原因中指出的这种情况"实际上排除了将适用（holding true）作为准还原中的概念 Q 使用的情况"。② 同样地，皮科克讨论了在空间案例中的情况，在这一讨论中，"我并不是想表达一个人可能在过去具有一般的概念能力，这一能力同现在的判断'我们现在是位于 O 的'没有确切的关联：恰恰相反，我想说的是这个人可能在过去（或者可能现在知道此人过去曾处于这样一个位置）做出过这样的判断，此人曾经在这一特定（或某一）地点，且这一地点在那时曾经是 O，并且此人现在的经验是其由于我们已经讨论的那种更为直接的原因曾经知道自己位于 O 时所有的那种经验"②。

当然，以上的论证作为归纳推理，显然不是无懈可击的，但我们关注的应该可以放在包含命题态度与主张为真在相应方面的平行，如果这是正确的，我们可以说"解释如何决定在某一方案 E- 概念的对象上的具体应用，即使用关于一个案例中 O 位置的真理以及在另一个案例中主张为真，无法提供准还原：因为这些真理只能由已经具有运用 E- 概念能力的人所知，这一能力是准还原想要实现的而非预设的"。③ 当然这并非无法做出帮助彻底阐释的假定，也不是无法从头弄清楚某人自己的空间理论，它只是无法做出关于 E- 概念具体应用的假定。

另外皮科克也指出，以上只是一种不懂句子是什么意思就认为其为真的情况，这并不能充分显示它是唯一一种情况说明得到知识的方式不能妨碍它在准还原中的使用。皮科克想要提供一个更为概括的论点来排除这种可能性。皮科克指出，就像戴维森所说，只有我们"非常了解（说话者的）愿望与信念的许多"④，我们才能得到这样的推论，我们需要的不仅仅是为真的相信（believings-true）与为真的想要（desirings-true）的知识，我们还需要"精细区别的信念与愿望"以及"主体信念与愿望的骨架知识"。③ 然而，在反对格赖斯还原性分析的规划时，戴维森认为"精细区别的命题态度无法优先于其言语的系统阐释被归属于语言使用生物"，用在这里却显得自相矛盾了。因此这一论点还不够全面，我们当然认为我们不需要使用主体信念与愿望的理论就可以识别主张为真的情况，但是这显然不对，因为主张为真是一个心理学概念，另外，"信念、愿望、主张为真与意义之间的联系作为对应用整套的合法性约束条件而发挥作用"，主张为真在这里也无法像准还原中的概念 Q 一样发挥作用，因此，"关于

① Davidson D. Radical interpretation. Dialectica，1973，27：313-328.

② Peacocke C. Holistic explanation：an outline of a theory//Harrison R. Rational Action：Studies in Philosophy and Social Science. Cambridge：Cambridge University Press，1979：71.

③ Peacocke C. Holistic explanation：an outline of a theory//Harrison R. Rational Action：Studies in Philosophy and Social Science. Cambridge：Cambridge University Press，1979：72.

④ Davidson D. Thought and talk//Guttenplan S. Mind and Language. Oxford：Clarendon Press，1975：14.

什么被认为真的假设可能会由其在态度与解释残余（由于测评原因而被保持不变）的语境中行动的结果所改变以及测评；具体的命题态度与意义归属也完全一样"[1]。但还有一个中间位置，即当我们需要信念与愿望的一些知识来决定什么被认为真时，所需的态度不是我们需要阐释句子才能归属的态度，其中这些句子的解释是"包含主张为真的准还原想要实现的"；当然，对这一中间观点也有反对意见，皮科克也对它进行了想象的回复，并且他指出，如果这一回复可以证明准还原是可能的，那么它也表明"使它可能的也是使它不必须的"[2]。

"我们在彻底阐释中所需要的是一个整合的准还原，它从优先于后面这些而可得的某一证据中同时发出所有的愿望、信念以及句子含义"，不过对于空间案例的考虑已经足够表明："对整体论解释的任意系统中都应该有准还原的先天坚持表明它是一个不充分彻底的整体论。"[2]

皮科克的行动解释的整体论方案是"内嵌"于更为复杂的方案中，即物理解释方案中，皮科克在此采用的是物理主义的弱形式。

第五节　整合挑战

在皮科克对解释、内容、概念、理解、真与指称等多个哲学问题进行研究之后，基于对形而上学与认识论之间的关系，他又提出了一个整体论的观点，即他所称的"整合挑战"（integration challenge）。他指出，哲学的各个领域都面对着一个共同的调和（reconciliation）问题，即调和"对已知种类陈述的真理中包含什么的可行性解释同我们懂得这些陈述时是如何懂得它们的解释的"[3]。这一调和问题可能会有多种形式，我们可能只知其一，也可能对两者都不了解，皮科克将为某一已知领域提供同时可接受的形而上学和认识论并且表明它们是这样的总任务称为这一领域的整合挑战。保罗·贝纳塞拉夫（Paul Benaceraff）在他的文章中讨论了数学真理尽管有特有的特征，但基本的要点对于任何主体物质也是适用的，即真理概念"必须以使我们如何在这一领域具有我们所具有的

① Peacocke C. Holistic explanation: an outline of a theory//Harrison R. Rational Action: Studies in Philosophy and Social Science. Cambridge: Cambridge University Press, 1979: 73.

② Peacocke C. Holistic explanation: an outline of a theory//Harrison R. Rational Action: Studies in Philosophy and Social Science. Cambridge: Cambridge University Press, 1979: 74.

③ Peacocke C. Being Known. Oxford: Clarendon Press, 1999: 1.

知识可理解的方式符合知识的整体解释"①。

皮科克这里所说的"形而上学"指的是"在构成上对已知类别判断的真理中包含什么的正确概念",他认为形而上学推进的方式有几种,比如通过真理的还原解释,通过阐述真理所遵循的一些一般规则,通过阐述同已知领域的真理及其他物质(心理状态、非心理世界的状态或其他种类的真理)的依赖、独立或互联的各种关系。这种形而上学的概念同斯特劳森的描述性形而上学非常接近。②

那么,已知领域整合挑战的可行性解决办法是否会迫使我们认为我们关于这一领域思想的实际结构涉及错误规则呢?这是一个实质性问题,如果真是如此,那么上面说的接近的形而上学概念与描述性形而上学概念就要分道扬镳了,因为皮科克所说的形而上学"仅仅是对所讨论领域错误的哲学理论的修正",而非我们思想的实际结构。③以整合挑战最一般和抽象的形式,它不依赖于任何有争议的哲学理论,它是"通过在已知领域真理的特定特征的思考,以及对我们正常使用什么作为我们了解此领域真理的方法是如何同这一领域真理的这些特征相调和的问询而产生",因此,产生挑战的唯一必需的背景前提是一个无懈可击的规则,即"作为知道 that p 的方法的任何事物必须是可对 p 真理中所包含的所有东西做出理性接受的东西"③。

皮科克选取了整合挑战比较严峻的三个领域:必然性、我们心理状态的意向性内容的知识以及过去。

目前,模态真理的形而上学解释中发展得最好的是刘易斯的模态实在论(modal realism),它"将其他可能世界看作和你周围的宇宙一样种类的事物"④。因此,其中的模态真理是不可接近的。理论家们都想给出关于模态真理本质的不太难懂的理论,皮科克认为,"我们需要一个形而上学的对模态真理的论述,它可以保留模态论点的客观性,且不以其认识上的不可接近为代价"⑤。

有人质疑这一整合挑战是否真实存在,皮科克认为这一挑战被满足是可能的,需要说明的是它如何被满足。另外语境主义理论也同样存在这一质疑,这里想说明的并非转换标准(shifting standards)与语境现象(contextual phenomena)不重要,只是说(a)到(c)这样的问题可能并不能依赖转换

---

① Peacocke C. Being Known. Oxford: Clarendon Press, 1999: 2.

② Strawson P. Individuals: An Essay in Descriptive Metaphysics. London: Methuen, 1959.

③ Peacocke C. Being Known. Oxford: Clarendon Press, 1999: 3.

④ Lewis S. On the Plurality of Worlds. Oxford: Blackwell, 1986.

⑤ Peacocke C. Being Known. Oxford: Clarendon Press, 1999: 3-4.

语境。①

皮科克主要区分七个对于整合挑战的回应。其中前三个可能会有重叠，它们同被视为保守办法，因为它们保持这样的想法，即"存在问题陈述的一个成真条件，它可以同可接受的认识论相整合"。这三个回应分别是：第一，为将我们在某一领域的真理的观点同认识论相整合而重新审视我们这一领域的形而上学，这主要适用于形而上学必要性。第二，重新审视陈述的认识论，主要适用于我们心理状态的外部个体化意向内容。第三，重新审视形而上学同认识论的关系，从而消除不兼容及它们之间无法解释的沟壑，主要适用于过去，当然也适用于前两种。②

另外四种选择，相对于前三种而言，则是修正性的，因为拒斥上述保守方法中所保持的想法，并且与前三种选择是互斥的，它们相互之间也是互斥的。

第四，这种选择并不直接拒斥成真条件的概念，而是提供一种"瘦身了的"成真条件，它抓住了一些而非全部问题句子的直观内容，它适用于"瘦身了的"内容，尽管它们也可以"被追溯回这些理论者有意想要砍掉的超出的、甚至伪造的内容"，比如无限事物的合法陈述、自由意志。③

第五个选择直接给出"将这些陈述赋予我们思想与行动中的某一特定角色（这一角色为我们解释它们的重要性）"的一种理论，这种选择有时候被称为"'非事实主义的'选择"（'non-factual' option），比如大卫·希尔伯特（David Hilbert）对于无限事物的评述④，菲尔德对于数字的所有明显的讨论⑤，以及斯特劳森在他的《自由与愤恨》一书中对关于自由陈述的讨论，⑥同样，克里斯汀·科斯佳（Christine Korsgaard）在她的论文集《创造尽头的王国》中，也对陈述做了外显的非事实主义发展。⑦另外还有非事实主义如果要应用在西蒙·布莱克本（Simon Blackburn）的准实在论（quasi-realism）中，还需要一些特质。最好是将这种选择描述为"这些陈述之于我们的意义与认识论价值，是按照思想或行动中的某些倾向作用，而非按照推崇这一选择的理论家赋予这些陈述的不可消除的成真条件（如果有的话）所解释的"。当然，这一选择同样也面临两个问

---

① Peacocke C. Being Known. Oxford：Clarendon Press，1999：6.

② Peacocke C. Being Known. Oxford：Clarendon Press，1999：7.

③ Peacocke C. Being Known. Oxford：Clarendon Press，1999：8.

④ Hilbert D. On the Infinite. Putnam E，Massey G（trans.）.//Benaceraff P，Putnam H. Philosophy of Mathmatics：Selected Readings. 2nd ed. Cambridge：Cambridge University Press，1984：183-201.

⑤ Field H. Science Without Numbers：A Defence of Nominalism. Oxford：Blackwill，1980.

⑥ Strawson P. Freedom and Resentment and Other Essays. London：Methuen. 1974.

⑦ Korsgaard C. Creating the Kingdom of Ends. Cambridge：Cambridge University Press，1996.

题，即这一选择可理解与不可理解的界限在哪里？第五个选择是否仅仅在事实主义观点正确的语句或内容背景下才是可理解的？皮科克认为，即便是最简单的逻辑常量，我们都有我们的普通规则可以回答的某一成真条件概念，至少当这些常量是可以内嵌于任意运算符时是这样的。而对于任意内嵌不是那么重要的表达式，比如直陈条件，就需要应用非事实主义的解释了。那么，主要问题就变成了：如果仅因某一层面存在具有真正成真条件的内容，某一已解释的条件句是否可能（比如，依照主体条件可能性）？①

最后的两个选择是较为激进的。

选择六是怀疑论的，认为"在我们所讨论的领域是不可能有有趣的知识的"，如果真是如此，那就不用强调整合挑战了。这里会回答一直伴随着怀疑论的一个问题，即"真这一概念的理解是如何成为可能的？"并解释这种理解"是如何同理性的、有见识的判断相连的"②。

第七个选择是具有最彻底修正性的，认为整合所讨论的整个领域是"伪造的"，基于我们无法使用选择四、五、六这样的错误想法的"错觉"。盖伦·斯特劳森（Galen Strawson）③及德瑞克·帕菲特（Dereck Parfit）④都表述过这样的思想，这也是对罗德里克·齐泽姆（Roderick Chisholm）⑤的主体因果性的一个普遍反应。②

有了这样的七个选择，皮科克认为我们还应回答这样的两个一般性问题，即"我们应该如何着手于得到任何已知领域的整合"，以及"在任何已知领域，决定这一领域正确解决类型的一般规则是什么"⑥。

皮科克的整合挑战主要涉及的一点就是对形而上学与认识论之间关系的阐述。

一、关联论点

皮科克首先提出了一个联系意向性内容理论与知识理论的观点，在阐述与维护这一观点的过程中就其对于整合形而上学与认识论的意义进行说明，他

---

①　Peacocke C. Being Known. Oxford：Clarendon Press，1999：9-10.

②　Peacocke C. Being Known. Oxford：Clarendon Press，1999：11.

③　Strawson G. The impossibility of moral responsibility. Philosophical Studies，1994，（75）：5-24.

④　Parfit D. Reasons and Persons，revised. Oxford：Oxford University Press，1987.

⑤　Chisholm R. Human freedom and the self //Watson G. Free Will. Oxford：Oxford University Press，1982：24-35.

⑥　Peacocke C. Being Known. Oxford：Clarendon Press，1999：12.

将这种观点称为"关联论点"（linking thesis）。这种观点认为有这样的一类概念，其中的每个概念都可以"部分或全部由思考者懂得包含这些概念的某些内容的条件个体化"；并且每一个概念都要么就是这一概念，要么是最终部分地由其同这样的概念之间的关系个体化。①并且，如果这一关联论点正确，那么这种概念的个体化不仅包括在判断形成中的正则作用，同时也包括知识习得中的正则作用，皮科克称这种概念为"在认识论上被个体化"（epistemically individuated）。②

关联论点可能对"使用概念的任何人"都适用，但"并非所有概念都是在认识论上被个体化的"，比如经验科学的理论解释性概念通常就不是。②对于理论概念的理论作用，我们不能说某一经验科学理论概念的占有条件是占有它的任何人必须愿意判断落入这一概念的事物具有高度特异性的理论作用，因为"如果这一作用是非特异性的，它就无法个体化这一理论概念"，因此，"这样的作用并非这些概念的组成部分"。举一个非认识论个体化概念的例子，即概率，"对于这一概念的占有既不包含知识，也不包含概率的直接判断"③。

那么为什么非认识论个体化的每一个概念最终要由其同认识论个体化的概念之间的关系所个体化呢？为什么不直接使用最佳解释推理的模型呢？皮科克的回答是"如果知识真的可能，那么就不是所有事物都可以通过最佳解释推理得知了"，这不过是"不是所有事物都可以由推理得知"的一个特殊应用。实际上，"知识包含认识论个体化概念的内容，它最终使得由最佳解释推理得到的知识成为可能"。④

皮科克还举了几个认识论个体化概念的例子，如观察性概念 F 的占有条件蕴涵占有此概念的思考者将做好判断某事物为 F 的准备，当他具有某一特定经验，并且在表面意义上理解经验。如果这一思考者的确适当地知觉，且具有合适种类的经验，并且在表面意义上理解经验，而且没有其他理由怀疑，那么他"不仅仅是相信，并且懂得形式为'那就是 F'的内容"。另外还有并列概念的例子，最终也是"对导致结构的判断相当于知识"。皮科克指出，还可以考查各种概念占有的可信的哲学解释，都可以证实（confirm）："这些解释可以转化为谈及包含目标概念某些内容的知识的解释"⑤。

---

① Peacocke C. Being Known. Oxford: Clarendon Press, 1999: 13.

② Peacocke C. Being Known. Oxford: Clarendon Press, 1999: 14.

③ Peacocke C. Being Known. Oxford: Clarendon Press, 1999: 15.

④ Peacocke C. Being Known. Oxford: Clarendon Press, 1999: 15-16.

⑤ Peacocke C. Being Known. Oxford: Clarendon Press, 1999: 16.

当然，除了上面这些具体例子对于关联论点的证实之外，皮科克还给出了"解释对于任意已知概念都是如此的更为基础的特征描述"，即"可以用接受或直接判断包含某一概念的特定内容的条件来个体化的任何概念也会使认识论上个体化的概念"，他提出了四步论证来解释这一概括的有效性，并对这一论证进行了阐述与证明。

他所提出的四步论证是这样的：

（1）以用其在直接判断中的作用个体化的目标概念为例。接下来考虑概念占有条件中提及的判断，这些判断是思考者在具体情况中必须愿意做出的，在这些情况下，如果思考者在事情上做任何判断，这些判断必须是他所理性要求的，它们必须是理性上非自由的（non-discretionary）判断。

（2）理性上非自由的判断是以知识为目标的。

（3）所以，如果思考者做出理性上非自由的判断时其用适当方式获得的预设被满足，且他做出这一判断时所依赖的信念是知识，并且他所依赖的官能运转得当，理性上非自由的判断就是知识。

（4）因此，目标概念可以部分地依据以下方式个体化：当用特异性方法做出包含这一概念的特定判断，且用适当方法做出的预设被满足，并且思考者所依赖的任何信念都是知识，而且他所依赖的任何官能都运转得当，那么，如此得到的包含这一概念的判断即知识。即认识论上个体化的两个概念的不同，可以通过它们按照思考者开始懂得包含这些概念特定内容的方式的不同来解释，其中，这些方式对于我们所讨论概念的个体化有影响。①

前提（1）只是部分说出了概念占有条件的想法中包括什么，"在这些情况下判断内容无法成为组成这一内容的任何概念占有条件的一部分"，"只有概念占有者在具体情况中必须从理性上讲愿意做出的判断，才能在占有条件中提及"。这里的例子"连接了标准化的事物——理性上非自由的——与表明思考者占有某一已知概念意味着什么的描述性条件"，并且并"未将标准化同构成性描述相混淆"。这一前提做出了这样一种"无懈可击的"假定，即思考者可以做理性所允许的事，因此作出这种判断的意愿无法成为我们所讨论的概念占有条件的一部分，判断在具体情况中是无法理性上非自由的，而"在概念占有条件中提及的直接判断可能，在占有条件中提及的情况中，是理性上非任意的"。②"理性上非自由的"并非指思考者没有做出判断的自由，判断是行动，是对判断内容正确的一种"接受"（accepting），但它并无时值（duration）；而说判断是行

---

① Peacocke C. Being Known. Oxford：Clarendon Press，1999：17-18.

② Peacocke C. Being Known. Oxford：Clarendon Press，1999：18.

动并不是要表明主体可能理性地保留判断，或理性地判断相反，即便是在心理状态之外，说某主体理性地做某事都是一个太强的说法，可以在一定范围内行使理性斟酌处理的自由并非某事为行动的必要条件，很多时候这种自由都不可避免地会有无理性的成分。① 另外，"并非所有相信某事物的情况都是行动"，比如我们会不自觉地相信知觉经验的内容，这超出了心理状态的范围。皮科克认为，"除非我们认可判断是行动，否则无法适当阐述信念、判断与意向性内容"①。

前提（2）中提到所有的判断，包括理性行使斟酌处理自由的判断，都是以真理为目标的，只是理性上自由的判断由于是"基于非决定性的证据的"，因此它"无法相当于知识"。而理性上非自由的判断恰恰相反，它们以知识为目标可以"通过它们被撤回的条件所表明"。② 当然，反对者指出，判断者依赖的是自己实际经验的真实性，所以即使这些经验不真实也不会对此有任何破坏，对此，皮科克表示，即便可以产生相同主体类型的知觉经验，"在表面值上理解知觉经验的理性已经被破坏了"③。这里需要的"可靠性"（reliability）利用统计学的方法，用反事实来描述是最清楚的，即如果经验不是 that p 的情况，那么主体本无法具有 that p 是这样的情况的经验，同样，在个人记忆、命题（"语义的"）记忆及证言（testimony）中都有这样的可靠性预设。此外，皮科克还考虑了思考者对产生表征内容正确的事件的某一官能或社会机制的移交（deliverances）的依赖，这也适用于理性上非自由的判断，即"暗示判断不是知识的信息自身足够要求对这一判断的理性的重新评估"④。

前提（3）如何由（2）得到判断就是知识？皮科克论证道，如果前提（3）中所有这些条件得到满足，而判断仍然不是知识，那么"判断最终不会是理性上非自由的"；如果这些条件不充分，那么思考者会理性地保留对内容的判断，因此即便是无法决定这一判断是否知识，这"只会影响思考者在那些相同情况下保留判断的可理解性"⑤。

当然，关于这里的预设，皮科克自己也承认，它们"过分简单化"了，因此，他又补充了几点。首先，它们的持有方式应该同它们的实现确实地（reliably）相关联。他用了一个在环球影城工作的人关于假布景的知识，因而要区分"适宜地预设"（suitably presupposed）与"得当地预设"（properly

① Peacocke C. Being Known. Oxford：Clarendon Press，1999：18-19.

②③ Peacocke C. Being Known. Oxford：Clarendon Press，1999：20.

④ Peacocke C. Being Known. Oxford：Clarendon Press，1999：21.

⑤ Peacocke C. Being Known. Oxford：Clarendon Press，1999：22.

presupposed）。^①其次，仅仅依靠充实预设的内容并不能免除如何持有这些预设的这一要求，因为预设的满足不得不证实知识。最后，要清楚区分预设与皮科克所称的"信息条件"（informational conditions），信息条件是某一官能与机制运转而导致某一事件发生所需要满足的条件，它的本质部分是先天的，部分是需要经验研究的，一些官能与机制内嵌自身相互内嵌其他的官能与机制，它们的信息条件也内嵌其他的信息条件。无论信息条件的本质是怎样的，也无论我们是否完全懂得它们，可以确定的是，"存在一些这样的信息条件"^①。在明确它的存在之后，就是对它同预设的区别的分析，这里所说的区别是说对于信息条件的持有并不存在于知觉者、记忆者或语言感知者某一预设的满足中，在做出判断时，思考者的预设具有他易于获得的个人的、有意识的、原因给出层面的内容。观察性概念的占有条件必须涉及知觉经验，而懂得某一对象落入某一观察性概念的可能性包含知觉信息条件的满足。而它不需要包含概念化、预设或持有这些信息条件的知识。因此在描述关于我们所在环境的更为基础的知识时，我们同时需要信息条件的概念与预设。对于理性上非自由的概念，我们可以用在"从表面价值上理解知觉经验的模式中运作的人"身上，也可以用在"接受由其在推论中的作用确定的某些概念个体化中的某些前提的思考者"身上。^②皮科克将这些作为支撑自己理性上非自由的判断是常见的观点。另外，对于递归地运作的理性上非自由的状态也有要求。信息条件与预设也各自有其关注点。比如，信息条件同伯奇所说的"赋权"（entitlements）非常接近。^③皮科克认为赋权包括他所说的信息条件，当信息条件被满足（且如果没有理由怀疑），这些赋权事件中一个的发生不仅会引起真的信念，还会引起知识，"信息条件、资格与知识是相互关联的"^④。

此外，皮科克还论述了对于从表面价值理解具有表征内容的某些事件为什么是理性的，"人们可以给出不同于纯粹可靠主义知识理论的解释"^⑤。他指出，知觉中表征内容的本质的解释必然言及其为经验主体所在或曾在的基本情况中占有正确内容的一类成员中的一分子，而这可以成为解释其如何理性从表面价值理解知觉经验的"起点"，同时也不适用纯粹可靠主义，这就潜在地解释了这一理解的"理性合法性（rational legitimacy）"^⑥。

---

① Peacocke C. Being Known. Oxford：Clarendon Press，1999：22-23.

② Peacocke C. Being Known. Oxford：Clarendon Press，1999：23.

③ Burge T. Content preservation. Philosophical Review，1993，（102）：458-459.

④⑤ Peacocke C. Being Known. Oxford：Clarendon Press，1999：26.

⑥ Peacocke C. Being Known. Oxford：Clarendon Press，1999：27.

前提（4）中，提及判断的占有条件可以被转化为提及知识的占有条件。皮科克用了吉卜林式公式来总结自己的观点。他认为当我们理解在这种占有条件中提到的判断的理性上非自由本质时，我们处于这样一个位置，即"对于同样可以用知识表达的这种概念的占有是有要求的"，这并不是说后者是错误的，而是说利用知识的表达也同样正确。[①] 另外，皮科克还区分了概念认识论上被个体化及"专有地在认识论上被个体化"，"专有的"是指概念涉及判断的占有条件的每一个从句都可以由一个涉及的知识所代替，目前所用的占有条件按照直接判断给出的概念是在认识论上个体化的，但并没有说是否是"专有的"。皮科克主要讨论了以要求思考者应该愿意在特定情况下做出判断为形式的、涉及判断的占有条件的从句。

皮科克主要讨论了由概念 C_1 到 C_n 得到的任意的命题内容 p，其中每个组成部分 C_i 是认识论上个体化的。皮科克认为"在关联论点中是没有任何事物倾向于做出这样的结论"，即任何为真的命题内容必须是思考者可知的。[②] 那么认识论上个体化的概念是如何发生在对于思考者不可知的原子内容中的呢？虽然其"占有条件包含以知识的形式表达的条件"，但这并不意味着概念的每个例现都是可知的，它也可能会包含超出思考者可及的关系。比如在空间概念、物质概念中，解释我们对其知觉的相同属性与关系也可能具有不可接近的例现，它们的命题内容"一旦其组成部分及其组合方式均被掌握，就会被理解"[③]。另外，皮科克使用了"明天"（tomorrow）一词的例子表明"概念在认识论上被个体化的观点可以以概念原子的方式应用，而不一定会以语言学原子的方式应用"。[④]

这里皮科克并非暗示如果内容不涉及认识论上个体化的概念，我们就无法懂得这一内容，而是我们懂得这些内容的方法并不是在内容概念的本质中所包含的产生知识的方法中建立的，前者在被"理性应用于任何内容"中时"包含"后者，比如最佳解释的推理。[⑤]

二、关联论点的争论及其结果

关联论点及其争论除整合挑战外还有其他结果，这些结果中的一些是独立可行的，从而也为关联观点提供了直接的支撑。这里提出了五个结论。

---

① Peacocke C. Being Known. Oxford: Clarendon Press, 1999: 28.
② Peacocke C. Being Known. Oxford: Clarendon Press, 1999: 30.
③ Peacocke C. Being Known. Oxford: Clarendon Press, 1999: 30-31.
④ Peacocke C. Being Known. Oxford: Clarendon Press, 1999: 31.
⑤ Peacocke C. Being Known. Oxford: Clarendon Press, 1999: 31-32.

第一，确立一对单一含义 a 与 b 的不同的例子及其他类似例子，即含义概念的引入的例子，也是思考者可以在不懂 that F（b）的情况下懂得 that F（a）的例子，皮科克概括道："看起来这些含义没有进一步细化，为了可以同样好地解释它们的同一性，如果不提及理性判断，我们就要谈到知识。"①皮科克还对比了莱布尼茨法则，表明自己关注的是不同的根本原因，即是什么造成了这些含义的不同，他说有可能会提到知识的概念，但这超出了从莱布尼茨法则引出的任何东西。他认为，这一现象可以解释为"含义在认识论上被个体化观点的结果"，这些含义 a 由包含它的、思考者懂得的特定内容的条件所部分地个体化，因此在一些情况下，人们懂得内容 F（a），但却不足够懂得内容 F（b）。②

第二，一些持意义的"准则"理论的人对于已知谓项的理解总结了一个条件，即要求对于条件的理解应该是被看成"倒转的"，当然这一要求对于普通理解者来说是正确的，"它使早先的证据不足以作为接受的基础"，而有许多哲学家却既想承认这一观点又不想采用意义的准则理论，这一矛盾可以解决吗？②皮科克的关联论点很好地解决了这一问题，即在不对意义的准则理论有承诺的情况下撤回判断，他指出，"如果理性上非自由的判断以知识为目标，这就表明思考者不具有知识的任何事物在理性上都必须撤回这样的判断"，这一点同意义的成真条件理论也是一致的，但并没有对任何意义或内容理论作出承诺。③

第三，某一理性上非自由的信念被证明是不合格的知识（failed knowledge），这一点与伯纳德·威廉姆（Bernard William）在其《笛卡儿：纯粹询问的工程》一书中所表达的观点"对于真的追寻不等于对知识的追寻"相同。④在这些信念本质的解释中，知识是非常重要的，因为知识是这些信念的目标，这与 T. 威廉姆森的观点有交集。⑤当然我们不会说所有不是知识的信念都是不合格的知识，因为这些信念中有的是理性上自由的，它们根本没有尝试获得知识，因而也无从谈起是否合格。皮科克认为，依据不确定的理由对内容进行判断，"只有当思考者对于要判断的内容一定掌握时，才可能"⑥。这些概念的占有条件将仅仅同理性上非自由的判断有关，即以知识为目标的那些判断。

第四，同时，关联论点的结果还支撑皮特·昂格尔（Peter Unger）的一个原

① Peacocke C. Being Known. Oxford：Clarendon Press，1999：32.
② Peacocke C. Being Known. Oxford：Clarendon Press，1999：33.
③ Peacocke C. Being Known. Oxford：Clarendon Press，1999：33-34.
④ William B. Descartes：The Project of Pure Enquiry. Harmondsworth：Penguin，1978：39-45.
⑤ Williamson T. Is knowing a state of mind？Mind，1995：104：533-565.
⑥ Peacocke C. Being Known. Oxford：Clarendon Press，1999：34.

则，即"在断言某事物时，说者将自己表征为懂得它的"①。

第五，关联论点对于解释知识概念的意义与重要性也很重要。"并非所有情况的知识都是通过依据判断内容的占有条件中所提及的方法判断而得到的"，但这些不是如此得到的情况却能够被看作知识，这是因为它们具有同这些情况之间的关系，许多不同的方法都可以产生知识是因为"它们给出理性保证，即由内容中概念占有条件所确定的成真条件是被满足的内容"①。皮科克将自己的观点同爱德华·克雷格（Edward Craig）的观点进行了对比，在后者的理论中，社会因素在知识的处理中有基础性作用，即"知识的概念是被用来标记经核准的信息来源的"②。而皮科克则认为"知识包含同判断之间的既理性又有成效的关系"，这本身就具有重要的意义。在知识的案例中，社会维度在没有提及个体维度时是无法完全解释的。在尝试获得关于世界的一级信息时，他人关于世界的信念，"只有在它们同既理性又有成效的方法具有适当关系时，对我们才是有用的"③。

三、关联论点及整合挑战

皮科克还讨论了关联论点的重要性及其为整合挑战提供的解决办法。他认为，当两个条件满足时，关联观点可以提供至少是形式上的解决方案，条件一是"解决方案仍然使用成真条件的概念"，条件二是"整合挑战所表达的概念是认识论上个体化的概念"。④

皮科克有这样的假定，即意向性内容的实体理论必须决定成真条件至这些内容的归属，至少是在基本事实中，这样一来，某一具体概念的理论就会决定其起重要作用的全部意向性内容成真条件的影响。在这种假定下，意向性内容被看作在含义层面的，"如果含义确定成真条件，那么通过给出某事物是其指称的条件就可以个体化含义"⑤。许多含义或概念的实体理论可以决定成真条件的分配，比如含义或概念的指称，还有内隐知识的内容，甚至还有在指称层面通过解释述谓概念应用的属性的延伸来分配成真条件的。

当上面两个条件满足时，我们可以为已知领域的概念提供内容的实体理论，由此来回应整合挑战。"关联论点中，意向性内容理论是依据知识设计的，而

---

① Unger P. Ignorance: A Case for Scepticism. Oxford: Oxford University Press, 1975: 253ff.

② Craig E. Knowledge and the State of Nature: An Essay in Conceptual Synthesis. Oxford: OUP, 1990.

③ Peacocke C. Being Known. Oxford: Clarendon Press, 1999: 36.

④ Peacocke C. Being Known. Oxford: Clarendon Press, 1999: 36-37.

⑤ Peacocke C. Being Known. Oxford: Clarendon Press, 1999: 38.

整合挑战是表明我们懂得内容的方法是如何确保持有这些内容成真条件的"，当方法在问题概念的占有条件中被提及，如果我们能够发展这一领域的概念理论，且这一理论中概念占有中的理性非自由判断必须既是真的又具有知识状态，那么这一挑战就被正面回答了。[1]并且皮科克提出好的内容理论应该填充导致整合挑战的鸿沟，应该满足下面三个条件：（a）解决办法本质上依赖成真条件，即它包含选择（1）～（4）中的一个。（b）这一领域的问题概念在认识论上被个体化。（c）整合挑战出现的所有方法要么在问题概念的占有条件中被提及，要么通过参考其同如此提及的方法之间的关系被认为是优质的。[2]

作出理性非自由判断的方法可以被转化为"能够产生知识的方法"，这一关于关联论点对于整合挑战意义的观点并不是不合理地从含义层面滑向指称与形而上学层面，概念的实体理论确实是关注这一层面的，知识如果决定成真条件的分配，那么就会与指称层面有一定关联，因此实际上，在这些情况中，在概念、认知与形而上学之间，存在一个"普遍的关联"。[3]另外，理解理论的两面性在整合挑战的应对中也比较凸显，它同时具有认识论的与形而上学的一面。

因此，关联论点的重要性在于，它可以决定应该做什么来应对任何已知领域中的整合挑战，而我们应该做的就是提供一个概念的实体理论，这一理论应该按照懂得内容的条件来筹划，而懂得内容的方法又要同产生整合挑战的信念形成方法适当相关。皮科克所提供的仅仅是"解决办法的形式"，而非内容。[4]皮科克强调，认识论上个体化的概念的案例是"基础的"，除非我们解决认识论上个体化概念中的整合挑战，不然它没有实例可以被解决。[4]

四、解决办法的三个指标

整合问题的实质解决方案如何识别？有哪些已知领域的真理特征可以引导内容理论帮助我们应对整合挑战？皮科克考虑的是与模态和时间案例有关的指标。

第一个指标是"领域中真的陈述是否具有先天来源？"先天前提是同一性的必要条件。皮科克认为"这种对于先天来源的追溯总是可能的"，任何后天必要性都最终依赖于每个都要么是模态且先天的，或后天且非模态的规则。[5]这同

---

[1] Peacocke C. Being Known. Oxford：Clarendon Press，1999：38.
[2] Peacocke C. Being Known. Oxford：Clarendon Press，1999：38-39.
[3] Peacocke C. Being Known. Oxford：Clarendon Press，1999：39.
[4] Peacocke C. Being Known. Oxford：Clarendon Press，1999：40.
[5] Peacocke C. Being Known. Oxford：Clarendon Press，1999：41.

过去的情况形成鲜明对比：他认为，关于在特定过去时间的情况，仅仅是"无情的真理与残忍的谬误"。[①]

第二个指标是关于因果性的，因果解释中是否对于讨论领域陈述的真或对于我们具有我们对于那一领域的概念是必不可少的？在模态案例中，对这一问题两部分的答案都是否定的。只有真实是这样的，而非模态的某事物，才能因果地解释某事物。同时，这一指标也可以阐述前面提到的一个观点，即整合挑战也可以被表达为关于理解本质的一个问题，另外，它还表明"这种理解原始谓语或运算的解释在模态案例中是不存在的"[②]。此外还有两点是皮科克所强调的，第一，当某一领域被包含于因果解释中时，就会有获得这一领域真理的方法，也就是说第二个指标的第一部分与第一指标是不可能同时成立的。第二，第二个指标的后半部分中，对于因果解释对于这一领域或我们对它的思考是否必不可少这样的涉及本身就是必不可少的。用真理进行因果解释的可能"只是一个偶然的事实"。[③]

第三个指标是关于属性同一性的："问题领域的陈述是也在问题领域之外的谓项中起重要作用的属性的谓项吗？"[④]如果是，那么对于属性的这一同一性的掌握是否在理解问题领域的陈述时发挥一定作用？比如在关于过去的例子中，"昨天下雨了"为真所需要的昨天的属性就是在昨天的某一时间具有和"现在正在下雨"为真所需要的现在时间的属性相同的属性。如果该语言使用未还原的时态算子，而非时间的本体论，那么属性同一性是否存在的问题则需要不同的框架了。这种属性同一性的理解并不等于对于"昨天"的完全解释，它对于概念昨天的占有有一个预设，但这并不影响属性同一性对于过去的形而上学与认识论有非常实质的限制条件：同其不一致的解释肯定不能被接受；我们要解释它为什么为真。"属性同一性也具有一定的解释力。"[⑤]

皮科克在这里比较了大卫·刘易斯的模态实在论对于现实世界的观点，即"（粗略地讲）你和你周围所有事物"，并提出了一个条件句表示属性同一性，这里需要区分属性与依据它（according to it）的属性。然而，现实世界显然不需要按照刘易斯式的方式设想，它可以作为某一套真的语句或命题而被构想，这样才会有第三个指标问题中这种属性同一性，现实世界也才会与这样构想的世界一样，在如此构想的真实世界与可能世界中，（PI/poss）才为真。不过，在这种

① Peacocke C. Being Known. Oxford：Clarendon Press，1999：42.

② Peacocke C. Being Known. Oxford：Clarendon Press，1999：43.

③④ Peacocke C. Being Known. Oxford：Clarendon Press，1999：44.

⑤ Peacocke C. Being Known. Oxford：Clarendon Press，1999：46.

构想中，这一指标中的第二个问题的回答是否定的，"并非每套句子或命题都是（或符合）真实的可能世界，只有那些共同可能的才是"①。首先，思考者要掌握可能性才能阐述理解理论。②

第三个指标同第二个密切相连，这三个指标的指示灯同开同关。②

五、解决办法的两种类型

皮科克还介绍了两种完全不同的模型，这两种模型回应整合挑战的方式完全不同，它们也是两种整合主义模型。第一种模型称为"成分上因果性敏感的构想模型"，它主要适于过去时思想，它包含关于某些时间概念的一种外在主义，它认为理解过去时的人具有我们早些时候提到的时间的属性同一性的内隐知识，因此这一部分也涉及许多外在主义同理解之间的关系。③第二种模型称为"内隐被懂得的规则"，它对应的是形而上学必然性。③理解模态言谈（modal discourse）就要具有"可能性的这些规则的内隐知识"，并在评价模态语句中对它们进行展开。④在这种模型中，理解不需要同模态领域的因果联系，前面所提及的属性同一性原则的失败则是内隐在其背景框架中的。

---

① Peacocke C. Being Known. Oxford: Clarendon Press, 1999: 47.
② Peacocke C. Being Known. Oxford: Clarendon Press, 1999: 48.
③ Peacocke C. Being Known. Oxford: Clarendon Press, 1999: 49.
④ Peacocke C. Being Known. Oxford: Clarendon Press, 1999: 50.

第六章

广义的理性主义

第一节 理性主义与经验主义

自经验主义在约 2400 年前诞生之日起，在古希腊哲人中就表现出了经验主义与理性主义两种倾向，而理性主义与经验主义之间的争论也从未中断过。二者争论的焦点主要是在概念与知识的来源方面，即我们获得知识时对感觉经验的依赖程度，理性主义者认为我们获取概念与知识是可以不依靠感觉经验的，而经验主义者认为感觉经验是我们全部概念与知识的最终来源。理性主义者认为，概念或知识的内容有时可能会超过感觉经验所能提供的信息，并且他们还对理由在一些形式中为我们提供关于世界的额外信息作出具体的说明。而经验主义者则解释了理性主义者所引证的信息如何由经验提供，甚至将怀疑主义看作理性主义的一种替代，因为如果经验无法提供这些概念或知识，那么我们就不具有它们。同时，经验主义者也不同意理性主义者认为理由是概念或知识的来源之一的观点。

理性主义的观点可以归结为三类：一是归纳／推演论点，二是内在知识观点，三是内在概念观点。归纳／推演论点认为，某一特定主体领域 S 的一些命题仅通过直觉就可以为我们所知；而另一些则是由直觉所知的命题推演所知的。内在知识观点认为，我们将某一特定主体领域 S 的一些真理知识看作我们理性本质的一部分。而内在概念观点认为，我们将我们在某一特定主体领域 S 应用的概念中的一些看作我们理性本质的一部分。对于某一主体领域，经验主义者则认为我们在 S 中的知识或我们在 S 中使用的概念是没有感觉经验以外的来源的。对于上述理性主义的前两种主要观点，经验主义者认为，只要我们具有某一主体中的知识，我们的知识就是后天的，依赖于感觉经验的；而对于理性主义的第三种主要观点，即内在概念观点，经验主义者指出，感觉经验是我们想法的唯一来源。大部分的理性主义者在上述三种主要的理性主义观点中总会采纳一种。而另外还有一些论者会选择同这三种观点密切相关的两种观点之一：一是理由不可缺观点（the Indispensability of Reason Thesis），认为经验无法提供我们从理由中获得的东西；二是理由优越性观点（the Superiority of Reason Thesis），认为理由是优于经验的知识来源。对于第二种观点，一些哲学家，如笛卡儿、柏拉图，都具体说明了理由是如何优于经验的。相反，经验主义者对于理由优越性观点的回应是，由于理由无法独自给予我们知识，它当然也无法给予我们优良的知识；同样，经验主义总体上也拒斥理由不可缺观点，尽管并不需要如此。

当然，这些仅仅是理性主义与经验主义的一些基本论点，它们是关于某一特定主体领域的、是相对的，在这样的意义上，它们并不必相互冲突；如果有冲突，也是在这两种观点同时涉足相同领域时发生的。此外，这种理性主义与经验主义的分类，特别是 17、18 世纪时的欧陆理性主义者与英国经验主义者个体的观点要更微妙、更复杂，不能一概而论。并且，理性主义者与经验主义者之间的差别并未穷尽知识的所有可能来源。可能会有论者指出，我们可以通过比如神启这一既非理由亦非感觉经验的产物在某一特定领域获得知识。简而言之，"理性主义者"与"经验主义者"，或者"理性主义"与"经验主义"的标签需要慎重使用，以免影响我们的理解。因此，这里我们所讨论的理性主义与经验主义论断都是限定在同一主体领域之内的比较。可能引起较多关注的是，理性主义与经验主义同时聚焦关于外在世界这一我们头脑之外世界的真理这一领域时的争论，这也是我们在这里所关注的领域。彻底的理性主义者认为有些外在世界真理是可以且必须先天地得知的，这些知识所必需的有些想法是且必须是内在的，并且这些知识优越于经验所能提供的任何东西；而彻底的经验主义者认为经验是我们关于我们头脑之外世界本质信息的唯一来源，理由可能可以向我们报告我们思想之间的关系，但这些思想本身只能通过感觉经验获得，它们所表征的外在实在真理也只能通过感觉经验得知。除认识论领域之外，理性主义与经验主义之间的争论也曾渗透到形而上学领域，学者们主要关心的是实在的本质，包括上帝的存在以及诸如自由意志以及心身关系的人的本性的一些方面。[①]争论亦扩展到伦理学领域[②]，最近，更是扩展到对哲学探寻本质的哲学元问题的讨论，如哲学问题到底多大程度上能通过诉诸理由或经验来解答？[③]

归纳/推演论点认为直觉也是理性洞察力的一种形式，对于我们理智掌握的某一命题的真，我们是按照在其之中形成为真的、有保证的（warranted）信念的方式来判断的。推演则是通过有效的论证在直觉前提下推导结论的过程，其中只要前提为真，结论就为真。因此这种直觉以及由此而产生的推演为我们提供了先天知识，即认为知识是独立于感觉经验而得到的。另外，归纳/推演论点不止一种版本，有些论者认为数学是通过归纳与推演可知的，有些论者则认为道德真理是这样，还有的认为是像上帝存在、我们具有自由意志等这样的形而上学断言。当然，纳入归纳与推演范围的命题越多，这些命题或断言的真假争议就越大，持这种观点的理性主义者就越激进。此外，理性主义者对于保证的理解也大相径庭，有些人认为这种有保证的信念是毫无疑问的，另一些人则认为是可以有些许合理疑问的。有些人则认为理性主义的另一个维度依赖于其支持者对直觉与真之间关系的理解，比如被直觉的命题是否可能为假。

许多经验主义者愿意接受这一观点，但要求这一论点需要限制在关于我们自己的概念之间关系的命题范围内；如果涉及的是包含关于外在世界实质信息的命题，那么经验主义者是对这种观点持否定态度的。理性主义者对此否定做出了辩护，首先，笛卡儿指出，知识所需要的关于外在时间的确定性是经验证据所无法提供的，只有直觉与推演可以提供。莱布尼茨则提出了更具有说服力的论点，即我们是通过我们所知东西的本质，而非知识本身的本质得知某一特定外在世界真理的，他还把我们的数学知识作为我们所知的在该领域必然为真的东西来描述，并指出经验是无法保证这种必然为真的信念的。另外，他还提到了逻辑学、形而上学及道德，认为它们同样是我们的知识超出了经验所能提供范围的领域。然而，无论是笛卡儿还是莱布尼茨的回应，他们的论点都为归纳/推演观点提出了需要理性主义者回答的新问题，比如如何解释直觉并不总是确定知识的来源？这种形式的必然性又如何解释？无论是哪一种，支持归纳/推

① Descartes R. Meditations//Cottingham J，Stoothoff R，Murdoch D. Descartes：Selected Philosophical Writings. Cambridge：Cambridge University Press，1988：1-115.
Hume D. A Treatise of Human Nature：Being an Attemp to Introduce the Experimental Method of Reasoning into Moral Subjects. Oxford：Oxford University Press，1739.
② Ross W D. The Right and the Good. Indianapolis：Hackett Publishing，1930.
Mackie J L. 1977，Ethics：Inventing Right and Wrong. London：Penguin Books.
③ Alexander J，Weinberg J. Analytic epistemology and experimental philosophy. Philosophy Compass，2007，2（1）：56-80.

演观点的理性主义者都没有解释直觉究竟是什么、它是如何提供关于外在世界的有保证的真的信念的，直觉一个命题是什么、直觉行为如何支撑有保证的信念。仅仅采用隐喻将直觉描述为理性的"把握"（grasping）或"看见"（seeing）是不够的，即便直觉真的是某一形式的理性"把握"，那么它所把握的也只是我们概念之间的关系，而非外在世界的事实。另外，无论是感觉还是直觉，任何智性官能都只有在其普遍可靠的时候才能提供给我们有保证的信念，而我们关于外在世界直觉的可靠性又用什么来解释呢？休谟对所有真命题的分类体现了传统经验主义者对理性主义的回应，也使对上述问题的解答更为迫切。根据经验主义者的观点，秉承归纳／推演观点的理性主义者从一开始就错了，他们假设我们可以具有超出经验可以保证的、关于外在世界的实质性知识，而我们不能。当然，经验主义者也面临着许多挑战，比如我们的数学知识就不仅仅是关于我们自己的概念的，我们的道德判断的知识也不仅仅是关于我们如何感受或行动，而是我们应该如何做。总之，这种归纳／推演的理性主义观点是依赖于其拥趸可以多大程度地回应传统经验主义者所提出的关于直觉的本质及认知力的问题的。

内在知识观点和归纳／推演观点一样，认为所获得知识的存在是先天的、不依赖于经验的；二者的不同之处在于对这种先天知识如何获得的理解。前者借助的是直觉以及其后的演绎推理；后者则提出是我们的理性本性，而经验在此所发挥的作用仅仅是触发我们将知识带给意识的过程，经验本身并不为我们提供知识。在这种观点中，同样也有程度不同的多种版本，同样是用不同的主体领域对变量 S 的替换，且论点范围内所包含的主体越多，这种断言是否具有知识的争议就越大，持这种观点的理性主义者就越激进。乔姆斯基提出了他所描述的"语言本质的理性主义概念"[①]；卡鲁斯（Peter Carruthers）指出我们具有民间心理学准则的内在知识[②]。而经验主义者一方面通过用它的方式来解释感觉经验或直觉以及推演如何提供内在知识，另一方面直接批判内在知识观点来抨击持这一观点的理性主义者。理性主义者则通过诉诸可靠论或保证的相似因果理论来发展内在知识论点，但也存在困境，比如这种对于保证的解释本身就是有争议的，另外，理性主义者仍需说明他们的解释是如何支撑对内在知识及后天知识之间差别的解释的。

第三种重要的理性主义观点——内在概念论点认为我们的部分概念并非由经验获得，它们是我们理性本性的一部分。概念论点蕴含于内在知识观点；如果在已知命题中所包含的概念也是内在的，那么知识的某一特定例示也只能是

---

①   Chomsky N. Recent contributions to the theory of innate ideas. Synthese, 1967, 17: 2-11.

②   Carruthers P. Human Knowledge and Human Nature. Oxford: Oxford University Press, 1992.

内在的。这是洛克的观点。内在概念观点的内容与程度随着被认为内在的概念而变化，某一概念对经验以及我们能够在经验之上所实施的心理操作的依赖越少，它就越可能被看作是内在的。比如，三角形的概念比疼痛的概念就更有可能是一种内在的概念。经验主义者对此有代表性的回应首先是来自洛克，他认为某人具有某一内在概念是什么的解释存在问题，另外，他不同意我们不需要在最初诉诸内在概念。莱布尼茨则反驳了洛克的第一点顾虑，他认为心灵在决定其内容本质时是起到一定作用的，尽管这一观点并不要求必须接纳内在概念观点。

　　总之，理性主义者与经验主义者关于我们思想来源的最初分歧导致其内容以及我们描述内容与关于世界知识的不同，与其他许多哲学争论一样，理性主义与经验主义的争论最终是关于我们对世界的观点的，在这里则是我们作为理性探寻者的观点的。我们的理性及经验的官能到底多大程度上可以支撑我们对自己所处境地的知晓与理解呢？

第二节　新理性主义

　　对于理由与含义（或意义或内容）之间关系的讨论在哲学界是有渊源的，笛卡儿、莱布尼茨、休谟、康德及许多理想主义者，还有中晚期的维特根斯坦、蒯因以及许多 20 世纪哲学家，都探寻过这一关系。[①]

　　皮科克按照弗雷格对于真与逻辑学的观点，指出"万事万物皆有理由，然而认识理由的法则却是哲学的任务"，当然，按照哲学的一贯传统，这里理由的法则包含对"某事物是理由的法则是什么"的说明。同时，我们可以看到，弗雷格对真与逻辑学的表述也并非偶然，因为"他的逻辑概念也可以看作是恰当的理由概念的特例"[②]。皮科克认为弗雷格是将合成性决定的真值条件等同于含义的，因此他的理论是通过对"转换中所涉及含义的本质（其中含义被看做是真值条件的）"来解释"转换的正确性与合理性"，并且进一步对这种正确性与合理性进行概括，将之推广至逻辑学以外的其他情况中。另外，弗雷格也提到，"从真的法则中可以得到断言、判断、思考以及推论的规定"[③]，通过我们能够认

---

① Peacocke C. The Realm of Reason. Oxford：Clarendon Press，2004：2.

② Peacocke C. The Realm of Reason. Oxford：Clarendon Press，2004：1.

③ Frege G. Logical Investigations.trans. Geach P，Stoothoff R. Oxford：Blackwell，1977：37.

识的理由的法则，我们同样可以得到这样的规定。

皮科克表明自己的观点是"广义的理性主义（generalized rationalism）"，一方面是由于他认为"所有作出判断的理由（或赋权（entitlements））是先天的"，是独立于感觉而被证明的；另一方面则由于这些赋权的先天地位是在理解、真与赋权之间的关系网中建立的，皮科克指出，想要提供令人信服的理性主义观点，就必须对这两个方面的理论都有充分的了解，而近40年来意向性内容与理解的实体性理论的发展使得以广义形式进一步阐述理性主义观点更具前景。因此，他认为"一旦这些问题被正确地构建，所有赋权都具有一个根本上先天的组成部分"，即在所有这种转换的例示中，存在一个先天的元素，它在将我们赋权于这些转换时发挥着构成性作用。① 赋权是什么？皮科克并没有给出明确的定义，但是从他的论述中，基本可以概括出他指的是在意向性状态中做出某些转换时，人们所具有的认识权利，或者说，每个思考者都被赋权以各种思想中的或变成思想的过渡，比如，从某人的知觉经验到观察性判断的转换，或从某些前提到某一结论的逻辑推理等。② 皮科克表明，意义与内容的证据观念（evidential conception）是不充分的 ③，相反，内容的真值条件理论可以解释许多证据观念所不能解释的问题。赋权的基础是客观规范（objective norms）④，皮科克关于赋权的概念既非约定主义的也非与语言相关的 ⑤。有三层赋权：例现、例现的概括以及对这些概括的解释 ⑥。其中，第三层是皮科克最为重视的，它体现了温和的理性主义。而为了体现转换是理性的，我们需要提到指称与真。⑦ 皮科克通过提出理性主义的一系列原则来阐述他的广义理性主义，这些原则"将赋权同真、同状态及其意向性内容的本质，以及同先天联系起来"⑧，它们分别是：①理性转换是有真促成性的（truth-conducive）；②理性转换的真促成性要由其包含的意向性内容与状态所解释；③理性转换是先天的。⑨

同样，皮科克的"广义理性主义"同前面所讲到的理性主义在许多方面是有不同的。按照范弗拉森（Bas van Fraassen）的说法"没有经验主义可以

① Peacocke C. The Realm of Reason. Oxford：Clarendon Press，2004：2.
② Fernandez M. Troubles with Peacocke's ratonalism. A critical study of "The Realm of Reason". Critica，2006，（38）：81.
③ Peacocke C. The Realm of Reason. Oxford：Clarendon Press，2004：34-49.
④ Peacocke C. The Realm of Reason. Oxford：Clarendon Press，2004：7.
⑤ Peacocke C. The Realm of Reason. Oxford：Clarendon Press，2004：51.
⑥ Peacocke C. The Realm of Reason. Oxford：Clarendon Press，2004：60-65.
⑦ Peacocke C. The Realm of Reason. Oxford：Clarendon Press，2004：15.
⑧ Peacocke C. The Realm of Reason. Oxford：Clarendon Press，2004：3-4.
⑨ Peacocke C. The Realm of Reason. Oxford：Clarendon Press，2004：11，52，148.

像它之前那样"，它需要不断更新重建；皮科克认为，理性主义也是这样。首先，他的这种理性主义与弗雷格和哥德尔不同，同莱布尼茨也相去甚远，因为皮科克是想要概括上述理性主义观点中的见解并通过比如转换中所包含状态的个体化条件与本质来解释思考者所被赋权的所有转换的真促成性（truth-conduciveness），因此他的理性主义是意向性内容与理解的实体理论，以及指称语义学与真的系统化形式理论，也是内容的外在主义理论，他指出，"只有具有外在个体化内容的心理状态才能使关于外部的、独立于心灵的世界的判断合理化"[①]。其次，皮科克依赖于他的概念占有理论的理性主义也使之不同于新的理性主义者，从而成为在两种极端的理性主义观点之间的一种"温和的理性主义"观点，即他所称的"机能理性主义"（faculty rationalism）以及"极简主义"（minimalism）之间的认识论与伦理学的理性主义观点，前者认为有一种无法用其他机能解释的特殊机能，它"使我们把命题看做先天的"，使我们时而通过因果模式，时而通过类比或等同与之相联系[②]；而后者则是皮科克较早期的观点，并且"对于原始的先验真理的理性接受一直没有什么说明"[③]。另外，他的理论也不是唯一一种温和的理性主义，然而较之其他的温和理性主义者，比如劳伦斯·邦鲁赫（Laurence Bonjour）与乔治·毕勒（George Bealer），皮科克理性主义的"温和"体现在他对先天地位的解释是依赖于"特定概念、其占有及其本质的具体解释"的。[④]

当然，新理性主义到底"新"在哪里，这本身就是一个充满争议的话题，皮科克认识到，自己在此也不会以一概全，甚至还列举了布兰登一个不同方向的新理性主义观点。皮科克认为，自己需要涉及这样几点：首先是逻辑学，尽管弗雷格已经通过他建构的形式语言的诊治理论语义学对此进行了发展，人们可以看到前提如何在含义的本质基础上，逻辑性地给出独立于经验之外的结论基础。其次，赋权（或理由）与真（或理解）之间的关系，实际上这是过去40年中许多人对于意向性内容与理解的实体理论的发展；理性主义的一系列原则，它们是概括性的，同时也需要在具体情况中进行检验，同时这些规则需要同现象论、非理性主义的观点在赋权方面进行比较；"构建思考者被赋权形成具有特定内容信念的情况的概括"，这样才能对赋权关系在这些关系中为何有效有一个

① Peacocke C. The Realm of Reason. Oxford：Clarendon Press，2004：123.

② Peacocke C. The Realm of Reason. Oxford：Clarendon Press，2004：152-153.

③ Fernandez M. Troubles with Peacocke's rationalism. A critical study of "The Realm of Reason". Critica，2006，（38）：82.

④ Peacocke C. The Realm of Reason. Oxford：Clarendon Press，2004：156.

完整的哲学理解。①

第三节 真 与 赋 权

形成某一信念的理由是如何同使这一信念为真的条件相关联的？如果真的存在这一关联，为什么？这一关联又体现了理由、意义或内容之间的什么关系？在皮科克看来，这是理性主义需要关注的重要问题。而围绕着真在理性主义的阐述中的作用，古往今来，众说纷纭：有些人认为真在其中没有所谓的基础性、不可替代的作用；而在认为真有巨大作用的哲学家中，对于真的具体作用也是各有见地。皮科克的新理性主义主要是提出理性主义的三个规则，这三个规则分别都获得许多不同哲学观点的理论家的支持，但同时提出这三个规则作为理性主义观点的解释的，还是第一次。

一、理性主义的第一条原则

皮科克表示他所提出的理性主义的三条原则都是"关于赋权的关系的论断"，他赞成伯奇给这一概念在认识论中的核心地位，因而按照皮科克所要论证的观点，在意义与内容理论中，它也占据着同样重要的地位。②

赋权的概念到底是什么？皮科克采取了举例子以及陈述其满足的条件的方法来解释它。③同时，皮科克指出："无论何时思考者被赋权判断某事物，都有一个客观规范暗示它是正确的，或有可能正确，以便在思考者所处情况中做出这一判断。""赋权论与规范论是通向单一对象以及认识论关系结构的不同路径。"③而"赋权的概念是理性上被允许判断已知情况中的某事物的概念呢，还是理性上被要求判断它呢？"皮科克认为如果这里的"允许"指的是理性上直接被允许的东西，那就"太过强了"，对此它使用了同道德上被允许做某事的类比进行解释，他不认为两者在结构上是平行的，他认为没有仅仅旨在判断什么为真的情况，其中理性上允许同时判断 p 与其否定。同时，二者有直观不同，即道德正确有不同方式，而判断的直接理性允许性只有为真或为假或不确定，

---

① Peacocke C. The Realm of Reason. Oxford：Clarendon Press，2004：3-4.
② Burge T. Content preservation. Philosophical Review，1993，（102）：457-488.
③ Peacocke C. The Realm of Reason. Oxford：Clarendon Press，2004：7.

且某人的全部证据必须支持其中之一。或许也有人会反问，这种在判断 p 的决定性证据不足的情况下，一个思考者理性上被允许判断 that p 和另一个思考者理性上被允许判断 that 非 p 的情况，难道不是因为二人归纳大胆程度的不同吗？①因此，皮科克得到这样的结论，即"不太可能存在这样一个命题 p 使得：已知一个固定的全部信息状态与背景态度，判断 that p 的所有因素都是理性上直接允许给出的，并且判断 that 非 p 的所有相同因素也同样是理性上直接允许给出的"，"判断 that p 与判断 that 非 p 并不是同样好的满足以只判断真理为目标的方式"②。

皮科克当前认为赋权原则的适当陈述应该有"相对的、初步的形式"。他所期望的赋权概念是我们可以在日常非哲学的认识论中使用的，用来评价某一主体的信念为理性的，当然他并不是说知识可以通过赋权以及其他概念还原性地被阐述，只是表明在赋权、知识、甚至意向性内容这些概念之间，是相互关联的。③

皮科克提出的第一条理性主义原则是连结赋权与真的：

> 原则 I：特殊的真促成性论点
> 使转换成为思考者被赋权的东西的基础且不可还原的部分是，转换可能会以理性转换所特有的方式产生真的判断（或，以防转换依赖于前提，当其前提为真时可能会这么做）。④

皮科克将这里所提到的属性称为转换成为思考者被赋权"理性上真促成性的属性"的必要条件。而如果按照前面所说，赋权理论与规范论在研究认识论关系结构方面是等价的，那么原则 I 对于"描述客观规范特点的正确方法也有同样效果"，"这些规范的本质应该依据真及保真性非还原地被解释"⑤。

皮科克强调，"转换易于产生真的判断的这一属性自身是不足以做出转换赋权的"，他怀疑任何这种形式的可靠论存在，即便是由获得理性要求的某一形式的可靠论，并且他认为"在相关的可靠性情况中，赋权理性要求会需要被满足"④。由此，原则 I 反对认识论中的证明的"外在主义"。这里的"外在主义"同意向性内容理论中的用法并不相同。⑥

我们如何将从知觉经验到其理性化的某一内容的正确性的转化都包括进来？皮科克的回答是"具有保真性的转换只在思考者具有初看可行的赋权从而

---

① Peacocke C. The Realm of Reason. Oxford：Clarendon Press，2004：8-9.

② Peacocke C. The Realm of Reason. Oxford：Clarendon Press，2004：10.

③④⑤　Peacocke C. The Realm of Reason. Oxford：Clarendon Press，2004：11.

⑥ Peacocke C. The Realm of Reason. Oxford：Clarendon Press，2004：12.

相信自己在其中的世界中才被要求"，因此思考者对于自己被赋权假定什么以及为什么被赋权做出这样的假定需要有一些系统的、概括的解释。①另外，原则Ⅰ中，理性、真以及判断的目标之间的内部关系也耐人寻味。

原则Ⅰ看似是一个不言自明的真理，因为它是对没有争议的关系的一个重申，但它陈述的不仅仅是一个必要条件，而是一个关于使转换是思考者所赋权的是什么的构成理论，因此实际上它是一个实体论的哲学观点，而非不言自明的真理。

由于"转换包含不存在成真条件的内容时，它们仍然可以是理性的"，因此在这些情况中，原则Ⅰ需要一些限制，"由一套前提或然蕴涵的命题所具有的不确定性不比这些前提的每一个的不确定性的总和多多少"，"这足以理性接受直陈条件（indicative conditional）以及进行包含直陈条件的内容之间的理性转换"。同时，这种限制也表明了"对于涵盖了具有及不具有成真条件的内容的原则Ⅰ的自然概括"，即"如果某事物是已知内容判断目标的一部分，那么使包含这些内容的转换是理性的东西应该按照这一目标中具体说明的属性的保持来说明"，对于真的限制实际上是从更为概括的层面将理性条件同判断的基本目标相关联。②

二、理由解释中的指称与真

还是回到最开始的问题，即"我们能否不提及真与指称来阐述转换的合理性？"皮科克认为是不行的，原因有三。

第一个原因是"充分性问题"（adequacy problem），这一问题主要是针对纯粹概念作用理论者提出的，他们需要回答这样一个问题，也是所有合理性解释都必须面对的一个问题，即其合理性解释是否同判断的目的在于真理的事实相一致？或者更具体地来讲，为什么依照某些具体作用的判断易于产生真的判断？这些理论者的解释可能是：某一内容为真，要么就是使它通过具体的概念作用可确立，要么就是使它所有的结果通过具体的概念作用可确立，皮科克认为这一想象中的回答对于真的描述是"非常反现实论的"，尽管认为有过确实真理没有当前的痕迹也没有当前的结果是行得通的，但这是基于"对过去时陈述客观性的恰当理解"的基础上的，如果没有过多地删去客观性中包含的东西，

① Peacocke C. The Realm of Reason. Oxford：Clarendon Press，2004：13.

② Peacocke C. The Realm of Reason. Oxford：Clarendon Press，2004：14.

这种对于过去的经验陈述的超证实的真理的可能性是"不可切除的"。[1] 纯粹概念作用理论者可能又会说过去时陈述为真就是使其在过去的相关时间、由具有适当位置的某人所确立，并且，无论现在还是未来都不存在它是这种情况的痕迹是始终可证实的，这也为真。然而皮科克认为，这种解释"要么是循环的要么是不充分的"，它预设了先天解释，在观察者的出现影响 p 的情况属实时，有可能就给出了错误的成真条件。[2]

当然，也有回应者会说"真是一个属性，当正则可确立性（canonical establishability）或每一个正则结果的可确立性存在时，这一属性有时有效"，但这在其他情况中也有效。[3] 皮科克指出，这些其他情况确实可以获得真理，但必须使用真、对于个体与属性的指称的实体概念，才能"阐述仅通过推理而无法解释的真理特征"[4]。

甚至对于充分性问题还有另一种回应，即通过正则概念作用的可确立性至少是真的一个充分条件（即便它不是必要条件），这种观点既避免了上面的问题，也不赞同反实体论，但这能否为纯粹概念作用理论者所用呢？皮科克认为这种理论只是把问题转移了，被这一理论者识别的内容"仍然不是不可确立地有效"。[5]

第二个原因是哪套作用与原则决定真正的概念或意义的问题。如达米特所说，真正含义的个体化需要通过陈述某事物是这一含义的指称或语义值的基本条件。[6] 皮科克也认为，并非每一套作用或法则都能决定意义或概念，当"它们的含义已经由其原始法则所穷尽"时，除非有一个语义值使它们全部具有保真性。[7] 在这种把含义看作由其指称或语义值的条件所个体化的情况下，将这些法则看作不包含真的赋权的解释方法是错误的。

相对概念作用理论者，贝尔纳普（Nuel Belnap）以及达米特所提倡的谨慎拓展要求（conservative extension requirement）可以为确定意义的法则给出合法性条件，皮科克认为谨慎拓展对于排除这些不理想的情况既过强又过弱了，即便只是为了逻辑词汇的引入。说它过弱是因为在假的运算符中有其法则不违背谨慎拓展的例子，这些法则在任意理论中都是谨慎的，因为它们就是经典转变法则的子集，我们不知道它是什么意思。说它过强则是因为"存在对于谨慎拓

① Peacocke C. The Realm of Reason. Oxford：Clarendon Press，2004：15.

② Peacocke C. The Realm of Reason. Oxford：Clarendon Press，2004：16.

③④⑤ Peacocke C. The Realm of Reason. Oxford：Clarendon Press，2004：17.

⑥ Dummett M. The Interpretation of Frege's Philosophy. Cambridge：Harvard University Press，1981.

⑦ Peacocke C. The Realm of Reason. Oxford：Clarendon Press，2004：18.

展的明显违背，而它们是积极可取的"①。一些纯粹概念作用理论者和一些推理主义者断言"谨慎拓展的违背必须包含在老的、非拓展的语言中的词汇意义的改变"②。谨慎拓展的违背是一个证据理论概念，只要它们在语义学上是谨慎的，就是无异议的；而"语义学的谨慎性则是直接包含真理的概念"，如果这种语义学谨慎性是新逻辑运算符法则合法性的正确标准，那么人们就不能不依赖真的概念而描述合法法则的界限。③

综上所述，合理性无法独立于指称与真之外被阐述的第二个原因也是反对纯粹概念作用理论者的观点的，皮科克认为"除非我们依赖于指称与真，否则是无法选出决定可论断性的真正保证的作用的"，即便退一步讲，判断确实有这种可论断性的目标，我们也仍然需要回答哪套作用于原则决定，哪套无法决定真正的意义。④如果理论者没有新的排除假的意义的来源，就仍然需要依靠指称、语义值以及真，而如果这样的话，他的概念作用理论也就不再纯粹了。

第三个原因是，一旦我们认为"真与指称无法通过理由与赋权来解释"，就可以说明这一点，这也是最基础的原因。真是内容判断的目标，它是依赖于内容对象的属性的，所以判断的合理性肯定是内容同属性在指称层面的某种复杂关系，因此不提及思考者关于由指称选出的（因而也是其对于成真条件的影响所选出的）对象的信息而描述赋权条件的方式是不可行的。⑤

即便有上面三个原因支撑原则Ⅰ，还是有人会说指称与真的概念在解释理由与理性判断时不具有不可或缺的作用，仅仅是"因为没有指称或真的概念是在概念、含义以及意向性状态内容的概念之前或独立于它们而可得的"⑥。对于这一观点，皮科克并不反对，他反对的是由此就得到指称与真的概念不应该在解释理由与合理判断中被提及。

另外，皮科克指出，原则Ⅰ本身并不是理性主义专有的、独有的原则，尽管它是理性主义概念的一个基本部分。而另外两条原则却是理性主义所独有的。

三、蒯因挑战

在蒯因"经验主义的两个教条"一文中，他提出了理性（rationality）、证据（evidence）与意义（meaning）之间的关系，认为只要意义是合法的概念，它就

---

① Peacocke C. The Realm of Reason. Oxford: Clarendon Press, 2004: 19-20.

② Peacocke C. The Realm of Reason. Oxford: Clarendon Press, 2004: 20.

③④ Peacocke C. The Realm of Reason. Oxford: Clarendon Press, 2004: 21.

⑤ Peacocke C. The Realm of Reason. Oxford: Clarendon Press, 2004: 21-22.

⑥ Peacocke C. The Realm of Reason. Oxford: Clarendon Press, 2004: 24.

可以通过证据条件来解释，另外他的理性是采用信念的形式，认为这一概念是对于整体经验的实际调整。皮科克认为，蒯因关于理性的理解在许多方面是非常具有挑战性的，而其中有两点是同这本书的观点最相关的，一是在证据条件与成真条件不同的情况中，蒯因是反对"至少是部分地依据成真条件来阐述理由的有效性"的理论的；二是蒯因式概念并没有为哲学上重要的先天命题概念的应用（或者更为概括地讲，为经验依赖的证明）留出多少空间。[①]

不过在这之前，皮科克描述了先天。对于先天的特征描述，他使用的是"某一内容是先天的，如果一思考者可以在赋权不必在构成上依赖其知觉经验或其他意识状态的内容或种类而被赋权接受它"[②]。

这一描述中包含了直接的、非相对的概括描述，即情态。"一思考者可以被赋权接受它"，因此谈及懂得命题的方式的本质也会受到关注，这样的一种先天特征就可以被看作，认为某一内容的先天特性是从谈及判断此内容的方式的先天特征派生的，这种先天方式及什么使其为先天的，都是后面探寻的目标。说到"谈及判断命题的方式"，还应该区分它同"为相信这一命题所包含的原理阐述或证明"，在后验知识中，二者是相同的。[③]原理阐述或证明是一种命题或弗雷格思想的树状结构，并不包括知觉经验。

另外还有相应的相对概念，应用于转换而不直接应用于内容。皮科克指出，我们可以说"由思考者的意识状态到被判断内容的转换是先天的"，如果思考者被赋权接受这一内容，已知这一相对赋权不依赖于她的其他知觉经验或意识状态的内容或种类的情况下，她在这一意识状态中。[④]这里皮科克还举了指示内容"那根杆子是弯的"的例子，在这一例子中，"内容是相对先天的，是相对于已知知觉状态先天的"[④]。然后还用这一例子同"那根杆子在差异热膨胀中弯曲"的内容相比较，后者甚至不是相对先天的，表明直接与相对的先天都"不需要包含、也不会包含决定性赋权"[⑤]。而无论是直接还是相对的先天都不需要包含纯粹凭借意义的真理概念，这也是蒯因在他的《约定俗成的真理》（*Truth by Convention*）中所论证的观点，即任意句子都不能仅凭约定俗成或纯粹凭意义就为真，这也是皮科克认为的蒯因在他这两篇文章中的最大贡献，而皮科克对蒯因的反对在于，这两篇文章中的观点太坚决了，它们不认同行为主义或意义的

① Peacocke C. The Realm of Reason. Oxford: Clarendon Press, 2004: 24.
② Peacocke C. The Realm of Reason. Oxford: Clarendon Press, 2004: 24-25.
③ Peacocke C. The Realm of Reason. Oxford: Clarendon Press, 2004: 25.
④ Peacocke C. The Realm of Reason. Oxford: Clarendon Press, 2004: 26.
⑤ Peacocke C. The Realm of Reason. Oxford: Clarendon Press, 2004: 27.

证据理论，而皮科克认为先天理论不应该涉及"纯粹凭借意义"的非例现以及不可例现概念。^①

在我们谈到懂得直接先天命题的众多方式中，大多包含不同阶段的知觉，这一事实是否破坏如此得到的先天知识的地位？皮科克的答案是否定的，这里又要区分一对概念，即先天知识中包含的赋权条件与使我们能够获得这些赋权条件的东西之间的区别：一些涉及知觉的活动仅仅是促成这种赋权，而非赋权本身，不同的思考者也会有不同的获得理由的方式。理由与赋权，以及使人获得它们的东西之间的区别对于先天的理解是很重要的。这种区别不仅在个体思考者层面，也在社会层面是可得的。^②菲利普·基切尔（Philip Kitcher）在他的"再议先天知识"一文中，提到了同一时期数学知识的"传统依赖性"（tradition-dependence），并认为"这种传统依赖性同具有先天地位的知识是不相容的"^③。皮科克赞同这种在大部分数学知识上具有传统依赖性的观点，但他认为这并不影响先天概念的应用，它只是表明：在先天保证存在其中的信念的获得与传播中哪些条件是具有传导性的，这是一个经验问题，对于先天保证本身的获得与传播也是同样。

皮科克指出，对于先天概念适用性的疑问也来自于先天保证或赋权的概念本身，基切尔也论证如果我们仅使用先天保证的"弱"概念，即其可废除的概念，我们可能会"抛弃先天知识独立于经验之外的部分想法"。^④而我们又完全无法获得绝对不可废除的赋权，因此"在接受先天赋权的存在时，我们看起来在对这一具有哲学意趣的先天概念作出了要么太强要么太弱的承诺"，按照基切尔的思路，即"要么对绝对可靠要么对可废除的赋权的承诺"，这都包含经验元素。^⑤皮科克对这一困境的两方都不认同，他认为要分清两种不同的可废除性，即"识别的可废除性"（defeasibility of identification）与"理由的可废除性"（defeasibility of grounds）。^⑥将某事物确定为决定性理由与其本身是决定性理由是不同的，因此自己对于某一证据的信心是有可能理性地被废除的，这是识别的可废除性，其中证据是决定性的；而概括的归纳证据永远不是决定性的，概括的无效不等于归纳证据的无效，证据相应的条件不为真，这是理由的可废除性。

---

① Peacocke C. The Realm of Reason. Oxford：Clarendon Press，2004：27.
② Peacocke C. The Realm of Reason. Oxford：Clarendon Press，2004：28.
③ Kitcher P. A Priori Knowledge Revisited//Boghossian，Peacocke. New Essays on the A Priori，2003：80-85.
④ Kitcher P. A Priori Knowledge Revisited//Boghossian，Peacocke. New Essays on the A Priori，2003：77.
⑤ Peacocke C. The Realm of Reason. Oxford：Clarendon Press，2004：29.
⑥ Peacocke C. The Realm of Reason. Oxford：Clarendon Press，2004：30.

有了这样的区分才能明白只有不可废除赋权才能掌握于经验的传统独立概念，或者称为"限定经验"的观点，皮科克得到的结论是"展现识别可废除性的先天保证概念是不需要将经验元素输入其视为先天的命题赋权中的"，并且有这样的推论，即先天地位并不意味着根据来源于其他思考者的信息的不可修订，因此，你的信念对于经验信息有敏感性并不表明你就没有先天保证了。而"可废除的以经验为基础的赋权的相对先天特征对于思想中的转换的合理性是必要的"，对于这个观点的接受并不用对确切无误或不可废除性有所承诺。①基切尔是纯粹可靠主义认识论的支持者，与其相反，皮科克认为"纯粹可靠性是无法抓住保证或赋权关系所需要的合理性的"②。

以上这些对于先天的讨论都是讨论蒯因挑战所必要的，皮科克认为，尽管蒯因挑战在近半个世纪来一直引发争论，但只要我们能够采用他所提出的新理性主义的观点，利用意义的真值条件概念构建的方法，蒯因挑战中提出的问题就能迎刃而解。

皮科克甚至列出了蒯因的几个论点，并得到结论"不存在意义个体化的经验或证据条件"。③按照蒯因的理论，被承认确认先天的句子是非常有限的，比传统意义上要少很多，他指出信念形式的理性不受我们所讨论其接受的个体句子的意义限制，而是形成人们接受什么来适应经验或证据的实际事物。对于这样的一种说法，基本上任何有理性主义倾向的人都会急于考虑，因为如果真如蒯因所说，即对于拒斥先天的任何应用的确认都是有限的，那无论理性主义采用哪种形式都无济于事了，蒯因所提出的论点是对于理论意义的先天真理可能性的反对，它超出了形成蒯因所瞄准的第二个教条内容的还原论经验主义。而在先天内容与先天转换是否存在的问题上，蒯因的论证又出现了空白。皮科克自己的解决先天问题的真值条件方法"对于意义或内容的纯粹证据理论并没有承诺"，这种方法是蒯因并没有关注的，"借助由组成内容概念的占有条件所保证的东西来解决先天问题的办法当然可以在意义的真值条件理论框架中发展"④。

当然皮科克也提到，仅仅指出蒯因理论中的问题是一种肤浅的做法，他认为蒯因的理论是具有重大意义的，比如他提出了意义以及信念形式的理性之间的关系，他的理论可以被利用在更为全面的理论中，另外，虽然证据并不是决

① Peacocke C. The Realm of Reason. Oxford：Clarendon Press，2004：31.

② BonJour J. The Structure of Empirical Knowledge. Cambrdige. London：Harvard University，1985：ch. 3.

③ Peacocke C. The Realm of Reason. Oxford：Clarendon Press，2004：32.

④ Peacocke C. The Realm of Reason. Oxford：Clarendon Press，2004：32-33.

定先天问题的要素，但在讨论内容概念的认识论意义时，证据因素显然是不可或缺的。

四、证据与意义之间的中间路线

那么证据在概念个体化与意义中有什么作用呢？

在这里皮科克是想在两种极端观点之间提出一条中间路线。一种观点是认为证据在概念个体化与意义中没有作用可言，亦即在含义个体化或意向性内容中无作用可言，即前面所讨论过的观点，他过强了。另一种则是蒯因式的观点，即认为"意义不仅仅是部分地，而是唯一地证据关系的事物"[①]。在《指称之根》一书中，他做了两个陈述来表明自己的意义的纯粹证据观点。

皮科克为这一极端的、排他的证据论观点提出了三个相关的问题，这三个问题对于任意主要的竞争观点都没有承诺，也没有显著提及超证实真理的可能性，这三个问题可以被概括为证据关系的信息性问题；证据关系的来源问题；证据关系的不充分与寄生问题。

第一个问题中，我们可能会使用我们还没有弄清楚它的内容证据是什么的概念，那么这种证据敏感性是否可以说是"对于不用具体说明这一证据是什么，而存在具有特定属性的新形式事物的证据的敏感性"[②]？第二个问题是蒯因解释中的这些证据模式是如何被实现的？它们是从何实现的？

皮科克的中间路线，即内容的真值条件概念，可以解决意义的证据理论所面对的以上三个问题：证据关系的信息性在这一概念中是可解释的；成真条件是先于我们弄清楚内容的证据是什么就可以被掌握的；可观察陈述的意义的处理方式被视为"对成真条件处理办法的阐述，加上对可观察陈述的成真条件中所包含东西实质性解释的分类贡献的隐性掌握"，这解决了证据关系的不充分及寄生问题。[③]成真条件方法可以提供解决这些问题的框架，但也要结合理解的实体理论才能实现。不仅如此，"成真条件方法还为证据条件的掌握提供了有限来源"[④]。因为成真条件的决定是构成性的，它由其组成部分的特性及其组合的方式所确定，因此这一基础在有额外经验信息的情况下也为证据条件提供了基础。

① Peacocke C. The Realm of Reason. Oxford: Clarendon Press, 2004: 34.
② Peacocke C. The Realm of Reason. Oxford: Clarendon Press, 2004: 36.
③ Peacocke C. The Realm of Reason. Oxford: Clarendon Press, 2004: 50.
④ Peacocke C. The Realm of Reason. Oxford: Clarendon Press, 2004: 51.

这里的讨论主要是由蒯因的意义的证据概念以及他激进的整体主义理论所引发的，而他的这些观点又是在反驳卡纳普的意义概念及其相伴的对经验依赖证明的来源解释中形成的，这么看来，皮科克的观点是否与卡纳普的相一致呢？其实不然。皮科克表示，自己所提出的观点是对"在莱布尼茨、弗雷格以及部分哥德尔观点中的不同形式的经典理性主义传统的阐述与概括"，它同卡纳普观点的分歧在于纯粹凭借意义的真理概念是否适用、在先天原则的接受中是否存在因袭主义元素，以及是否在先天原则中存在相关于某一语言或框架的实体形式，皮科克的赋权概念"基本上不是因袭主义的，也不包含任何语言相关性"[①]。

第四节　状态与赋权

一、理性主义的第二条原则

皮科克提到的第二条原则是理性主义所特有的，即"理性主义依赖论点"，它指出："思考者被赋权的任何已知转换的理性的真促成性应该在哲学上通过转换中所包括的意向性内容与状态的本质来解释。"[②] 从这条原则中我们可以看到，它是关于思考者所被赋权的任意转换的，因此它超出了传统理性主义者所关注的彻底先天的范围。

传统理性主义者在论述知识如何通过理由而获得时，有多种理论。比如莱布尼茨强调我们所被赋权（不依赖于知觉经验的具体内容）的部分原则是可以通过理由的使用而获得的，然而，在他的理论中，在许多情况下，彻底先天原则的正确性要么需要追溯到同一性法则，要么追溯到莱布尼茨法则，因此在皮科克看来，莱布尼茨对其基本法则的处理并非约定主义的。弗雷格在《基本规律》中对行驶系统法则的处理正是皮科克所一直强调的理性主义方式，他想要证明逻辑系统中的每一条法则，且这一证明是依靠其中包含表达式的指称原则的。而只要读过哥德尔的哲学著作的人就不会怀疑他对逻辑学及数学的约定主义处理是持反对意见的。而作为同皮科克所提出的理性主义核心解释相对立的理性主义者，布兰登的观点既同经验主义相对立，又同借助受到包含真与指称

① Peacocke C. The Realm of Reason. Oxford: Clarendon Press, 2004: 51.

② Peacocke C. The Realm of Reason. Oxford: Clarendon Press, 2004: 52.

的实质性条件限制的意向性内容解释的理性主义相区别，他的观点同早期塞拉斯的观点类似，即支持"概念的功能性理论，这种理论将概念在推理中的作用，而非经验中假定的来源，看作它们的主要特征"，布兰登认为，"这种观点是传统理性主义的支柱之一"①。而皮科克表示，尽管自己认同在推理中的作用对于概念自身的作用，但这并不表明"包含指称与真的限制条件在概念个体化中就不发挥作用了"②。

按照皮科克的判断，最基本的理性化状态是知觉经验的理性化状态，它"已经包含了对客体、属性以及关系的指称"，而态度与社群实践都不足以构成规范。③正是理性主义依赖论点（原则Ⅱ）使理性主义处置由彻底先天内容变成了思考者所被赋权的所有转换的相应观念。在原则Ⅰ中，皮科克已经提到，使转换的真促成性成为其所包含意向性内容与状态本质的基础，这并不受到转换成彻底先天内容的限制，而是普遍适用的，这种想法在此则是原则Ⅱ广义化的原因。

当然，对于理性主义的第二条原则的全面辩护将是一个浩瀚的工程。皮科克指出，对于知觉判断中所包含的内容认可的转换，支持原则Ⅱ的理性主义者就可以把它看作双重任务：一是知觉赋权状态的内容；二是在此基础上直觉判断的内容。对于认为知觉内容基本总是可以等同于概念内容对一些理论者（比如麦克道威尔）来讲，这两项任务可以合二为一。④而对于认为至少一些表征内容是非概念性的理论者来讲，第二项任务就是一个实质性的任务，可能需要通过研究概念内容同非概念内容之间的关系来完成。然而，这里最大的挑战恰恰是第一项任务，为了更为了解任务的本质，皮科克把赋权关系分成了三个层次。

二、三层赋权

皮科克所讨论的这三个层次的赋权是对于任意属性或关系适用的，并且这三个层次的赋权在概括性与解释力方面也是逐个加深的。

层次（一）是赋权关系的实例或例子层次，在这一面的特征描述中，包含的是"在某某情况下具有某某背景信息的某一思考者被赋权判断 that p"形式的

---

① Brandom R. Making It Explicit: Reasoning, Representing and Discursive Commitment. Cambridge: Harvard University Press, 1994: 93.

② Peacocke C. The Realm of Reason. Oxford: Clarendon Press, 2004: 55.

③ Peacocke C. The Realm of Reason. Oxford: Clarendon Press, 2004: 58.

④ McDowell J. Mind and World. Cambridge: Harvard University Press, 1994.

真命题，其中包含对于赋权所处情况类型的详述。这些情况类型涉及思考者的环境、使用内容描述的其他意识状态以及他的一般能力。[1] 因此，要说清楚我们把什么看作赋权状态，皮科克认为，具有事实性内容 that p 的知觉状态是可以作为知觉判断的赋权状态的，或者是内容可以为假的知觉经验。知觉赋权通常是被视为可废止的，这里，皮科克将这种可废止性同原因的可废止性及同一性的可废止性相联系，称在这种情况中，同一性的可废止性是更强的，而知觉赋权的可废止性是哪一种取决于人们是否将知觉赋权看作事实性的。皮科克认为，使用事实性知觉状态的赋权要比使用非事实性的要更为根本，不过，在表征内容 that p 的范围内，在不使用相应的废除条件时，二者都给出了判断 that p 的初步正确的原因。[2]

层次（二）是对赋权关系的概括层次，对于这一层次同其他层次之间的关系，皮科克认为类似语法理论中默会得知的语法归纳所展示的层面同其他层面之间的关系，而按照乔姆斯基对这种关系的使用，皮科克认为我们也可以把这一层次称为"描述性概括层次"，因而在一层次中，讨论上升到了描述充分性的层面。[3] 当然，这里并不是要承诺还原主义。在这一层面中，对于理由，我们应该具有对适当判断的赋权条件作出回应的能力。然而，对这些赋权条件作出正确的概括又是另一回事，并不能与前面这一能力画等号；这种概括可能会需要对情况、内容及能力进行分类的理论概念，这些分类概念正是我们从层次（一）进行概括归纳所需要的。

层次（三）是解释的层次，它包含对于层次（二）中相关的为真的概括的解释，甚至是对获得正确概括时所涉及的理论概念如何被涉及其中的解释，换句话说，即解释关于可废止性赋权的为真的概括，并说明这些概括何以获得赋权关系外延。此外，赋权关系的第三个层次的特征描述发展进一步二分：一是被称作"明确目标"的第一部分；二是被描述成"实现目标的证据"的第二部分。[4] 前者即具体描述任意某一转换成为某一思考者所被赋权时所必需的某一般属性；后者则是说明第二个层面中的赋权关系具有第一部分所描述的一般属性。

---

① Peacocke C. The Realm of Reason. Oxford: Clarendon Press, 2004: 61.

② Peacocke C. The Realm of Reason. Oxford: Clarendon Press, 2004: 62.

③ Peacocke C. The Realm of Reason. Oxford: Clarendon Press, 2004: 62-63.

④ Peacocke C. The Realm of Reason. Oxford: Clarendon Press, 2004: 65.

第五节　先天赋权

皮科克所给出的理性主义的第三条原则是"广义的理性主义论点"，即"赋权关系的所有实例，无论绝对或相对，从根本上来讲，都是先天的"[①]。先天的范围是不能低估的，"对于任意概念都会有约束它的先天原则"[②]，并且"经验理论知识的存在仅仅是因为一些先天赋权也存在"[③]，前者是以至少三种方式包含先天的[④]：在其确认、归纳、溯因的方法论标准中；在我们按照表面值理解知觉经验与记忆时；在我们应用一些逻辑原则时。

皮科克将知觉定义为依照其内容实例个体化（instance-individuated）的，而我们被赋权按照表面值来理解实例个体化的内容。"这种赋权存在的哲学解释是什么呢？"[⑤]皮科克回答道，"经验是由自然选择进化的一个装置生成而向主体表征世界的"[⑥]。另外，皮科克还谈到枚举归纳法的合理性，他认为我们具有做出这种转换的先天（可废止的）赋权。

皮科克的基本原则在内容上是先天的，而我们懂得它们的能力要追溯到我们对道德概念的掌握，应用于道德命题的真同应用于其他领域的真具有一致性，[⑦]在保持道德真的心理独立性上，道德理性主义者则变成了道德实在论者[⑧]。

然而，在尼尔·坦南特（Neil Tennant）看来，皮科克的论证是难以理解的，许多想法表面上看起来很复杂，实际上却是肤浅的；虽然也有一些深刻的想法，但他的表述也还是太过复杂。并且皮科克还重复了他《概念的研究》一书中的错误："认为人们可以量化进入由数字形容词而非名词所占据的位置。"[⑨]

坦南特对《理性的王国》一书的印象是"一个先天主义者放弃空谈来迎合长期将哲学看做是科学的延续的人"，这主要是从第三章开始的，而后从第七章

---

① Peacocke C. The Realm of Reason. Oxford：Clarendon Press，2004：148.
② Peacocke C. The Realm of Reason. Oxford：Clarendon Press，2004：193.
③ Peacocke C. The Realm of Reason. Oxford：Clarendon Press，2004：194.
④ Peacocke C. The Realm of Reason. Oxford：Clarendon Press，2004：195.
⑤ Peacocke C. The Realm of Reason. Oxford：Clarendon Press，2004：74.
⑥ Peacocke C. The Realm of Reason. Oxford：Clarendon Press，2004：87.
⑦ Peacocke C. The Realm of Reason. Oxford：Clarendon Press，2004：233.
⑧ Peacocke C. The Realm of Reason. Oxford：Clarendon Press，2004：234.
⑨ Tennant N. Review of the realm of reason. Journal of Philosophy，2005：157.

开始反而又忽视了科学，不考虑神经科学、社会心理学或社会生物学而进行了道德理性主义的讨论。①

反对先天论的人可能会有许多疑问，尽管人们仍然会认为如果思考者被赋权某一转换，那么它就是理性的，并且也能够识别三层赋权，原则（Ⅰ）与（Ⅱ）仍然有效。唯独原则（Ⅲ）可能需要被"（Ⅲ*）理性转换是根深蒂固的"所取代。不过"任意经验理论都会以皮科克所说的包含先天内容的方式包含根深蒂固的东西"，因此最终人们仍然会认为"要显示某一转换是理性的，我们需要提及指称与真"②。

另外，坦南特指出，皮科克无意于解释是否存在综合的先天真理，以及如果有的话，是如何可能，他也不赞成普特南对于蒯因"经验主义的两个教条"中分析与综合区别的攻击。②"皮科克还错误地理解了其自身对于怀疑主义回应的论断的结构"，他的论证"并没有使力的法则或重力的完全经验理论的事实成为其前提"，同样他也无法表示自己的解释论证的所有前提都是先天的。③皮科克对于进化认识论的这一基础想法并不新颖，而他"最大的疏忽是没有阐述或分析或解释他所说的开始懂得一个命题的方式是什么意思，以及，特别是先天的方式"，因为他的"在内容上是先天的内容"是依赖于先天方式的，而他并没有对这种先天方式做出解释，而是直接接受了其原始的存在。④

皮科克也没有提供数学的认识论，他的"足智多谋的元语义学理论者"对于哲学数据的准知觉描述的反应是不充分的。另外，坦南特不认为皮科克在数学知识上是新哥德尔主义，因为"哥德尔自己在解释我们对于数学对象的知识时并没有调用任何类似因果关系的概念"，所以相反，他认为皮科克应该被称作"非哥德尔主义"。另外，"皮科克在基本的平面几何与算术的元数学中都不够熟练"，甚至还经常犯些元数学的错误。⑤

坦南特还指出，这本书有一个重大的矛盾，即皮科克在第27页指出"当代的先天理论者应该关注'纯粹通过意义为真的'非例现与不可例现概念"，但在第158页却说"如果某一原则具有先天地位，那么这种地位一定可以通过在这一原则中出现的表达式的意义来解释"，因此只要我们给出这样的一个前提，即"一些先天原则为真"，那么矛盾就出现了。⑥

① Tennant N. Review of the realm of reason. Journal of Philosophy, 2005: 157.
② Tennant N. Review of the realm of reason. Journal of Philosophy, 2005: 158.
③ Tennant N. Review of the realm of reason. Journal of Philosophy, 2005: 159.
④ Tennant N. Review of the realm of reason. Journal of Philosophy, 2005: 160.
⑤ Tennant N. Review of the realm of reason. Journal of Philosophy, 2005: 161.
⑥ Tennant N. Review of the realm of reason. Journal of Philosophy, 2005: 162.

第七章

走向心灵深处的研究

第一节　对皮科克心灵哲学的评价

　　作为当今世界上颇有影响力的心灵哲学家，皮科克的心灵哲学思想受到许多学者的关注与肯定，比如许多学者公认皮科克的前三本专著是最有影响力的。苏珊·哈克对皮科克的整体论思想评价是"巧妙的、深奥的、新颖的"。[①]她总结道，皮科克在他对行动哲学、空间哲学的解释中描绘了一个共同结构的整体论图景，这一整体论解释方案考虑了"偏常"与"非偏常"因果链之间的差别，并且将这一整体论解释方案"内嵌于"一个更为综合性的方案中。[②]坎贝尔则说，皮科克对于次级属性与空间概念的分析同样非常新颖、直观，特别是对于指示词内容的观察是"非常有见地的"。[③]此外，还有一些学者对皮科克对心灵哲学的其他领域甚至是其他哲学领域的贡献作出了肯定，比如福布斯（Graeme Forbes）认为皮科克"在诠释我们对于本质上分子的内容的真值条件概念如何同经验主义的可行性观点相吻合作出了巨大贡献，是对当代语言哲学的中心问题

① Haack S. Book review of holistic explanation： action， space， interpretation. The Philosophical Quarterly，1983，（31）：274.

② Haack S. Book review of holistic explanation： action， space， interpretation. The Philosophical Quarterly，1983，（31）：273-274.

③ Campbell J. Review： sense and content. Philosophical Quarterly，1950，（36）：291.

感兴趣的论者不应错过的必读本"[①]。

皮科克的心灵哲学思想体现了近几十年心灵哲学界，乃至哲学界的新趋势。第一，他强调内容的多样性，为心身问题的认识困境寻求新出路。他的内容多样性是基于他对知觉的感觉与表征属性的区别的，此外，他还为知觉经验在其意向性内容之外具有感觉属性（sensational properties）的观点做出了辩护，挑战了传统的通过语言解释来说明思想、解释内容的方法。他给出了视觉情境中的三个不同例子，其中仅用意向性内容是无法掌握经验的每一个方面的，那些意向性内容无法把握的方面正是他所说的经验的感觉属性。一些论者在为感受性质的存在辩护时使用了皮科克的这些例子，也有许多人认为这种额外的属性是可以用意向性内容解释的。皮科克把思想（内容）看做具有真值的，作为信念、欲望等的对象的有结构的实体，意在为内容的实体理论"提供支架"，并为自己所提出的表明主义（manifestationism）辩护。[②]有论者称赞皮科克在经验主义心理学理论解释中提到了内容，并认为，尽管这本书的"支架"结构在有些方面还有些"摇晃"及"未完工"，但他对认识论以及语言哲学中的许多问题都提供了重要的讨论，此外，他所提出的知识理论既需要罗伯特·诺齐克（Robert Nozick）对于知识的外在主义要求，也需要内容实体理论中的理性（即内在主义的）要求，这也是很深刻的。[③]

第二，皮科克的内容理论、概念理论甚至是理性主义思想都是以概念占有理论为核心的，这有助于我们进一步加深对概念本质的认识。他对概念占有的哲学理论做出了具体的阐述，他指出，概念的本质以及同一性条件可以由占有条件非循环地给出，这种理论也被看作概念的"概念性"或"推论作用"理论的多种版本之一。皮科克沿袭了达米特的策略，即通过使用来定义意义，从而得到具体化的含义，将意义理论同一于理解理论；他的概念理论应该算是这种方法众多版本中影响力比较大的一种。作为新弗雷格主义者之一，皮科克通过思想者的能力定义思想，或者说个体化概念，他"充分利用弗雷格含义/意义差别的解释力，巧妙回避了形而上学与认识论的陷阱"[④]。他对于概念的个体化比弗

① Forbes G. Review of thoughts: an essay on content. Philosophy and Phenomenological Research, 1988, (49): 178-180.

② Peacocke C. Thoughts: An Essay on Content. Oxford: Basil Blackwell, 1986: 4.

③ Egan M. Review of thoughts: an essay on content. Philosophy of Science, 1989, (56): 359-360.

④ Alvarez A. On Peacocke's theory of concepts//Nucci E, McHugh C. Content, Consciousness and Perception: Essays in Contemporary Philosophy of Mind. Newcastle: Cambridge Scholars Publishing, 2008: 90.

雷格更为精细。①同时，他又避免了像其他新弗雷格主义者那样将概念看作心理能力，皮科克将概念看作客观的、心理依赖的、非心理实体的抽象对象，因此他避免了将概念与能力直接等同，而是用概念占有条件来解释。他给出了概念占有的一般形式，并围绕这一一般形式给出了典型的例子，也描述了占有条件的特点及具体要求。这些都是一个完整的、有说服力的概念理论所需要的。

第三，皮科克提出了一种广义的理性主义观点，这种"温和的理性主义"观点不仅是认识论与伦理学上的，更是形而上学同认识论的结合，皮科克着力于探讨赋权、真与先天之间的关系，认为"所有赋权都具有根本上先天的构成要素"②；他在两种极端的理性主义之间取中间立场，他既不支持哥德尔与彭罗斯的"机能理性主义"，也不赞成他自己之前所持的"极简主义"。③皮科克的理性主义观点同其他理性主义者，无论是持极端观点的还是和他一样取中间立场的理性主义者，最大的不同在于，他将他的概念理论应用于其中，具体解释了概念的占有、概念的本质是如何有助于解释先天地位的，他特别强调了内容外在主义、指称语义学与真在理性主义中的重要性。用费尔南德斯（Miguel Angel Fernandez）的话来说，皮科克的理性主义理论是"以真为中心的认识论"。④皮科克所提出的理解的实体性理论主要关注的是真及指称在概念理解中的作用，这正是他的理论整体框架的一部分。

第四，皮科克利用默会知识的概念提出了"内隐构念"的概念，或者在本书中我们所说的构念理论，是具有创新意义的。此外，他将其应用到心灵哲学的一些核心问题中，包括第一人称思想的本质、许多心灵的一般观念、思考自己和他人意识状态的能力以及思考意向性内容的能力。尽管通过真值表中的定义法则来解释公理的习得并不充分，皮科克解决这一问题的办法是将比如学生对连词"或（or）"的理解同形式"A 或 B"句子内容为真当且仅当 A 为真或 B 为真的内容相等同，或是认为这一连词包含这一内容。换句话说，即通过模拟或是一种想象的"非实时能力"（off-line capacity）的运用来获得这一内容。皮科克这种思路的贡献主要在于，一方面，内隐构念是思考者不需要外显知识的亚人命题态度，而真值表中的公理及法则属于个人的、完全有意识的层面。另一方面，内隐构念是非推论性的，而充分发展的概念是具有推论性本质的。

① Weirich P. Review of a study on concepts. The Review of Metaphysics，1994，（48）：159-160.
② Peacocke C. The Realm of Reason. Oxford：Clarendon Press，2004：123.
③ Peacocke C. The Realm of Reason. Oxford：Clarendon Press，2004：153-154.
④ Fernandez M. Troubles with Peacocke's rationalism：a critical study of the realm of reason. Revista Hispanoamericana de Filosofía，2006，（38）：84.

第五，皮科克对主体作出了一种新形而上学的阐述，他将之同第一人称表征理论相结合，并把这种结合后的理论运用于涉及第一人称思想的一些经典问题与热点问题之中。

当然，也有许多学者认为，皮科克的书中有许多内容是值得商榷的。比如阿尔瓦雷斯（Asuncion Alvarez）指出，皮科克在对概念占有条件的具体描述之外还给出了一条要求，即他的决定理论，它概念的占有条件、个体化同其语义值、指称联系起来，由此，他得到任何涉及概念的过程在本质上都是指称性的结论，尽管这并没有被纳入概念解释，而是作为"概念化的调节规则"，阿尔瓦雷斯认为这是有问题的。① 他认为概念理论应该可以在不直接承诺心理内容的真值的情况下考虑心理内容，并且解释这一思想过程同知识或理性都无关。另外，他指出皮科克对于只有理性判断以真为目标的确信，即决定理论的来源，是不能令人信服的，因为"真理导向性（truth-directedness）对于理性判断，既非充分也非必要条件"②。因此，他认为皮科克应该也本能够给出一个更具有约束性的判断的定义，即不涉及从推论到指称的必然联系的定义，或者更具体来讲，仅用推论去定义判断，不通过指称定义判断的合理性与正确性，同样，也单独定义指称。也有论者指出，皮科克在论述概念占有条件时所使用的同数字之间的类比并不适用，逻辑也有问题。③ 韦里奇则质疑了皮科克通过在信念状态与行动中的作用来规定概念占有的方法，他指出这种概念合法化的方式对于解释力的保持是没有说服力的，因为如果概念占有时用其在新状态与行动中的作用来规定，而不是被看作原始的量级的话，概念占有就不能用来解释这些现象。④

同样，学者对于皮科克的构念理论也存在许多疑问，比如阿尔瓦雷斯就尖锐地质疑内隐构念的必要性。此外，皮科克在这一理论上的创新之处同时也是令人迷惑之处，因为，他并没有解释清楚这一理论是如何诉诸亚人实体而解释从非推论到推论性的变化的。同样，从亚人的、无意识的非推论到个人的、有意识的推论的跳跃是如何实现的，这一点同样不清楚，这难免不让人联想到小人理论。再就是更为一般性的反对，即鉴于皮科克的这种概念解释是通过更

① Alvarez A. On Peacocke's theory of concepts//Nucci E, McHugh C. Content, Consciousness and Perception: Essays in Contemporary Philosophy of Mind. Newcastle: Cambridge Scholars Publishing, 2008: 92.

② Alvarez A. On Peacocke's theory of concepts//Nucci E, McHugh C. Content, Consciousness and Perception: Essays in Contemporary Philosophy of Mind. Newcastle: Cambridge Scholars Publishing, 2008: 97.

③ Tennant N. The emperor's new concepts. Philosophical Perspectives, 2002, (16): 345.

④ Weirich P. Review of a study on concepts, The Review of Metaphysics, 1994, (48): 160.

为基础的组成要素的，那么就需要解释有意义的东西是如何从无意义的东西中、无含义的东西是如何从有含义的东西中出现的。[①]此外，威特默（D. Gene Witmer）提出构念理论指出，思考者通过满足其掌握概念 C 的条件来发挥这一解释作用，然而这些条件并没有被预设为归因于思考者。[②]并且，皮科克开始从解释理解一个概念是什么，变成了认为这种解释是理所当然的，从而转向了对许多其他条件对于概念占有的必要性成为默会知识必要性的结果的解释。但是皮科克并没有通过约束指称条件可能是怎样的一般规则的方式提供给我们什么。

哈克也指出了皮科克整体论思想框架中的几个问题。第一，一方面，皮科克认为我们在行动与物理事件中可以使用相同含义的"解释"，并且这些解释表明了杜亥姆式的确证整体论；[③]然而另一方面，他又经常将物理科学与整体论中的解释进行对比，并且指出物理科学中的解释并不存在"偏常"与"非偏常"因果链之间的差别，也罕有先天规则的类似物。这促使人们将皮科克对内涵性的（比如信念、欲望、行动、知觉）与非内涵性东西的解释理解为社会与物理科学中的解释，因此就会有这样的疑问，为什么不能直接把他整体解释中的空间哲学方案直接描述为知觉哲学？第二个问题实际上是由第一个问题引发的关于整体策略的问题，如果我们可以因为 A 和 B 在整体论解释的需要方面类似就说二者在其他方面也类似，为什么就不能说 A 和 B 由于在其他方面都不同，因此根本不相似呢？第三，皮科克几乎未涉及先天的概念对其观点的影响，因此，非常遗憾，尽管他想从先天的前提中得到实质性的结论，却只能得到介于虽然真但琐碎的或是实质性的却是假的说明之间的模糊的规则。[④]

对于皮科克的新理性主义，坦南特尖锐地指出，皮科克的论述不是太过肤浅就是故弄玄虚，是"一个先验论者放弃空谈来迎合长期将哲学看作科学的延续的人"[⑤]。

从本书的研究来看，皮科克是一位极具创新与质疑精神的心灵哲学家，他的理论对于心灵哲学研究的深化与推进具有不可替代的作用，尽管皮科克的一

① Alvarez A. On Peacocke's theory of concepts//Nucci E, McHugh C. Content, Consciousness and Perception: Essays in Contemporary Philosophy of Mind. Newcastle: Cambridge Scholars Publishing, 2008: 100.

② Witmer D. Review of Christopher Peacocke, truly understood, Notre Dame Philosophical Reviews, 2009: 6.

③ Peacocke C. Holistic Explanation: Action, Space and Interpretation. Oxford: Clarendon Press, 1979, （35）: 114.

④ Haack S. Book review of holistic explanation: action, space, interpretation. The Philosophical Quarterly, 1983, （31）: 274.

⑤ Tennant N. Review of the realm of reason. Journal of Philosophy, 2005, 102: 157.

些思想并不够完善，有些概念的理解也存在争议，另外，他自己也提到，还存在许多待解释的问题。皮科克本人在描述自己写《感觉与内容》一书时的感受说："常常感到自己就像被蒙着双眼在大城市里走，偶尔眼罩被揭开，他能看几眼周围的楼房、路口和公园。然后被要求把这个城市的地图画出来。"这幅地图肯定会有许多空白，也会有许多或许看到多次却位置画得不对的街道，但了解这个城市的人可能会说："地图的这一小部分正确地反映了这个城市的一角；这两个内容之间缺了很多东西，但它们之间相对的特征描绘是正确的。"他的"地图"也是如此。① 并且，对于任何研究来讲，"都是没有自然的、适宜的、令人满意的终点的"，"任何我们选择去关注的领域都和在这一领域之外暂时没有被选择关注的领域一样重要"②。皮科克的心灵哲学研究正是站在这样的基点上，才能大胆地提出新的见解，并对心灵哲学的核心问题，比如内容问题做深入的研究。

第二节　皮科克心灵哲学思想与马克思主义意识论

除了上述对皮科克心灵哲学思想的评价，我们还要看到，皮科克的心灵哲学思想对我们正确解读马克思主义意识论也有重要启示意义。

首先，皮科克的概念理论是自然主义倾向的。他在阐述概念理论的《概念的研究》中，在描述其理论研究进程的同时，也专门解释了他的概念理论同自然主义的世界观的一脉相承。另外，他的整体论解释也是"内嵌于"一个更为复杂的弱形式的（殊相／殊相的）物理主义的解释方案中。这种观点同马克思主义意识论有神似之处。马克思主义的世界观或本体论图景是：世界统一于物质，世界上只有一种实体，即处于时空中的运动着的物质，"在物质之外，在每一个所熟悉的'物理的'外部世界之外，不可能有任何东西存在"③。就范畴论来说，本体论的最高的、最基本的范畴只有"物质"。当然，在"相对的"意义上，还可加上"意识"或"精神"，即有物质和意识两个最广泛的范畴，但这仅限于认识论范围之内。另外，意识要有人们赋予它的那些精神作用，只能作为物质的

---

① Peacocke C. Sense and Content. Oxford：Clarendon Press，1983：2-3.

② Peacocke C. Truly Understood. Oxford：Oxford University Press，2008：3.

③ 列宁. 列宁选集. 第 2 卷. 中共中央马克思恩格斯列宁斯大林编译局译. 北京：人民出版社，1972：351.

属性、作为运动才有可能。总之，一切意识现象与其他运动、性质、状态、关系一样，都是物质的存在方式；意识是物质运动的一种形式，是物质的高级运动形式。由于各种运动形式都是能的存在方式，因此也可以说意识是能的一种存在方式。^①

其次，从皮科克对"整合挑战"的应对，我们可以看到他的心灵哲学思想同马克思主义意识论所一贯坚持的将世界统一于物质的本体论图景是一致的。皮科克的思想是内在相连的，比如他对于概念占有同知觉概念之间关系的分析可以一定程度上解释整体论的广度与界限。^②在皮科克的书与文章中，经常见到的一句话是：本书（文）旨在概述一种一般性的、根本性的理论，比如他的内容理论、理性主义、整合挑战等，都用过类似的词，"一般性的""广义的""概括性的""适用于任意领域的"等。从皮科克的第一本专著《整体论解释：行动、空间与阐明》中，他的这一倾向就可以窥见一斑。他的整体论不同于还原论的科学理论、世界观和方法论，他的整体论是理解理论、内容理论、概念理论、真值作用理论等理论的统一，他所提出的概念理论反映了真、指称、概念理解之间的关系，反映了思想同语言、同语义整体论之间的关系。在现当代整体论所呈现的多学科多态性发展特点中，他所提出的理论既是心灵哲学理论，又是认识论、形而上学理论，同时又是属性理论、时空理论（时空不可分性），既是哲学理论，也有应用倾向，如其成果不断向应用转化。这一点足见对皮科克心灵哲学思想研究的意义。正如阿皮亚（Anthony Appiah）对关于他内容理论的《思想：论内容》一书的评价所说的，这本书"是关注内容与知觉的认知科学家和哲学家、关注量化与否定的逻辑学家，以及关注知识分析或确证主义的发展的认识论者应该仔细研究的书"^③。根据马克思主义意识论这种对世界的整体把握，从共时性结构看，意识属于运动范畴，不具有独立的、实体意义的存在资格，只是一种依附性的存在；从历时性结构看，意识不是本源性的存在，而是随个体事物的进化发展而由其载体表现出来的。因此，皮科克的心灵哲学思想同时也向马克思主义意识论提出了新的问题，比如即使像同一论那样把心同一于脑，那么纯物理的脑如何具有语义的属性或语义内容？

再次，皮科克的内容理论所体现的合流趋势有助于我们开辟对马克思主义意识论理解的新路径。随着心灵哲学、认知科学和语言哲学等向纵深的发展，在内容、意义或意向性研究中出现了一种与分流并行不悖的合流倾向。皮科克

---

① 高新民，沈学君．现代西方心灵哲学．武汉：华中师范大学出版社，2010：30-32.

② Niclauss N. Book review. Erkenntnis, 1995, (42): 409-412.

③ Appiah A. Review of thoughts: an essay on content. The Philosophical Review, 1989, (98): 114.

的内容理论就是利用现象学分析了知觉经验的感觉与表征属性之间的差别，但在具体真值条件的分析时又是使用的分析传统的方法。在他的理论中，是把"意义""内容""表征""关于性"和"意向性"等当作没有实质差别的概念使用的。另外，他在更高层面尝试对各种内容进行分类，以提出最一般的内容理论，从而揭示内容的本质。

最后，皮科克的心灵哲学思想是向心灵深处研究的代表，这也为我们理解马克思主义意识论提供了一些新的视角，同时也提出了新的问题，比如意识内容的本质问题，意识怎么可能反映存在？意识或命题态度怎么可能关涉它之外的事实？怎么可能指向、表征不存在的东西？这些问题都需要我们更进一步的解读。皮科克心灵哲学研究的目标虽然表面上看似"宏大的"、立足于"外"的，但对于这些目标的实现与达成，皮科克所用的方法却是"内"向的，他从意义的整体论到内容理论，从内容理论到概念理论，又从概念理论到构念理论，甚至最终追寻构念的"构念"，层层剖析，他关注的内容理论是"超越于内容的构成要素和逻辑哲学之上的"。[①]

皮科克研究方法的"内向性"还体现在他注重个案的研究，常常选取最有争议的概念例子，并回到自己的理论框架中进行讨论与证明。英国宗教学家斯温伯恩在谈到英美哲学的现状时指出，英美哲学传统在近 30 年来向着正确的方向发展并取得了很大的成就，即通过探索和分析构成有效实证理论的东西，并运用它们来比较不同的形而上学体系，从而"探寻一种严格的和普遍的形而上学以便提供一种普通的世界观"[②]。阿皮亚在谈到他对皮科克内容理论的肯定时曾提到，他认为皮科克的理论中既有观点的高度概括，又不乏许多实用性强的已经解决的例子。[③]特别是在皮科克的《真的被理解》一书中，他将书分为两个部分，一个部分是理解理论的阐述，另一部分就是这一理论在几种心理概念中的应用，虽然这些心理概念并不能囊括所有的情况，但是非常系统化的，从一般性的意识状态的概念，到知觉、行动的概念、特别是心理行动，最终到表征思想与概念的概念本身。并且，这种逻辑结构不仅仅是为了体现他的解释对于特定概念的作用，而且是为了进行比较评价。这里，也为马克思主义意识论提出了具体的问题，比如对心理状态与事件的理性自我归因、指称法则默会知识的元概念形式等的解释。威特默对皮科克的构念理论提出了两个问题：意识这些指称法则采用何种形式？已知这些法则默会知识的关键作用，解释某一概念的

---

① 高新民.意向性理论的当代发展.北京:中国社会科学出版社, 2008: 238.
② 欧阳康.当代英美著名哲学家学术自述.吴畏译.北京:人民出版社, 2005: 13.
③ Appiah A. Review of thoughts: an essay on content. The Philosophical Review, 1989, (98): 110-114.

掌握有何前景？^①这同样是马克思主义意识论需要回答的一般性问题。

美国著名的语言学家与哲学史家乔纳森·贝内特（Jonathan Bennett）曾指出："当一个杰出的哲学家用大胆的、不屈不挠的和充满智慧的方式来处理最棘手的问题时，即使他在大多数事情上都错了，我们仍然可以从他如何着手处理问题的方式方法上学到很多东西。"^②从前面对皮科克哲学思想的剖析我们不难看出，他是一位极具创新精神的哲学家，在许多研究中都加入了自己的独到见解，并对一些理论有全新的解读，虽然也有许多学者与被解读者表示皮科克的结论不够有说服力或是对其观点的"误读"，我们仍能从中学到许多东西。至少，皮科克的心灵哲学探索"是对概念思考的一种重要方式的勾画与展望"^③，就这一点，就足以对哲学思考有长期的影响。正如像理查德·罗蒂在他的《哲学和自然之镜》一书中所提到的那样，对于皮科克心理哲学思想的研究，我们也同样希望可以"有助于穿透哲学习惯的硬壳"^④。

---

① Witmer D. Review of Christopher Peacocke, truly understood. Notre Dame Philosophical Reviews, 2009：6.

② 乔纳森. 45 年工作的回顾 // 欧阳康. 当代英美著名哲学家学术自述. 吴畏译. 北京：人民出版社, 2005：32.

③ Witmer D. Review of Christopher Peacocke, truly understood. Notre Dame Philosophical Reviews, 2009：6.

④ 理查德·罗蒂. 哲学和自然之镜. 李幼蒸译. 北京：商务印书馆, 2006：10.

参 考 文 献

保罗·萨伽德.2012.心智：认知科学导论.朱菁，陈梦雅译.上海：上海辞书出版社.

本格.1989.科学的唯物主义.张相轮，郑毓信译.上海：上海译文出版社.

波普尔.1986.猜想与反驳.傅季重译.上海：上海译文出版社.

布伦塔诺.2000.心理现象与物理现象的区别.陈维纲，林园文译 // 倪梁康.面对实事本身.上海：东方出版社.

陈修斋，杨祖陶.1987.欧洲哲学史稿.武汉：湖北人民出版社.

戴维森.2007.对真理与解释的探究.牟博，江怡译.北京：中国人民大学出版社.

丹尼特.1998.心灵种种.罗军译.上海：上海科学技术出版社.

董国安.2011.当代科学哲学与心灵哲学的交叉及前沿问题国际研讨会综述.自然辩证法研究，27（4）：127.

弗雷格.2006.弗雷格哲学论著选集.王路译.北京：商务印书馆.

高新民，储昭华.2003.心灵哲学.北京：商务印书馆.

高新民，沈学君.2010.现代西方心灵哲学.武汉：华中师范大学出版社.

高新民，张钰.2014.整体论及其在哲学中的发展.世界哲学，27（3）：32-40.

高新民.2008.试论马克思主义意识论阐释的范式转换.华中师范大学学报（人文社会科学版），47（1）：43-48.

高新民.2008.现当代意向性研究的走向及特点.科学技术哲学研究，25（4）：9-13.

高新民.2008.意向性理论的当代发展.北京：中国社会科学出版社.

郭金杰.2009.经验内容的概念主义与非概念主义之争.哲学动态，（5）：86-91.

海尔.2006.当代心灵哲学导论.高新民，殷筱，徐弢译.北京：中国人民大学出版社.

胡塞尔.1995.纯粹现象学通论.李幼蒸译.北京：商务印书馆.

江怡.2007.分析哲学教程.北京：北京大学出版社.

卡尔文.1996.大脑如何思维.杨雄里，梁培基译.上海：上海科学技术出版社.

黄益民.2006.当前心灵哲学中的核心课题.世界哲学，（5）：3-15.

赖尔.1988.心的概念.刘建荣译.上海：上海译文出版社.

理查德·罗蒂.2006.哲学和自然之镜.李幼蒸译.北京：商务印书馆.

利奇.1981.语义学.李瑞华等译.上海：上海外语教育出版社.

列宁．1995．列宁选集（第2卷）．中共中央马克思恩格斯列宁斯大林编译局译．北京：人民出版社．

刘占峰．2011．解释与心灵的本质．北京：中国社会科学出版社．

罗素．1982．我的哲学的发展．温锡增译．北京：商务印书馆．

普特南．2005．"意义"的意义．李绍猛译//陈波，韩林合．逻辑与语言：分析哲学经典文选．上海：东方出版社：449-523．

乔纳森．2005．45年工作的回顾//欧阳康．当代英美著名哲学家学术自述．吴畏译．北京：人民出版社：31-46．

塞尔．2001．心灵、语言和社会．李步楼译．上海：上海译文出版社．

斯特劳森．2004．个体——论描述的形而上学．江怡译．北京：中国人民大学出版社．

宋荣，高新民．2010．当代西方心灵哲学中的非概念内容范畴分析．自然辩证法研究，26（4）：6-11．

梯利．1975．西方哲学史（上册）．葛力译．北京：商务印书馆．

梯利．1979．西方哲学史（下册）．葛力译．北京：商务印书馆．

田平．2000．自然化的心灵．长沙：湖南教育出版社．

王华平．2014．概念论的合理性与限度．世界哲学，（5）：53-61．

王世鹏，高新民．2010．取消论、实在论和解释主义——当代西方心灵哲学围绕意向性本体论地位的争论及其思考．福建论坛（人文社会科学版），（4）：48-52．

维特根斯坦．2001．哲学研究．陈嘉映译．上海：上海人民出版社．

赵敦华．2001．现代西方哲学新编．北京：北京大学出版社．

赵小娜，高新民．2014．概念起源问题的新问题及其解答．江海学刊，（3）：42-50．

Alvarez A. 2008. On Peacocke's theory of concepts//Nucci E，McHugh C. Content，Consciousness and Perception：Essays in Contemporary Philosophy of Mind. Newcastle：Cambridge Scholars Publishing：90-110.

Appiah A. 1989. Review of thought：an Essay on content. The Philosophical Review，（98）：110-114.

Armstrong S. L，Gleitman L R，Gleitman H. 1999. What some concepts might not be//Margolis E，Laurences. Concepts：Core Readings. Cambridge：MIT Press：225-259.

Atran S，Medin D. 2008. The Native Mind and the Cultural Construction of Nature. Cambridge：MIT Press.

Austin J. 1964. Sense and Sensibilia. Oxford：Oxford University Press.

Bailey A. 2014. Philosophy of Mind：The Key Thinkers. London：Bloomsburg.

Bilgrami A. 1992. Belief and Meaning. Cambridge：Blackwell.

Block N, Stalnaker R. 1999. Conceptual analysis and the explanatory gap. Philosophical Review, (108): 1-46.

Block N. 1986. Advertisement for a semantics for psychology//French P, Uehling T, Wettstein H. Midwest Studies in Philosophy X: Studies in the Philsophy of Mind. Minnesapolis: University of Minnesota Press: 615-678.

Block N. 1990. Can the mind change the world? //Boolos G. Meaning and Method: Essays in Honor of Hilary Putnam. Cambridge: Cambridge University Press: 137-170.

Block N. 1990. Inverted earth//Tomberlin. Philosophical Perspective. Atascadero: Ridgeview Press: 53-79.

Block N. 1993. Holism, hyper-analyticity and hyper-compostionality. Philosophical Issues, (3): 37-72.

Block N. 1995. An argument for holism. Proceedings of the Aristotelian Society, New Series: 151-169.

Block N. 1996. Mental paint and mental latex//Villanueva E. Philosophical Issues, (7): Perception. Atascadero: Ridgeview: 19-49.

Bogdan R. 2000. Minding Minds: Evolving a Reflexive Mind by Interpreting Others. Cambridge: MIT Press.

Boghossian P. 1997. What the externalist can know a priori. Proceedings of the Aristotelian Society, (97): 161-175.

Boghossian P. Naturalizing content// Loewer B, Rey G. Meaning in Mind: Fodor and His Critics. Oxford: Blackwell: 65-85.

Bonjour J. 1985. The Structure of Empirical Knowledge. Cambrdige: Harvard University. Press

Boring E. 1952. Visual perception as invariance, Psychological Review, (59): 141-148.

Brandom R. 1994. Making it Explicit. Cambridge: Harvard University Press.

Brandom R. 2008. Between Saying and Doing. New York: Oxford University Press.

Brewer B. 1995. Compulsion by reason. Proceedings of the Aristotelian Society Supplementary Volume, (69): 237-253.

Burge T. 1986. Individualism and psychology. The Philosophical Review, (40): 39-45.

Burge T. 1986. Intellectual norms and the foundations of mind. The Journal of Philosophy, (33): 697-720.

Burge T. 1991. Vision and intentional content//Lepore E, ran Gulick R. John Searle and His Critics. Oxford: Blackwell: 195-214.

Burge T. 1993. Content preservation. Philosophical Review, 102 (4): 457-488.

Byrne A. 2001. Intentionalism defended. The Philosophical Review, 110（2）: 199-240.

Campbell J. 1986. Review: sense and content. Philosophical Quarterly, 36（143）: 278-291.

Carey S. 1985. Conceptual Change in Childhood. Cambridge: MIT Press.

Chalmers D. 2005. The representational character of experience// Leiter B. The Future for Philosophy. Oxford: Oxford University Press: 153-181.

Chomsky N. 1995. Language and nature. Mind, 104（416）: 1-59.

Craig E. 1990. Knowledge and the State of Nature: An Essay in Conceptual Synthesis. Oxford: Oxford University Press.

Crane T. 1991. All the difference in the world. Philosophical Quarterly, （41）: 1-25.

Cummins R. 1989. Meaning and Mental Representation. Cambridge: MIT Press.

Cummins R. 1991. Methodological reflections on belief//Bogan R. Mind and Common Sense. Cambridge: Cambridge University Press: 53-70.

Cummins R. 2002. Haugeland on representation and intentionality//Clapin H. Philosophy of Mental Representation. Oxford: Oxford University Press: 122-138.

Davidson D. 1973. Radical interpretation. Dialectica, （27）: 313-328.

Davidson D. 1975. Thought and talk//Guttenplan S. Mind and Language. Oxford: Clarendon Press: 7-23.

Davidson D. 1984. Inquiries into Truth and Interpretation. Oxford: Clarendon Press.

Davidson D. 1987. Knowing one's own mind. Proceedings of the American Philosophical Association, （61）: 441-458.

Dennett D. 1990. Ways of establishing harmony//Villaneuva E. Information, Semantics and Epistemology. Oxford: Blackwell: 5-17.

Dretske F. 1995. Naturalizing the Mind. Cambridge: MIT Press.

Dretske F. 2000. Perception, Knowledge, and Belief: Selected Essays. Cambridge: Cambridge University Press.

Dummett M. 1975. What is a theory of meaning ? （Ⅰ）//Guttenplan S. Mind and Language. Oxford: Oxford University Press: 97-138.

Dummett M. 1976. What is a theory of meaning ? （Ⅱ）// Evans G, McDowell J. Truth and Meaning. Oxford: Oxford University Press: 67-137.

Dummett M. 1981. The Interpretation of Frege's Philosophy. Cambridge: Harvard University Press.

Dummett M. 1991. The Logic Basis of Metaphysics. Cambridge: Harvard University Press.

Dummett M. 2005. The justificationist's response to a realistic, Mind, New Series, 114（455）: 671-688.

Egan M. 1989. Review of thought: an Essay on content. Philosophy of Science, （56）: 359-360.

Evans G. 1982. The Varieties of Reference. Oxford: Clarendon Press.

Farkas K. 2003. What is externalism? Philosophical Studies, 112（3）: 187-208.

Fernandez M. 2006. Troubles with Peacocke's rationalism: a critical study of The realm of reason. Revista Hispanoamericana de Filosofía, 38（112）: 81-103.

Field H. 1977. Logic, meaning and conceptual role. Journal of Philosophy, （74）: 347-375.

Field H. 1980. Science without Numbers: A Defence of Nominalism. Oxford: Blackwell.

Field H. 1989. Realism, Mathematics and Modality. Oxford: Blackwell.

Field H. 1996. The a prioricity of logic. Proceedings of the Aristotelian Society, 36（1）: 359-379.

Field H. 2001. Which undecidable mathematical sentences have determinate truth values? //Field H. Truth and the Absence of Fact. Oxford: Oxford University Press: 332-350.

Fodor J, Lepore E. 1992. Holism: A Shopper's Guide. Oxford: Blackwell.

Fodor J, Lepore E. 1996. The red herring and the pet fish: why concepts still can't be prototypes. Cognition, （58）: 253-270.

Fodor J, Lepore E. 2002. The Compositionality Papers. New York: Oxford University Press.

Fodor J. 1987. Psychosemantics. Cambridge: MIT Press.

Fodor J. 1990. Reply to dretske's "Does meaning matter?" //Villaneuva E. Information, Semantics and Epistemology. Oxford: Blackwell: 246.

Fodor J. 1991. A modal argument for narrow content. Journal of Philosophy, 88（1）: 5-26.

Fodor J. 1993. Unpacking a dog. London Review of Books, （15）: 14-15.

Fodor J. 1998. Concepts: Where Cognitive Science Went Wrong. New York: Oxford University Press.

Forbes G. 1988. Review of thought: an Essay on content. Philosophy and Phenomenological Research, （49）: 178-180.

Frege G. 1977. Logical Investigations. P. Geach and R. Stoothoff（trans.）, P. Geach（ed.）. Oxford: Blackwell.

Gaynesford M. 2006. Spinning thread: on Peacocke's moderate rationalism. Philosophical Books, 47（2）: 111-119.

Geach P. 1972. Logic Matters. Oxford: Blackwell.

Gertler B. 2012. Und erstanding the internalism-cxternalism debate: what is the boundary of the thinker? Philosophical Perspectives, 26（1）: 51-75.

Gibson J. 1952. The visual field and the visual world: a reply to professor Boring. Psychological Review, 59（2）: 149-151.

Gillett G. 1992. Representation: Meaning and Thought. Oxford: Clarendon Press.

Gonnerman C, Weinberg J. 2010. Two uneliminated uses for "concepts": hybrids and guides for inquiry. Behavioral and Brain Sciences, 33 (2-3): 211-212.

Gopnik A, Meltzoff A. 1997. Words, Thoughts, and Theories. Cambridge: MIT Press.

Haldane J. 1989. Naturalism and the problem of intentionality. Inquiry, 32 (3): 305-322.

Hampton J. 2010. Concept talk cannot be avoided: Behavioral and Brain Sciences, 33 (2-3): 212-213.

Harman G. 1982. Conceptual role semantics. Notre Dame Journal of Formal Logic, (23): 242-256.

Hayes P. 1979. The naive physics manifesto//Michie D. Expert Systems in the Micro-electronic Age. Edinburgh: Edinburgh University Press: 242-270.

Hell J. 2004. Philosophy of Mind. Oxford: Oxford University Press.

Hilbert D. 1984. On the infinite. Putnam E, Massey G (trans.) //Benaceraff P, Putnam H. Philosophy of Mathematics: Selected Readings. 2nd edition. Cambridge: Cambridge University Press: 183-201.

Hintikka J. 1975. Information, causality and the logic of perception//Hintikka J. The Intentions of Intentionality and Other New Models for Modalities. Dordrecht: Reidel: 60-62.

Hornsby J. 1986. Physicalist thinking and conceptions of behaviour//Pettit P, McDowell J, Subject, Thought and Context. Oxford: Clarendon Press.

Jackendoff R. 1989. What is a concept, that a person may grasp it? Mind & Language, (4): 68-102.

Jackman H. 2014. Meaning holism. http: //plato.stanford.edu/archives/fall2014/entries/meaning-holism [2017-04-01].

Jackson F. 1994. Armchair metaphysics// Michael M, O'Leary-Hawthorne J. Philosophy in Mind: The Place of Philosophy in the Study of Mind. Dordrecht: Kluwer Academic Publishers: 23-42.

Jacob P. 1997. What Minds Can Do: Intentionality in a Non-intentional World. Cambridge: Cambridge University Press.

Johnson-Laird P. 1983. Mental Models. Cambridge: Harvard University Press.

Keil F. 1989. Concepts, Kinds, and Cognitive Development. Cambridge: MIT Press.

Keil F. 1989. Spiders in the web of belief: the tangled relations between concepts and theories. Mind and Language, 4 (1-2): 43-50.

Kitcher P. 2000. A priori knowledge revisited//Boghossian, Peacocke. New Essays on the a Priori. Oxford: Clarendon Press: 65-91.

Korsgaard C. 1996. Creating the Kingdom of Ends. Cambridge: Cambridge University Press.

Kripke S. 1980. Naming and Necessity. Cambridge：Harvard University Press.

Lau J，Deutsch M. 2014. Externalism about mental content. http：//plato.stanford.edu/archives/
sum2014/entries/content-externalism ［2017-04-01］.

Laurence S，Margolis E. 1999. Concepts and cognitive science//Margolis E，Laurence S，
Concepts：Core Readings. Cambridge，MA：MIT Press：3-81.

Laurence S，Margolis E. 1999. Concepts：Core Readings. Cambridge：MIT Press.

Lewis K. 1986. On the Plurality of Worlds. Oxford：Blackwell.

Loar B. 1988. Social content and psychological content//Grimm，Merrill，Contents of Thought.
Arizona：The University of Arizona Press：527-535.

Machery E. 2009. Doing Without Concepts. New York：Oxford University Press.

Mandik P. 2010. Key Terms in Philosophy of Mind. London：Continuum.

Margolis E，Laurence S. 1999. Concepts：Core Readings. Cambridge：MIT Press.

Margolis E. 1998. Implicit conceptions and the phenomenon of abandoned principles. Philosophical
Issues，（9）：105-114.

McDowell J. 1986. Singular thought and the extent of inner space//Pettit P，McDowell J. Subject，
Thought and Context. New York：Oxford University Press：137-168.

McGinn C. 1977. Charity，interpretation，and belief. Journal of Philosophy，（74）：521-535.

Millikan K. 1995. Biosemantics//MacDonald G. Philosophy of Psychology Oxford：Blackwell：
264-265.

Millikan R. 2000. On Clear and Confused Ideas. Cambridge：Cambridge University Press.

Murphy G. 2002. The Big Book of Concepts. Cambridge：MIT Press.

Nickel B. 2007. Against intentionalism. Philosophical Studies，136（3）：279-304.

Osherson D，Smith E. 1981. On the adequacy of prototype theory as a theory of concepts.
Cognition，9（1）：35-58.

Peacocke C. 1979. Holistic explanation：an outline of a theory//Harrison R. Rational Action：
Studies in Philosophy and Social Science. Cambridge：Cambridge University Press：61-74.

Peacocke C. 1981. Demonstrative thought and psychological explanation. Synthese，49（2）：
187-217.

Peacocke C. 1981. Holistic explanation：action，space and interpretation. The Philosophical
Quarterly，124（31）：273-274.

Peacocke C. 1983. Sense and Content：Experience，Thought，and Their Relations. Oxford：
Clarendon Press.

Peacocke C. 1984. Colour concepts and colour experience. Synthese，58（3）：365-381.

Peacocke C. 1986. Thoughts: An Essay on Content. Oxford: Basil Blackwell.

Peacocke C. 1987. Understanding logical constants: a realist's account. Proceedings of the British Academy, (73): 153-200.

Peacocke C. 1989. Possession conditions: a Focal point for theories of concepts. Mind & Language, 4 (1-2): 51-56.

Peacocke C. 1989. What are concepts? Midwest Studies in Philosophy, 14 (1): 1-28.

Peacocke C. 1991. Metaphysics of concept. Mind, 100 (4): 525-546.

Peacocke C. 1992. A Study of Concepts. Cambridge: MIT Press.

Peacocke C. 1992. Scenarios, concepts and perception//Crane T. The Contents of Experience: Essays on Perception. Cambridge: Cambridge University Press: 105-135.

Peacocke C. 1993. Externalist explanation. Proceedings of the Aristotelian Society, (93): 203-230.

Peacocke C. 1993. How are a Priori truths possible? European Journal of Philosophy, (1): 175-199.

Peacocke C. 1993. Proof and truth//Haldane J, Wright C. Reality: Representation and Projection. New York: Oxford University Press: 165-190.

Peacocke C. 1994. The origins of the a priori//Parrini P. Kant and Contemporary Epistemology. Dordrecht: Kluwer: 47-72.

Peacocke C. 1995. Content, computation and externalism, Philosophical Issues, (6): 322-323.

Peacocke C. 1997. Holism//Hale B, Wright C. A Companion to the Philosophy of Language. Oxford: Blackwell: 227-247.

Peacocke C. 1999. Precis of a study of concepts//Margolis E, Laurence S. Concepts: Core Readings. Cambridge: MIT Press: 334-351.

Peacocke C. 2000. Theories of concepts: a wider task. European Journal of Philosophy, (8): 298-321.

Peacocke C. 2004. The Realm of Reason. Oxford: Clarendon Press.

Peacocke C. 2005. Rationale and maxims in the study of concepts. Noûs, 39 (1): 167-178.

Peacocke C. 2006. Entitlement, reasons and externalism. Philosophical Books, 47 (2): 120-128.

Peacocke C. 2008. Truly Understood. Oxford: Oxford University Press.

Peacocke C. 2012. First person illusions: Are they Descartes', or Kant's? Philosophical Perspectives, 26 (1): 247-275.

Peacocke C. 2014. The Mirror of the World: Subjects, Consciousness and Self-consciousness.

Oxford: Oxford University Press.

Pitt D. 1999. In Defense of definitions. Philosophical Psychology, 12（2）: 139-156.

Prior A. 1960. The runabout inference-ticket. Analysis,（21）: 38-39.

Putnam H. 1975. The Meaning of Meaning, Philosophical Papers,（2）: Mind, Language, and Reality. Cambridge: Cambridge University Press.

Putnam H. 1985. Reflexive reflections. Erkenntnis,（22）: 148-149.

Putnam H. 1986. Meaning holism//Hahn L, Schilpp P. The Philosophy of W. V. Quine. La Salle: Open Court: 405-427.

Putnam H. 1996. Representation and Reality. Cambridge: MIT Press.

Pylyshyn W, et al. 1986. Meaning and Cognitive Structure, New Jersey: Ablex Publishing Corporation.

Quine W. 1951. Main trends in recent philosophy: two dogmas of empiricism. The Philosophical Review,（60）: 20-43.

Quine W. 1974. The Roots of Reference. La Salle: Open Court.

Quine W. 1986. Reply to Hilary Putnam//Hahn L, Schilpp P. The Philosophy of W. V. Quine. La Salle: Open Court: 427-428.

Reid T. 1895. Essays on the Intellectual Powers of Man. Pennsylvania: Pennsylvania State University Press.

Rey G. 1984. Concepts and stereotypes. Cognition, 15（1-3）: 237-262.

Rey G. 1998. What implicit conceptions are unlikely to do. Philosophical Issues, 9（3）: 93-104.

Rock I. 1975. An Introduction to Perception. New York: Macmillan.

Rosenthal D. 1991 The Nature of Mind. Oxford: Oxford University Press.

Rumfitt I. 2000. "Yes" and "No". Mind,（109）: 781-823.

Samuels R, Ferreira M. 2010. Why don't concepts constitute a natural kind. Behavioral and Brain Sciences, 33（2-3）: 222-223.

Schiffer S. 1998. Doubts about implicit conceptions. Philosophical Issues,（9）: 89-91.

Schiffer S. 2001. Content and its role in explanation. http: //www.nyu.edu/gsas/dept/philo/courses/content/papers/schiffer.html［2017-04-02］.

Segal G, Sober E. 1990. The causal efficacy of content. Philosophical Studies,（63）: 1-30.

Segal G. 2000. A Slim Book about Narrow Content. Cambridge: MIT Press.

Sellars W. 1974. Meaning as functional classification. Syntheses,（27）: 417-437.

Shoemaker S. 1994. Self-knowledge and "inner sense",（Lecture III: the phenomenal character of experience）. Philosophy and Phenomenological Research,（54）: 219-314.

Siegel S. 2010. The Contents of Visual Experience. New York: Oxford University Press.

Smiley T. 1996. Rejection. Analysis，（56）：1-9.

Smith E，Medin L. 1981. Categories and concepts. Cambridge: Harvard University Press.

Smuts J. 2013. Holism and evolution. Gouldsboro: Gestalt Jounal Press.

Soloman Y，Turvey M，Burton G. 1989. Perceiving extents of rods by wielding: haptic diagonalization and decomposition of the inertia tensor. Journal of Experimental Psychology: Human Perception and Performance，15（1）：58-68.

Stalnaker C. 1984. Inquiry. Cambridge: MIT Press.

Stanley J. 2008. Philosophy of language//Moran D. The Routledge Companion to Twentieth Century Philosophy. London: Routledge: 382-437.

Stich S. 1991. Paying the price for methodological solipsism. Behavioral & Brain Science，1980，3（1）：97-98.

Strawson P. 1959. Individuals: An Essay in Descriptive Metaphysics. London: Methuen.

Strawson P. 1974. Freedom and Resentment and Other Essays. London: Methuen.

Tennant N. 2002. The emperor's new concepts. Philosophical Perspectives，（16）：345-377.

Tennant N. 2005. Review of The realm of reason. The Journal of Philosophy: 155-162.

Thau M. 2002. Consciousness and Cognition. Oxford: Oxford University Press.

Toribio J. 1998. The implicit conception of implicit conceptions: reply to Christopher Peacocke. Philosophical Issues，（9）：115-120.

Tye M. 1991. The Imagery Debate. Cambridge: MIT Press.

Tye M. 1995. Ten Problems of Consciousness: A Representational Theory of the Phenomenal Mind. Cambridge: MIT Press.

Tye M. 2000. Consciousness，Color，and Content. Cambridge: MIT Press.

Unger P. 1975. Ignorance: A Case for Scepticism. Oxford: Oxford University Press.

Weinberg J，Nicholas S，Stich S. 2001. Normativity and epistemic intuitions. Philosophical Topics，29（1-2）：429-460.

Weirich P. 1994. Review of a Study on concepts. The Review of Metaphysics，（48）：159-160.

Weiskopf D. 2009. The plurality of concepts. Synthese，（169）：145-173.

Wiggins D. 1980. Sameness and Substance. Oxford: Blackwell.

William B. 1978. Descartes: The Project of Pure Enquiry. Harmondsworth: Penguin.

Williams B. 2002. Truth and Truthfulness: An Essay in Genealogy. Princeton: Princeton University Press.

Williamson T. 1995. Is knowing a state of mind？Mind，（104）：533-565.

Williamson T. 2000. Knowledge and Its Limits. Oxford: Oxford University Press.

Witmer D. 2009. Review of truly understood. http://ndpr.nd.edu/news/truly-understood [2013-5-5].

Wittgenstein L. 1958. Philosophical Investigations, 3rd edition. G. Anscombe (trans.). New York: Macmillan.

Wright C. 1989. Wittgenstein's rule-following considerations and the central project of theoretical linguistics. Philosophical Studies, 50 (1): 185-186.

Zalta E. 2001. Fregean senses, modes of presentation, and concepts. Philosophical Perspectives, (15): 335-359.

后 记

几个世纪以来，西方心灵哲学的相关研究一直蓬勃发展，特别是近二三十年，其发展达到了新的高峰，新的理论和观点层出不穷。克里斯托弗·皮科克是当代西方最有影响力的心灵哲学家之一，他的研究几乎涵盖了心灵哲学的所有核心问题，而且他对于这些问题和争论的理解也体现了当代西方心灵哲学发展的新动向。

毫无疑问，要真正深入了解心灵哲学的前沿理论发展，皮科克的思想是不可回避的领域。我撰写这本书的主要目的就是为了能让国内的学者们更直观地理解他的理论，为"心灵哲学中的中国"尽微薄之力。

衷心感谢我的导师高新民教授，感谢他的言传身教，本书的选题以及撰写都受到他的启发与深刻影响。

衷心感谢我的几位同门，感谢他们的鼓励和帮助。

衷心感谢我的父母、公婆、丈夫和儿子，感谢他们对我的无条件支持。

衷心感谢科学出版社刘溪编辑和张翠霞编辑为本书的出版工作所付出的大量辛勤努力。

由于学识所限，文章中不免疏漏和不妥之处，恳请各位专家、学界同仁不吝批评指正。

张 钰

2017 年 4 月